»Und hätte man gut hingehört, hätte man schon diese Art starken Husten vernommen, der von dort kam, wo die Gletscher sind (die man wegen der ersten Hänge nicht gut sah, doch man hätte sie hören können), aber die von der Hütte hatten nichts gesehen, nichts gehört.«

Charles Ferdinand Ramuz, *Sturz in die Sonne*.

»Und hätte man gut hingehört, hätte man schon diese Art starken Husten vernommen, der von dort kam, wo die Gletscher sind (die man wegen der ersten Hänge nicht gut sah, doch man hätte sie hören können), aber die von der Hütte hatten nichts gesehen, nichts gehört.«

Charles Ferdinand Ramuz, *Sturz in die Sonne*.

Daniel Schwartz

Unterwegs zu den Gletschern der Welt

Galiani Berlin

Inhalt

11 **Ausblick vom Jura – Missionen am Rhonegletscher**

26 **Letzteiszeitliches Maximum**
Jurasüdfuß. Schweiz 1978, 2009–2016.

Robert Walser unter Wanderblöcken – Gelehrtenstreit um die Verschleppung der Erratiker auf Alpeneis – Auf- und Abbau des Gletscherschildes über dem Mittelland bis zu dessen Übergrünung – Holozän-Föhn und astronomische Peilsysteme – Heimat im Gegenlicht – Der Block ›Ingeso OID 414‹ als fotografischer Prüfstein und seine Verfugung zum Generationenprojekt – Archivgeschichten – J. M. W. Turner in der ›Krone‹ in Solothurn – John Ruskin verliert den Boden unter den Füßen – Die Köpfung des Blocks ohne pyrotechnische Mittel – 375 000 Jahre: eine unerhörte quartärchronologische Expositionszeit, aber kein Spaziergang

53 **Theatrum Alpinum**
Oberer und Unterer Grindelwald-, Rosenlaui-, Finster- und Unteraargletscher. Berner Alpen. Schweiz 2014.

Caspar Wolf malt sich als Revolutionär in die Bärenhöhle – Genese, Vermarktung und Rettung seiner *Merkwürdigen Prospekte aus den Schweizer-Gebürgen* – G. W. F. Hegel an Gottes Seite, aber ratlos vor der Unvernunft des Gebirges – Mit Leonardo in der Rosenlauischlucht – Hinter der Grimsel: Gletscherholz, wo Eis taut, und die Angst vor grünen Alpen – Ein Arvenstück: Wachstumsort vierhundert Meter über der heutigen Baumgrenze; Ergebnis der

^{14}C-Radiokarbon-Datierung 3877 +/- 25 vor Heute – Franz Joseph Hugi und die Erfindung der Glaziologie – Exorzist am Gletscher – Wanderblöcke auf Moränenreise – Autopsie des Gletschers in Wort und Bild – Das Eis bei Wolf und Goethe – Agassiz usurpiert das Phänomen der Gletscherbewegungen – Kinetische Probleme und die Mission der *Collection de 28 daguerréotypes représentant les plus anciennes reproductions héliographiques des Alpes* – Gletscher fotografieren ohne Himmel

95 Gletscherfunde
Raikot-Gletscher. Nanga Parbat. Pakistan 2015/2016.

95 *Wahn und Scheitern (I). Raikot-Gletscher 2015:* Der Berg als Ersatzkampf – Fundverdachtflächen auf dem Blankeisband – Nester verstörender Relikte

102 *Wahn und Scheitern (II). Raikot-Gletscher 2016:* Ein Jahr später zurück auf der Spur der Objekte und deren Verdriftung – Zur Karakorum-Anomalie – Ein Triptychon für den Film – Wirbelkörper, Brillenetui und Vergaserleuchte – Berührungsängste

110 An den ›Mondbergen‹
Ruwenzori. Uganda 2015.

Unversuchtes Vorhaben – Aus *Terra Incognita* wird *Terra Cognita:* Herodot, Ptolemäus, Araber und Chinesen auf der kartografischen Suche nach den Quellen des Nils – Der ›Regenmacher‹ der Bakonzo validiert Aristoteles – Stanley identifiziert das ›Silbergebirge‹ – Ludwig Amadeus von Savoyen und sein Fotograf Giorgio Sella – Pflanzliches Leben im Dauerregen – Durch den Nebelwald in die alfroalpine Zone – Hubschrauber-Flüge in Zonen zwischen Fabel und Fakt

145 **Bilder und Geschichten aus ›Beiden Indien‹**
West-Papua und Cordillera Blanca. Indonesien 2015 und Peru 2016.

145 *Gold und Schlamm (I). Eternity-Gletscher. West-Papua. Indonesien 2015:* El Niño/ENSO, das Phantom der tropischen Meteorologie – Die Albedo und das Lächeln der Apsara – Extraktion und Gletschersterben auf West-Papua – Paläoklimatologen auf dem Haupt der animistischen Wesenheit – Der ›Snee bergh‹ auf Hendrik Hondius' Karte – Unter der Asche des Tambora – Gras essen in der Schweiz – Eigentumsrechte der Natur und toxischer Schlamm im Ahnenland – Gletschereis und iberoamerikanisches Silber: eine Fernbeziehung von Peru bis ins Tibet-Qinghai-Plateau – Schluchten ausräuchern im ›Großen Sprung nach vorn‹ – Unter der Asche des Huaynaputina – Der ›Great Frost‹, eine Episode in der genderfluiden Existenz *Orlandos* – Wetteranomalien und die Verwundbarkeit der Gesellschaften

182 *Gold und Schlamm (II). Huandoy- und Pastoruri-Gletscher. Cordillera Blanca. Peru 2016:* Andine Klimasignale in den Augen der spanischen Chronisten in Peru – *Huaycos* und *Aluviónes* – Die Neue Welt in der Kleinen Eiszeit – Äquatorialer Eistau – Ausbrechende Gletscher-Lagunen – Dürer am Wall des Glaciar Huandoy – Alexander von Humboldt und die Übelkeit in großen Höhen – Apokalyptische Kaskade am Nevado Huascarán – Der Nevado Pastoruri: kein ›Ort der Hirten‹

214 **Was Alexander übersah**
Mir Samir Südwest-Gletscher 2.
Hindukusch. Afghanistan 2018.

Ausschau nach *pīr-yakh*, ›greisem altem Eis‹ – Der Gletscher als Variable militärischer Planung – Wasserschloss in existentieller Krise – *A Short Walk in the Hindu Kush,* kein Re-Enactment – Alexander und ein Murgang im Panjshir – Warum das Wort *glacies* nicht vorkommt in der *Germania* – Wer überwacht schon Gletscher in einem Land mit vierzig Jahren Krieg? – Ritt ans ›Tor zu Nuristan‹ – Die Entdeckung eines Gletschers – Ein achter See nur mit Allahs Wille!

237 **Kein Versehen im fremden Land**
Lewis-Gletscher. Kirinyaga. Kenia 2021.

Eine Malerei und eine Fotografie in nachbarschaftlicher Hängung – Über den Versuch seiner Vergegenwärtigung beim Besteigen des Feuerbergs – Zum Dilemma des Dualismus von Natur und Kultur und der künstlerischen Repräsentation des Anthropozäns – Was ich anstrebe in meiner ›Glaziologie in Bildern‹ – Auf Augenhöhe mit der Gletscherzeit im absurden Stollen – Kannibalisierungen bei Eiskörnern und in Ökonomien – Vereisung etwas anderes als fotografische Langzeitbelichtung – Phantasmagorien einer Max-Ernst-Landschaft – Hoffnung auf den Gletscher in Myanmar? – Eine stygische Kluft – Die Qualität der Lücke im malerischen Entwurf des *Alien*-Landes – Vor dem Gletscher in die Knie gehen – Die Ungleichheit der Kräfte in Zeiten der Erderwärmung – Malerischer Gegenentwurf zu klimaphobischer Ohnmacht – Nabelschnur zum Toteis – Der Gletscher als fotografische Aufzeichnung des Verlusts und als vergängliche Impression in der Malerei

265 **Augenblick und Zeitlichkeit**
Kanderfirn, Aletsch-, Birch- und Langgletscher. Berner und Walliser Alpen. Schweiz 1971/72, 2009–2013, 2025.

265 *Gedächtnisgeschichte (I). Kanderfirn und Langgletscher. Berner und Walliser Alpen. Schweiz 1971/1972:*

Teenager auf dem Kanderfirn – Nachrichten aus dem Klimaarchiv des Lötschentals

272 *Gedächtnisgeschichte (II). Langgletscher und Aletschgletscher. Berner und Walliser Alpen. Schweiz 2009, 2011–2013:* Fluktuationen des Langgletschers – Verwaistes Tor – Das Auftauchen der drei verschollenen Brüder im Eis – Mutmaßungen zum Überflug des Fundfeldes auf dem Aletschgletscher – Super-8-Filme und mit dem Sterben ist es doch nicht so einfach – Geborgene Fundstücke werden museal – *Dead Men Telling Tales:* Sechsundachtzig Jahre im Eis

285 *Gedächtnisgeschichte (III). Birchgletscher. Walliser Alpen. Schweiz 2025:* Jahrhundertereignis oder doch etwas anderes? – Der Birchgletscher vierundzwanzig Stunden vor dem Absturz – Eine Gletscherfront wie ein zerklatschtes Gehirn – Die elementare kombinierte Entladung von Fels und Eis – Ob der Berg der Täter ist und der Gletscher das Opfer? – Warum die Alpen keinesfalls zu räumen sind – Das Museum als Talgedächtnis, Einsicht in Protokolle und Antworten auf die Fragen zum Überflug des Fundfeldes im Jahr 2012 – Blick in die entleerte Karwanne und Weiterflug zum einsamsten Dach der Schweiz – Die Auflösung der Glaziologie in der Abstraktion

313 **Ausblick vom Delta – Missionen am Mekong**

321 **Anhang**

323 *Dank*

327 *Bildnachweis*

Ausblick vom Jura – Missionen am Rhonegletscher

»Wenn du das Skelett der Alpen sehen willst, geh nach Zermatt oder nach Chamonix; aber wenn du den Körper und die Seele der Alpen sehen willst, musst du dich für einige Zeit im Jura aufhalten«[1]

... am besten nach tagelangem Regen auf dem Grund eines Tobels. In der Hocke verharrend minutenlang ein kissengroßes Stück Bach fixieren, ohne das Auge zu bewegen, bis es unter den Feinwurzeln am Humusbord, im dunklen, feuchten steinreichen Kalk- und Mergelboden des Buchen- und Tannenwalds oder im Wasser selbst das Fragment des schneckenartigen Ammoniten erspäht. Die Funde sichern und ins Zeitungspapier packen. Mutters Waschküche verdrecken. Den Stein in den Schraubstock klemmen, verfolgen, wie das Diamantblatt von Vaters Schneidemaschine eindringt. Dann mit Feile und Stahlbürste (das Fossil ist härter als sein Gastgestein) unschöne Krusten entfernen.

Alles beginnt mit Beobachtung, und zwar dort, wo sie möglich ist, nämlich anhand der Formen, die wiederum auf die skulpturalen Kräfte verweisen, welche Gesteinsmassen verschieben und heben.

So haben sich die Kalkstein- und Mergelschichten des Jura in einer Art und Weise verfaltet, dass sie – so der Vergleich John Ruskins, des viktorianischen Schriftstellers, Kunstkritikers und Geologen – an Seidenstoffe bei Veronese oder gestauchtes Papier erinnern.

Bilder wie diese sind nützlich zum Verständnis des Baus

der Gebirge, ob des Jura oder der Alpen[2], und auch bei der Beantwortung der Frage, ob der Jurakalk aus dem Mittelland wieder auftaucht am Nordrand der Alpen. Wer mit der Eisenbahn das Mittelland durchquert ohne Überlegung, warum sich diese Ebene dort ausbreitet, wo sie es tut, und warum südlich davon Berge stehen, versteht nicht, warum der so solide wirkende Rossberg den Bergsturz von Goldau, die größte physikalische Verheerung der modernen Zeit in Europa, bewirkt hat (am Nachmittag des 2. September 1806; Ursache war harte Nagelfluh auf aufgeweichtem Mergel).

Der Schofbach am Balmberg auf dem ersten Faltenscheitel des Jura[3] war mein früher Schausaal.

Möglich, dass ich die dort geübte Geduld verinnerlicht habe, die mir später in der Praxis des Berufes so nützlich wurde, und wahrscheinlich, dass mein Auge dort zu warten gelernt hat.

Verflüchtigt haben sich hingegen die Umstände meines Abrutschens in die Spalte des Glacier de la Plaine Morte. Ich war als einziges Kind in einer Gruppe Erwachsener, der auch mein Vater angehörte, wohl zu ungezogen gewesen. Der Vorfall musste die Seilschaft erheblich verärgert haben, geblieben ist nur die Erinnerung an das wortlose Einherstapfen im Nebel zur Hütte, das drückende Schweigen dort und das schlechte Gewissen manche Tage über die Tour hinaus. Wie genau es dazu kam und vor sich ging, habe ich wohl verdrängt.

Vierzig Jahre später beflog ich ebendiesen, nun schmelzenden Plateaugletscher, zwei Tage nachdem der darauf entstandene Eisrandsee[4] ausgelaufen war, also zu spät, um dieses Phänomen zu fotografieren. Der Flug, glaube ich, sollte aber auch Erinnerungen über mein lang zurückliegendes Malheur aus der Tiefe befördern, er tat es nicht.

Mein Interesse an Bergen und Gletschern erhielt einen erneuten Schub im Rahmen eines redaktionellen Projekts[5], das ich der Kulturzeitschrift *du* zum Thema ›Karten‹ vorgeschlagen hatte und bei dem auch das Gletschergebiet um das Matterhorn über Zermatt Darstellung fand. Es stellte sich so konkret die Aufgabe, eine plastische Vorstellung der Plattentektonik[6] zu gewinnen (was Ruskin noch nicht konnte) und wie es zur Plattensituation gekommen war, auf welcher später meine Reisen zu Gletschern der Welt stattfinden würden.

Die Idee dazu entstand, nachdem ich zum ersten Mal seit den jugendlichen Bergsteigereien in den Schweizer Alpen in Pakistan, Tadschikistan und im Westen Chinas nicht nur Gletscher, sondern in ihrer Mächtigkeit überwältigende Eisgebirge gesehen hatte. Da diese tektonisch aktiven Massive unter anderen geologischen Bedingungen als jene zuhause entstanden (und als Grenzregionen gerade in den fluktuierenden Gletscherzonen umstrittenen Demarkationslinien bis in die Gegenwart machtpolitisch aufgeladen sind), würden sie auch gänzlich anderes Betrachten und Fotografieren erfordern.

Zudem liegen sie als Wasserscheiden und Barrieren eurasischer Transportwege bis heute im Fokus wirtschaftspolitischer Interessen.

Weil Gletscher aber nicht nur da faszinierende Gebilde sind, wo man sie heute noch sehen und infolge von Ausaperung immer besser begehen kann, sondern weil Hunderte von Metern hohe Eiskörper die gesamten Landschaften unserer Umwelt geformt haben, bevor sie im Holozän abzuschmelzen begannen und ihre Spuren sie *in absentia* überall präsent erscheinen lassen, entstand die Idee für ein Werk, bei dem der Akt des Gehens die Fotografie ersetzte, nämlich den Zungenumriss des Letzteiszeitlichen Maximums in der Schweiz abzuschreiten.[7] Ein siebenstündiger *walk* von Langendorf bei Solothurn über Rüttenen, wo die Erratiker liegen, unter der Balmfluh vorbei zum Dorf, in dem ich aufgewachsen war, weiter am Jurasüdfuß bis Wiedlisbach und von dort ins Mittelland hinaus nach Langenthal. Sieben Wegstunden, unterwegs fünfundzwanzig Begegnungen, fünfundzwanzig erfragte Geburtsjahre, mit dem Ergebnis von insgesamt neunhundertdreiundfünfzig gelebten Jahren bis 2012, dem Jahr des *walks* – alles zur Vergegenwärtigung von 28 000 bis 18 000 Jahren Vergangenheit, präsent durch Staffeln von Moränen und von Gletschern verschleppten Gesteinsblöcken, den Erratikern.

Weitere an Land Art inspirierte *walks*[8] führten mich zwei Jahre später an den Rhonegletscher. An einem regnerischen Sommernachmittag bei abnehmendem Licht war ich durch den Sander[9], über den sich 1856 beim Hochstand die Zunge in Richtung Hotel ›Glacier du Rhône‹ vorgeschoben hatte, ins Vorfeld unter die Steilstufe des Rhonegletschers gelangt.

Man hatte mich gewarnt vor dem dortigen Dickicht vielstämmigen, dicht verzweigten, niedrig liegenden Erlengesträuchs. Nebel kam von der Furka herabgestiegen. Ich bemerkte das erst, als ich im laugrünen Labyrinth aufgeblickte und im Tagesdunkel nichts, aber auch gar nichts mehr da gewesen war zur Orientierung.

Vorher hatte ich den Blick zu Boden gesenkt: Ich suchte nach gefärbten Steinen mit eingravierten Nummern.

J. Birfelder, *Anlegen der ›Gelben Steinreihe‹ / ›Chaine Jaune‹*, bestehend aus 52 Steinen. Rhonegletscher, Schweiz, 14.–18. September 1874. Ganz hinten Steintransport mit Bahren.

Sie waren zwischen dem 31. August und dem 23. September 1874 von den Felsufern her mit Tragbahren auf den Gletscher gebracht worden, neun Tonnen Gestein, und entlang von vier gefluchteten Querprofilen platziert worden – im Zehrgebiet unten, wo der Gletscher an Masse verliert, eine schwarze und eine grüne, über dem Eissturz eine gelbe und im Nährgebiet oben, wo er an Masse gewinnt[10], eine rote Linie. Man wollte ihre kontinuierliche Bewegung messen und die Verschiebung alljährlich fotogrammetrisch aufnehmen. Die letzte der entlang der zentralen Längsachse parabolisch verformten, kontinuierlich in die aquarellierte Karte *Der Rhonegletscher und seine Eisbewegung seit 1874* (1882),

Maßstab 1:2000, eingezeichneten Linien datiert von 1899. Spätestens an der Steilstufe hatten die unterschiedlichen Fließgeschwindigkeiten des Eises die oberen beiden Linien auseinandergerissen; bis zum Schluss hatten sie aber je über drei Kilometer zurückgelegt. Manche Steine waren unauffindbar geworden im kryologischen Grab; im unteren Bereich waren sie abgesackt beim Rückzug des Gletschers und unter der Vegetation verschwunden.[11] Umgekehrt blieben die als Fixpunkt in den Gneis und Granit der Felsufer gravierten kreuz- und T-förmigen Versicherungszeichen mit dem Kürzel G. C. (Gletscher Commission)[12] als langlebige Referenz der Bezugnahme bestehen.

Mit dieser Mission begann die systematische wissenschaftliche Erforschung der Gletscher[13] an dem Ort, der vorher wahrgenommen worden war als das *»schweizerische Grönland, die scheußlichste Wildnis in der Schweiz, welche die ehrwürdige Natur sich gleichsam selbst vorenthalten hat. […] Klumpen von unschmelzbarem Eise drängen sich zwischen den Gebirgen in grässlichen Massen gleichsam mit Gewalt hindurch, steigen Berghinan, und stürzen sich wieder in Abgründe. Schrecken ist auf Schrecken gehäuft, und die Abgründe brüllen einander Entsetzen zu.«*[14]

In den Zehnerjahren des 21. Jahrhunderts wurde die Rekonstruktion der historischen Stände des Rhonegletschers unter Georeferenzierung von Archivquellen unterschiedlichster Art zum zentralen Bestandteil der Erstellung eines digitalen Höhenmodells des künftig enteisten Rhonegletscherbetts. Zur Abschätzung von dessen Topografie verwendete man Oberfläche, Umriss, hydrologische Einzugsgebiete und Massenbilanz, eichte die angewandte

Methode anhand einiger mit Georadar erstellter Profile anderer Gletscher und simulierte elf prognostizierte Entwicklungen. Die Visualisierung der statischen Schrägansichten der Landschaften von 2000 bis 2100, inklusive der im neuen Vorfeld entstehenden Seen, ergänzte man durch eine darübergelegte Orthofotografie.[15]

So gewann man eine Ansicht der grünen alpinen Zukunft und simulierte den Raum künftiger Nutzung oder Schonung.[16]

Bis es so weit ist, machen ihn die unaufhaltsame, dauernd beschleunigte Schmelze und sein Kollaps zum Gletscher der traurigen Gestalt – wozu beiträgt, dass man mit allen erdenklichen und auch umstrittenen Maßnahmen versucht, sein Verschwinden zu verzögern, ja sogar zu verbergen unter Vliesen, deren Rückstände ins Eis gelangen. Oder sind das gar Schamlaken? Die verbergen sollen, dass man zwar die Intelligenz besäße zu wissen, dass überhaupt keine Rechte bestehen an dem, was der Gletscher (und die Natur als Ganzes) dem Volk verfügbar macht, aber, von Verlustangst gepeinigt, weiterhadert in der Beziehung, bis man plötzlich auf der enteisten Flur stehend sich fragt – was jetzt?

Die Maßnahme entblößt eine nationale Identität, die sich längst entfremdet hat vom ewigen Firn und Eis, an der sie laut Erzählung *auch* hängt, und übersieht die orts- und zeitversetzte Wirkung natürlicher Klimavariabilität und anthropogen verursachter Reorganisation der atmosphärischen Strukturen innerhalb der verstörend dünnen verletzlichen Hülle um die noch bewohnbare Welt. Wäre Mary Shelleys dystopischer Roman Der *Letzte Mensch*[17] in der Gegenwart geschrieben worden, hätte sein Protagonist den Anblick der lakenverhängten Gletscherzunge ohne weiteres in die grässlichen Bilder eingereiht, an denen er auf seiner Flucht vor der Pest durch die Eiswelt der Alpen nach Arkadien vorbeigekommen war. Um diesen antiken Sehnsuchtsort ist es heute allerdings klimatisch kaum besser bestellt – auch Arkadien liegt auf dem sich am raschesten erwärmenden Kontinent.

Der Gletscher weltweites Sterben ist eine unbestreitbare, gerade da visuell wahrnehmbare Auswirkung der Erderwärmung. Es hat wiederum unmittelbare und künftige Konsequenzen für Infrastrukturen und Siedlungsgebiete, Wasserversorgung, Bewässerung und Energiesicherheit. Dem Steilhang, der Moräne kommt der stützende Eisstrom abhanden. Sein Rückzug entlastet das Tal von ungeheurem Gewicht und führt so zum Rückhub von dessen Sohle, der Absturz des Eises zum Ausbruch übervoller Zungenendseen und dieser zu plötzlichen Murgängen. Oft bauen Gletscher die Bedrohung fernab der Betrachtung auf, in den Tiefen der Cordillera Blanca, im Himalaya, Pamir oder Hindukusch. Dort, etwa in Afghanistan, entstehen in hiesigen Gebieten kaum anzutreffende Gebilde wie der sogenannte Tillit – ein Turban aus vom Eis eingeschürftem Schluff, Kies und Gestein, der auf dem Eissockel ruht wie bei uns hie und da noch bescheidene Gletschertische – dort sind diese mächtig wie ein Altar. Was sich im Inneren dortiger Gletscher vollzieht, weiß keiner; kommt es dann zur Entladung, erfolgt sie ohne Vorwarnung – also nicht wie im Lötschental.[18]

Dass Gletscher mit dem Tod zu tun haben, liegt also in ihrer Natur.

Ab der Jahrtausendwende hatte Vater bei der Betrachtung der Bauarbeiten am Feegletscher[19] – Schneedepots, Neuverankerung der Skiliftmasten, Verfüllung von Gletscherspalten – das Ende seiner Lebenszeit kommen sehen.[20]

In der eigenen Existenz bilden zwei Erratiker, früher ›Irrblöcke‹ genannt (Fotografien Seiten 34 und 46), die kaum einen Kilometer voneinander entfernten Enden einer Linie. Es sind die beständigsten Punkte aller meiner Reisen und touchiert von zwei Lieben.

Von den vielfältigen glazialen Begegnungen auf zahlreichen Feldern und dem damit Verknüpften handelt dieses Buch.

Es eignet sich den Gletscher nicht an. Vielmehr erzählt es durch ihn als Medium von den Umwelten, die er über- und mitgeprägt hat, und von deren gegenwärtigen Zuständen, auf die er mit seiner charakteristischen Trägheit reagiert; anders als Treibhausgase ist sein Rückgang direkt wahrnehmbar. Das Buch verfugt Reisebilder, Empfindungen und Stoffe verschiedener Disziplinen, Historie und Gegenwart – Eingebrachtes also, das ich ganz gern vergleiche mit dem auf einer Gletscheroberfläche reisenden Verwitterungsschutt.

Die auf vier Kontinente führenden acht Kapitel werden begleitet von bestimmten Fotografien. Diese verstehen sich als Einladung, herauszufinden, was in jeder tatsächlich der Fall ist. Die Fotografien beginnen zu sprechen im Moment, da sie gesehen werden. Das dazugehörig Geschriebene ist Einbettung, nicht Vorbedingung der Anschauung.

Vielleicht enthüllen die Fotografien dabei etwas, das lieber nicht aufgedeckt bliebe, da es dem vertrauten Gesicht

Vliesabdeckung über dem geschmolzenen vorjährigen Grotteneingang. Rhonegletscher.
Urner Alpen. Schweiz. 3. September 2014.

des Gletschers widerspricht, oder der Wiedergabe, welche man vorzöge, weil sie einen nicht als ökologische Belastung des Planeten in die Erzählung miteinbezieht. Eine Ursache des verwirrenden leisen, von der eigenen fotografischen Abbildung her bekannten Erkenntnis künftiger Abwesenheit der eigenen Person – oder eben des kollabierenden Gletschers. Kurz, dass von beidem nichts anderes übrig bleibt als die betreffende Fotografie.[21]

Am Ende fotografierte ich den Gletscher vielleicht halt ganz einfach darum, weil es keine anschaubarere und anschaulichere Metapher gibt für die mittels meines Handwerks einfrierbare und gefrorene Zeit. Die Fotografie des Gletschers lässt dessen beliebig lange Betrachtung zu, selbst wenn er selbst längst abgestürzt ist und unter dem Erdreich des von seinem Kollaps ausgelösten Murgangs schmilzt.[22] Zeit, scheint es, hat sich in der Aufnahme vergegenständlicht und wird materielle Qualität.

Ziel der Reisen des Gletscherfotografen war aber nicht die Demystifizierung des Mediums. Viel zu auratisch waren manche Momente dessen ästhetischer Auslotung. Befeuernd der vielleicht vermessene Versuch, den Gegenstand in seiner verzögerten viskosen ständigen Fluktuation abzubilden, statt ihn totzufrieren als statische Masse, die er nicht ist. Als Renegat also zu ignorieren die zuvor erwähnte allererste Fähigkeit der Fotografie, im Gegensatz zum bloßen Auge das im fortwährenden Fluss der Zeit sich hastig Verflüchtigende arretieren zu können. Deshalb zuweilen auch im Überflug lange strömende Verschlusszeiten zu wählen, sogar gegen die Reiserichtung und den Strich des Eises. Dazu das Unterwegssein mit der Ablagerung von Erfahrungsschichten, das Übersteigen natürlich akkumulierter

Moränenwälle und künstlicher Markierungslinien aus Steinen. Anders gesagt: das Durchsteigen vertikaler sedimentierter und horizontal gerichteter linearer Zeit – auf der Suche nach gültigen Abbildungen des Gletschers als Brandmauer des Klimas.

---

1 John Ruskin, *Deucalion. Collected Studies of the Lapse of Waves, and Life of Stones.* George Allen, London 1879, Seite 104.

2 Die Faltenbildung des Juragebirges ist ein Ergebnis des andauernden tektonischen Prozesses, bei dem die nordwärts wandernde Afrikanische Platte Druck auf die Eurasische Platte ausübt. Sie begann im späten Miozän und dauerte bis ins Pliozän (ca. 10 bis ca. 2 Millionen Jahre vor Heute) und hing mit der Alpenbildung zusammen. Die Alpen entstanden als Folge mehrstufiger Kompressionsphasen, deren wichtigste im Eozän (ca. 56–35 Millionen Jahre vor Heute) lag. Dabei kam es zur (andauernden) Auftürmung und Überschiebung von Sedimentdecken, großen unterschiedlichen Gesteinspaketen, einschließlich des kristallinen Grundgebirges aus dem Präkambrium bis Paläozoikum (älter als 540 Millionen Jahre vor Heute). In plattentektonischer Perspektive ist das Hochgebirge der Alpen ein junges Gebirge. Das Juragebirge ist als Faltengebirge jünger als die Alpen, besteht aber überwiegend aus älteren Gesteinen des Jura-Systems.

3 Der Name ›Jura‹ stammt aus dem Keltischen *jor* = Berg/Waldberg und galt für das Gebiet zwischen Genfersee und Basler Rheinknie. Anfang des 19. Jahrhunderts begannen Alexandre Brongniart (1770–1847), Georges Cuvier (1769–1832) und Alexander von Humboldt (1769–1859) die Gesteinsschichten dieser Region systematisch zu untersuchen und stellten dabei fest, dass die angetroffenen Kalk- und Mergelschichten des Juragebirges mit charakteristi-

schen Leitfossilien – darunter Ammoniten und Belemniten, nebst Pflanzen- und Wirbeltierfossilien – auch anderswo in Europa auftraten, und unternahmen erste Schritte zur Namensübertragung vom Gebirge auf die geologische Periode. Humboldt führte 1795 den Begriff ›Jurakalk‹ ein, 1829 Brongniart den Begriff *Terrain jurassique.* Im Rahmen späterer Systematisierung wurde das erdgeschichtliche Jura-System in weitere Serien und diese in Stufen unterteilt. Gemäß der International Chronostratigraphic Chart (ICS, Version 2024/12) dauert es von 201. 4 +/-0. 2 bis 143. 1 +/-0. 6 Millionen Jahre vor Heute.

4 Der Lac des Faverges entleerte sich zwischen dem 2. und 4. August 2013. Seit 2022 wird der See durch einen 430 Meter langen und sieben Meter tief ins Eis gebaggerten Bypass-Kanal geordnet entleert.

5 ›Weltkarten. Eine Vermessenheit‹. *du. Zeitschrift der Kultur,* Nr. 11/12, Dezember 2005/Januar 2006, Heft Nr. 762. Mit Texten von Lorenz Hurni, Elmar Holenstein, Daniel Kehlmann, Hugo Loetscher, Ute Schneider, Daniel Schwartz, Carsten Stütz u. a.

6 Alfred Wegener, *Die Entstehung der Kontinente und Ozeane* (1915). Die 1912 erstmals vorgestellte Theorie der Plattentektonik wurde erst in den 1960er-Jahren mit der Entdeckung der Meeresbodenspreizung weiterentwickelt und allgemein akzeptiert.

7 Daniel Schwartz, *While the Fires Burn. A Glacier Odyssey.* Thames & Hudson, London 2017. ›The Last Glacial Maximum Contained in a Walk of Seven Hours and Twenty-Five Lives‹, Seiten 56–59.

8 Daniel Schwartz, *While the Fires Burn. A Glacier Odyssey.* Thames & Hudson. London 2017. ›Stones for Science‹, Seite 101; ›Stones Connecting Time‹, Seiten 102 ff.

9 Weite Sandgebiete im Anschluss noch erhaltener Endmoränen.

10 Auskunft über die Gesundheit eines Gletschers gibt seine Massenbilanz. Sie ist die Summe aus der Akkumulation, dem Schneezuwachs im Nährgebiet, und der Ablation, dem Schmelzen im Zehrgebiet. Die Gleichgewichtslinie (engl. Equilibrium Line Altitude, ELA) ist der jährliche Indikator für Wachstum oder Rückzug eines Gletschers. An ihr herrscht Massenausgleich: Akkumulation = Ablation, der Gletscher baut genau so viel Masse auf, wie abgebaut wird. Eine tief gelegene Gleichgewichtslinie bedeutet ein großes Nährgebiet, also mehr Zuwachs als Verlust und eine positive Massenbilanz. Eine hoch gelegene Gleichgewichtslinie bedeutet ein kleines Nährgebiet, also mehr Verlust, der nicht wettgemacht werden kann, und eine negative Massenbilanz.

11 Das komplette Protokoll und die Basis der modernen Glaziologie ist Paul-Louis Mercantons *Vermessungen am Rhonegletscher 1874–1915. Neue Denkschriften der Schweizerischen Naturforschenden Gesellschaft (SNG),* Bd. LII., Basel/Geneva/Lyon 1916.

12 Auftraggeber der geometrischen Aufnahme des Rhonegletschers, bestehend aus zwei Programmen – der grafischen Triangulation des Aufnahmegebiets und der physikalischen Geschwindigkeitsmessungen mittels vier Steinreihen –, war die Gletscher-Commission, eine Gründung des Schweizer Alpenclubs und der Schweizerischen Naturforschenden Gesellschaft. Technische Unterstützung erfolgte durch das Eidgenössische Topographische Bureau (Vorgänger des Bundesamts für Landestopographie).

13 Gemäß Johann Jakob Spreng kommt das Wort ›Glätscher‹, *conglaciati montes,* entweder aus dem Altdeutschen *Gläsß,* glasartiger Glanz, oder, wenn auf das Alter bezogen, vom Keltischen *glas,* grün, lichtblau, seegrün, *glaucus,* oder auch

klesra oder *sklassa,* überfrieren, aus dem auch das lateinische *glacies* erwuchs. *Eine unerhörte Auswahl vergessener Wortschönheiten aus Johann Jakob Sprengs gigantischem, im Archive gefundenen, seit 250 Jahren unveröffentlichten deutschen Wörterbuch, ans Licht gebracht von Nikolas Fink.* Berlin, Verlag Das Kulturelle Gedächtnis 2021, Seite 122.

14 Gottlieb Sigmund Gruner, *Die Eisgebirge des Schweizerlandes.* Bern 1760, Seite 58.

15 Samuel Wiesman, *Gletscheroberflächenentwicklungen. Aspekte der Datenakquisition und der Visualisierung,* Dissertation ETH Zürich, 2016.

16 2016 lagen in der Schweiz ca. eintausendvierhundert, teilweise namenlose Gletscher, etwa einhundertdreißig von über zwei Kilometern Länge. Die damalige Gesamtfläche von 961 hat sich bis 2024 auf unter 800 Quadratkilometer reduziert.

17 Mary Shelley (1797–1851), *Der Letzte Mensch.* Aus dem Englischen übersetzt und mit Anmerkungen versehen von Irina Philippi. Reclam, Ditzingen 2021.

18 Augenblick und Zeitlichkeit, Seiten 292–296.

19 *Die Erinnerung und der Gletscher. Hans Schwartz und Daniel Schwartz* (2009, 37'), ein Film von Lara Studer.

20 Augenblick und Zeitlichkeit, Seiten 277 f.

21 Überlegungen zur ›Einbildungskraft‹ bei Kant und ihre Anwendung auf die Fotografie, bezogen auf das von Gisèle Freund angeführte Dilemma des Fotografen, zu navigieren zwischen Geheimhaltung und Verhüllung, bei Wilhelm Genazino, *Idyllen der Halbnatur.* Hanser, München 2012, Seiten 102–105.

22 Augenblick und Zeitlichkeit. Fotografie Seite 308.

Letzteiszeitliches Maximum
Jurasüdfuß Schweiz 1978, 2009–2016.

Um zum Restaurant des Hotels ›Krone‹ nach Solothurn zu kommen, muss er

»... steile Wände hinunter zu springen, auf erratischen Felsblöcken zu hocken.« [1]

Robert Walser läuft von Bellelay nach *S....* [2] Über Gratwege *»im Jura länglich [liegende] / schlanke und breite Höhn«* [3] gelangt er auf den Weissenstein. Am Riegel unterhalb der fetten Nesselbodenalp nimmt er den Hut vom Schädel und blickt von der ersten Antiklinale zum *»Eisigtrotz'gen«* [4] des Alpenpanoramas. Dann geht er an der Felsbank vorbei zum Couloir. Im Jahrhundert zuvor hat man die seitlichen Kalkschroffen für den Aufstieg zum Weissenstein, wo es Milchkuren gab, durchsteigbar gemacht. Zwanzig Jahrtausende zuvor, bei einer Durchschnittstemperatur von 4 °C, gab es hier, wo Walser jetzt möglicherweise steht, ebenso wie einen Kilometer weiter zwischen Rüttenen und Balm bei Günsberg, letztes Jura-Eis, das zu dem östlich von Langenthal stirnenden Rhonegletscher abfloss. Springen kann Walser erst ein zünftiges Stück nach der letzten in den Fels gehauenen Stufe. Aber es bleibt steil; im Leewald rutschen die alten Laublagen. Er fällt *»bald in eine Schlucht«*, hat *»es mit wüstem, wildem, haltlosen Hinunterfallen und -stürzen, [...], an Ästen Festhalten, Rutschen über Geröll herab und einem Rock- und Hemdkragen-Abziehen zu tun, weil es [...] zu heiss, zu schwül und deswegen nachgerade zu dumm wurde«* [5] – Turnen in der schliefrigen ›Stiegenlos‹ – trefflicher Ortsname für das Gelände, in dem der Auf- oder Abstieg in boden-›losem‹ Grund erfolgt.

In der Falllinie seines Wegs liegt der Kreuzengraben. An dessen Eingang, bei einem anderen Spaziergang, zwängt sich Walser am Redaktor der *Solothurner Zeitung* vorbei; der erschrickt über den *»robusten Unbekannten, [...], Nacken und Gesicht hochrot und die schweren Militärschuhe voll Staub«*, und *»rechnet aus«*, dass jener nur der *»Dichter aus Biel«* sein konnte, *»sonderbar unheimlich, wortlos«*[6], auf Solothurn, die Kleinstadt mit *»der riesigen Bastion oder Befestigung im Vaubanstil«* zuschreitend, die er durch ein *»mächtiges, imposantes kriegerisch-trotziges«*[7] Tor betreten wird.

Am Kreuzengraben hätte Walser einen Umweg einschlagen können. Unter der glatten, senkrechten Verwerfung links der Einsiedlerklause wäre er hinauf in den Wald zum Erratiker-Schwarm auf der Martinsfluh gekommen.

Lieber bleibt er im Schatten, geht entlang den Bachschnellen und vom eiszeitlichen Schmelzwasser ausgeformten Balmen und Kehlen durch die Sohle der Verenaschlucht mit ihren moosbewachsenen Gedenktafeln verdienstvoller Bürger, darunter jene für den Geologen Franz Joseph Hugi (1791–1855).

Der hatte aus seiner in den Alpen gewonnenen Beobachtung eines steten *»Inhalierens und Exhalierens«* im Eis gefolgert, dass *»die Gletscher keine todte Masse«* sind, sondern *»mit und durch die Atmosphäre als immer thätiges Gemeinorgan der Erde gebildet werden und fortwährend aus dieser ihr Wachsthum und die Bedingungen ihrer Entwicklung erhalten«.*[8] Wie Alexander von Humboldt hatte Hugi eine Klimadefinition erbracht und wie jener, ohne es so zu benennen, ein von den Wechselwirkungen zwischen Atmosphäre, Ozean, Kryosphäre und Biosphäre bestimmtes Erdsystem-Modell im Sinn. Sein Fossilienkabinett ist Vorläufer des Naturhistorischen Museums Solothurn. Er selbst gilt als Pionier der empirischen Gletscherforschung und als solcher verwarf er die kursierenden spekulativen Theorien über geologische Prozesse – gerade die konkurrierenden des Neptunismus, der die langsame, unter Wasser stattfindende Sedimentierung von Gebirgen postuliert, und die des Plutonismus, der alle Gebirgsbildungen vulkanischen Aktivitäten zuschreibt.

Verfemt als Lehrer und schließlich als Ketzer vertrieben aus der Stadt, die Walser den Eindruck hinterlässt, *»daß einstige Zeiten jünger gewesen sind als die gegenwärtigen«*[9], war Hugi ein Unangepasster; ähnlich wie Walser, eine Leserheimat suchender *»Vagant der Schweizer Literatur«*[10], der, unterwegs zum *»Edelsitz«* mit *»wunderlichem altem Garten«*[11] – Schloss Waldegg? –, beim Spaziergang womöglich auf die Martinsfluh kommt und sich so unter letzteiszeitlichen Wanderblöcken wiederfindet.

Die Präsenz von Erratikern – verwaist in der Landschaft liegenden, geologisch ortsfremden Felsklötzen – am Jurasüdfuß und auf dem Steinhof im Wasseramt hatte Hugi zwar noch der Verdriftung auf Eisflößen oder auf den alpinen, am Jura anbrandenden, von Bernhard Studer (1794–1887), Horace Bénédict de Saussure (1740–1799) und anfänglich noch von Louis Agassiz (1807–1873) postulierten Schlamm- und Rollsteinfluten zugeschrieben. Als er in den Erratikern aber Geo-Erbe von nationaler Bedeutung erkannte, empfahl er ihre staatliche Unterschutzstellung. Solches war auch dringend nötig, denn im 18. Jahrhundert beseitigte die ausgreifende Landwirtschaft Fausts *»fremde Zentnermassen«*[12] rücksichtslos, die Kirche machte daraus eine schöne Treppe und die Herzogenbuchsee-Burgdorf-Bahn wollte sie 1855/1857 fuderweise zu Schotter verwerten.

Hätten die urtümlichen Erratiker, die Schauer weckten und die Schöpfung ins Wanken brachten, auf der Touristenroute zwischen Basel und der St. Petersinsel durch die Schluchten und Klusen der Birs gelegen, wären sie berühmt geworden, aber oben auf der Fluh in der Windnis blieb der Martinsfluh-Schwarm ein steinernes närrisches Rätsel im Abseits.

Während man auf der *Voyage pittoresque* eher für die Oberflächenreize der ›Sehenswürdigkeiten‹ am Weg empfänglich war, studierten die frühen Eiszeittheoretiker die Gegenstände von Natur und Landschaft als Sache und verdankten dabei entscheidende Hinweise Jean-Pierre Perraudin (1767–1858), einem Zimmermann aus dem Val de Bagnes. Auf den Jahreshauptversammlungen der Schweizerischen Naturforschenden Gesellschaft in Solothurn 1834 und 1836 debattierten sie das paläoklimatische Dilemma, das sich aus der von Ignaz Venetz' (1788–1859) und Jean de Charpentiers (1786–1855) vorgebrachten These ergab, einst hätten talfüllende Gletscher Erratiker disloziert und im Flachland Moränen aufgeworfen. Aber wie konnte solches sein, wo ja nur eine Fußstunde hinter der Stadt die Sedimentgesteine des Jura mit Fossilien tropischer Flora und Fauna aufwarteten und für ein früheres Schweizer Klima zu sprechen schienen, das wärmer gewesen sein muss als die Gegenwart, umgekehrt aber eben doch auch Phasen starker Abkühlung vorkommen konnten – etwa das ›Jahr ohne Sommer‹ nach dem Ausbruch des Tambora 1816 oder diese Kleine Eiszeit, in der man sich gerade befand. Wenn ein Signal wie der Zungenvorstoß des Unteren Grindelwaldgletschers um fünfhundert Meter zwischen 1814 und 1822 ein Abkühlen des Klimas nahelegte, konnte sogar der von Georges Cuvier (1769–1832) in seiner Katastrophismustheorie postulierte, jede geologische Epoche terminierende Kälteeinbruch als Erklärung einstiger großräumiger Vereisung herangezogen werden. Es war unvermeidlich, dass in Solothurn Animositäten, Eitelkeit und Loyalitäten die im Schatten von Alexander von Humboldt und anderen Autoritäten der Zeit geführte Debatte über das Klima als Treiber glazialer Fluktuationen befeuerten.

Aber hatte sich einer der Kontrahenten mit dem Vorschlag erhoben, die ›Stiegenlos‹, über die Robert Walser hinabturnen würde, zu nehmen, um Übersicht zu gewinnen?

Im Herbst könnten die tagenden Naturwissenschaftler vom Weissenstein aus in dem für die Jahreszeit typischen, auf dem Mittelland liegenden Nebelmeer vielleicht das Bild der Alpenvorlandvergletscherung[13] erblickt haben. Auf diese Vorstellung hatte mich Vater immer hingewiesen, wenn er mich frühmorgens auf den Jura mitnahm und beim Blick über die meteorologische Kaltluftsee auf die Alpen von der Eiszeit und Mammuts erzählte. Karl Friedrich Schimper (1803–1867) und Agassiz, welche die in Solothurn vertretenen Ansichten zur Eiszeit synthetisieren sollten[14], hätte sich das Alpenpanorama niemals so, als eine auf dem Nebelmeer segelnde, silbrig schimmernde Flotilla dargestellt. Sie hätten die Zacken als geologische Aufwölbung gesehen und das Nebelmeer als den weißgrauen Schild der Inlandvereisung, über dessen durchbrochene Flanken Gebirgsschutt hinab ins Flachland rutschte.

Hundertfünfzig Jahre nachdem das Postulat eines mächtigen, aus dem Alpeninneren hervorstoßenden Rhone- oder Walliser-Eisstroms als Ursache und Erklärung der Erratikerverschleppung bis an die Beckenränder des Mittellands, also des Kerngebiets zwischen Jurarand und den Alpen, allgemein anerkannt worden war, sucht die Wissenschaft noch immer nach einer eindeutigen Erklärung der paläoklimatischen Entwicklungen, die zu den großräumigen voralpinen Vergletscherungen geführt hatten.

Die jüngste innerhalb der letzten 120 000 Jahre, bekannt als Letzteiszeitliches Maximum, begann 28 000 Jahre vor Heute, baute einen Schild mit alpinen Höchstständen von 3000 Metern über Meer auf, stieg im waadtländischen Wasserscheidegebiet der Broye, um Avenches und Payerne, und im Drei-Seen-Land Biel-Murten-Neuenburg auf 1300 Meter ab und verflachte östlich von Solothurn auf 420 Meter. Im Prozess seiner wiederholten Vorstöße und Rückzüge hatte das Eis die alten Flussläufe zu Wannen verbreitert, die späteren Seebecken ausgehobelt, die das Auf- und Absteigen der Jurakette begleitende gefaltete Molasse[15] mit Grundmoränen überkleistert und die beckenrandlagigen Moränen aufgeworfen, von welchen es sich 21 000 +/- 9000 Jahre vor Heute zurückzog. Das war lange vor dem dramatischen Ende der letzten Kälteepisode vor 15 000 Jahren, als in 4000 Jahren global um sechs Grad angestiegene Temperaturen und ab etwa 11 500 Jahren vor Heute der Holozän-Föhn das Eis sublimierten; da die alpinen Schmelzwässer von Abflussrinnen am Innenrand des

Jura gefangen wurden, in die auch jene aus Robert Walsers ausgebreiteter *»Hügeligkeit«*[16] aus dem eiszeitlich durchtalten Mittellandbecken flossen, das, rascher als gemeinhin angenommen, von den drei Langeten-Lappen her westwärts entgletscherte und die postglazialen offenen Ebenen aus abgelagertem Sand und Kies, die Grundmoränen und Moränenstaffeln, die Schuttfächer und die langgezogenen überschliffenen Schotterhügel mit Birken und Föhren übergrünten, anspruchslosen Pionieren, gefolgt vom Eichenmischwald.

Unterdessen hatte sich im freigegebenen Solothurner Becken ein Eisrandsee und schließlich der vom Kreidekalkrücken des Mormont, der kontinentalen Rhein/Rhone-Wasserscheide, gedämmte Solothurnersee gebildet; mit St. Peter, Jolimont und weiteren Halbinsel- und Inselbergen durchsetzt, eine postglaziale aquatische Landschaft, deren allmähliche Verlandung durch Schuttfrachten von Orbe, Broye, Areuse, Schüss, Saane und Aare eingeleitet wurde und in der der schrittweise Durchbruch des Moränenriegels bei Wangen an der Aare die Spiegelhöhe auf 450 Meter absinken und vor 11 000 Jahren als Restgewässer drei Jurarandseen zurückließ. Deren Deltas und Ufer wie auch die Ränder der meist rundförmigen Toteisseen, Senken, die durch das langsame Abschmelzen von Sedimenten überdecktem abgekoppeltem Eis entstanden waren, besiedelten um 6000 vor Heute erste Pfahlbürger; im 4. und 3. Jahrtausend im jungsteinzeitlichen Mittelland in vielleicht zweihundert planmäßig angelegten Dorfterritorien dann bereits eine Gesamtbevölkerung von etwa 20 000 Seelen, die, um der Mit- und einer Nachwelt Bedeutsames zu vermitteln, Menhire zu Linien astronomischer Peilsysteme

Nebelmeer über dem Mittelland, mit Blick auf die Berner Alpen.
Postkarte. Gelaufen am 14. September 1909.

wälzten. Glich ein Erratiker einem Frosch oder einer Kröte, den Zyklen des Lebens nahe Wesen, kerbte die mantisch versierte Elite an entsprechender Stelle Mund oder Gebäröffnung ein. Später findet ein römischer Legionär sein Grab beim Block, der um die Mitte des 3. Jahrhunderts den über den Limes eingesickerten Alemannen als Kultplatz dient, im Mittelalter zum Freistein wird, der Schutz vor Selbstjustiz garantiert, bis gerichtet und geurteilt ist, und im Lauf der Zeit, da die Gesellschaft permanent und die Natur als Erlebnisraum organisiert sein will, über den Grenzstein der Marchen zum Prüfstein des Kletterers wird.

Moos bewächst den Geotop. Laub sammelt sich am Fuß des ortsfremden, aber herkunftsspezifischen Steins, welcher manche Information enthält über die Ausdehnung des Letzteiszeitlichen Maximums und seinen ungeheuren Weg

Der Martinsfluh-Erratiker.
Rüttenen. Kanton Solothurn. Schweiz. Mai 1978.

vom Punkt der Abtragung im Wallis, Mont-Blanc-Massiv oder Berner Oberland zum gegenwärtigen Liegeort, aber auch über den Gebrauch seiner immanenten Eigenschaften. Etwa als Lebensspender, weshalb Frauen mit Kinderwunsch die Schräge des ›Rütschelisteins‹ am Waldrand von St. Niklaus hinabgleiten, so dass allmählich eine flache polierte Rinne entsteht im Erratiker, auf dem Robert Walser hätte abhocken können.

Ich hatte Vaters grünmetallisierten VW Käfer ausgeborgt und war am aufgelassenen Steinbruch vorbei in den Wald hineingefahren. Der verbotene Forstweg war vereist an jenem 22. Januar 1978. Als es steiler wurde, ging ich zu Fuß und schließlich durch den laubverklebten Schnee einen Hang hinauf, auf dessen Kante etwas lag wie ein gestrandeter Wal. Das von der Fotoklasse vorgegebene Thema ›Heimat‹ hatte mich in den Wald geführt. Konkrete Vorstellungen einer Aufnahme hatte ich keine; ohnehin hätte sie der Erratiker zerschmettert. Der Schnee hellte ihn etwas auf, aber fotografierbar war er nicht im direkten Sonnenglast. Im Mai kam ich wieder, entschied mich für eine Aufnahme im Quadrat und vergaß sie zusammen mit dem Erratiker.

Drei Jahrzehnte später, im Zusammenhang mit einer Ausstellung, regte er sich zum ersten Mal im Archiv.[17]

Sein eigentlicher Auftritt aber erfolgte, als meine Fotografien aus den sinkenden Deltas Asiens[18] Gegenstücke aus dem Ambiente der beschleunigten Gletscherschmelze im gegenwärtigen Interglazial und gerade in der Heimat notwendig machten. Auch hier hatten sich die Signale der brisanten Klima-Gegenwart gehäuft. Aber nun präsentierte sich mir auf dieser frühen Fotografie im Erratiker ein Mark-1, die Tankwaffe und Metapher des mechanisierten industriellen Großen Kriegs, der, wie der Amerikanische im Delta und jeder Krieg bis heute, Umwelt nicht als Natur versteht, sondern als Terrain.

Ein Erratiker lag in unserem Garten. Er hatte die Form einer rechtsseitigen Chaiselongue und war im Aushub des entstehenden Hauses. Saß Mutter im selbstgeschneiderten Seidenkleid auf dem Stein, mit Blick vom Dorf Günsberg, das auf einer der im Raum Solothurn höchsten hochwürmzeitlichen Seitenmoränen des Walliser Eisstroms liegt, über den noch unbebauten Hang, auf dem im Winter Rehe ästen, und über das Mittelland auf die Alpen, dachte sie an ihre Kindheit im Delta des Mekong. Nach ihrem Tod begann Vater mit dem Aufräumen. Als der Bestatter, der ein halbes Jahrhundert zuvor auch den Dachstock des Hauses angefertigt hatte, Vaters Sarg wegbrachte, lag der Erratiker seit einiger Zeit schon in der steilen Böschung des benachbarten Grundstücks begraben.

Vier Jahre bevor Vater entscheiden sollte, das Leben habe nun lang genug gedauert, beschloss ich, zusammen mit ihm den Martinsfluh-Erratiker noch einmal aufzusuchen.

Ohne es zu zeigen, war Vater glücklich, dass ich mich nach fotografischen Reisen in Delta, Dschungel, Wüste und Krieg auf die Alpen, seine Sehnsuchtswelt, einließ, und es entsprach durchaus seiner Liebe zur Systematik, meine Gletscherarbeit beim Findling am glazial überprägten Jurasüdfuß zu beginnen.

Wir hatten uns in der ›Krone‹ verabredet.

Unter der Kathedrale beklopfte Vater die zwischen den Quadern der mächtigen Stützmauer aufgegipsten, längst gerissenen Messsiegel, welche seit den Fünfzigerjahren die Statik des zur Terrasse aufgepolsterten Moränenhügels protokollieren. Den Porsche stellte er ab hinter Schloss Waldegg. Beim ›Rütschelistein‹ stachen wir in den Wald. Es roch nach Erdbeeren an diesem heißen Augusttag 2009. Wir kreuzten Wildwechsel. Wir verloren uns aus den Augen. Wir hörten unsere gegenseitigen Rufe »Ich hab ihn!« Jedes Mal Trugbilder im flimmernden Blattwerk, die sogleich zersplitterten wie Spiegel; Schatten, die einen Erratiker mimten. Schließlich fanden wir uns. Vaters Gesicht war schweißüberströmt; ich sorgte mich – er war ja bereits neunundachtzig. Vor einem Findling, hier hatte jemand das gravierte Schild ›Errat. Block/unter staatl. Schutz‹ herausgebrochen, kniete er nieder, nahm Fäustel und Meißel aus dem kleinen Rucksack, setzte die Schutzbrille auf und streifte den Handschuh über die Linke. Nach der Antastung roch es zundrig. Der Splitter war spitz an den Enden; er passt gerade in eine Filmdose.

Eine weitere Stunde suchten wir ohne Ergebnis. Immer näher traten durch den Waldrand die Grünschattierungen der Felder.

Die Folge unserer Exkursion war, dass sie den Block vom fotografischen Motiv in ein Objekt meiner Biografie überführt hatte. Er verfugte die Zeit der Eltern mit meiner, die Vergangenheit mit der Gegenwart; so wie sich auch Orte des Wallis[19] mit Episoden meiner Kindheit und Jugend verbunden hatten. Aber während dieser und die allermeisten Gletscher von den natürlichen Variationen und anthropogenen Veränderungen des Klimas betroffen auf dem Rückzug waren, hatte nichts den Martinsfluh-Erratiker von seinem Ort bewegt.

Die vier Falzfelder des Blatts 112 ›Weissenstein‹ der *Siegfriedkarte* 1:10 000, Ausgabe 5. April 1946, verbanden nur noch Fasern. Ich zögerte, das Blatt zu öffnen, auf dem Mitglieder der Naturforschenden Gesellschaft Solothurn Stein um Stein als roten Punkt ersterfasst und jedem in blauer Tinte eine Nummer hinzugefügt hatten, 714 die höchste.

Das Gedächtnis kappen, wie einen Baum, der nach dem Eingriff vielleicht nie mehr austreibt …

Die technisch-wissenschaftliche Expertin des Kantonalen Amts für Umwelt, Abteilung Boden, überhörte nicht, was ich zu mir selbst sagte. Anderntags richtete sie mir aus, sie habe den Plan der Entsorgung der Erfassungsdokumente stoppen können; es war die Idee der Programmierer des Geotop-Inventars sowie der dazugehörigen interaktiven Karte gewesen. Sie hatten argumentiert, nach deren Aufschaltung gäbe es keine Verwendung mehr für Archivalien wie die Felderfassung des Erratiker-Schwarms über der Verena-Schlucht mit der dunklen abgeriebenen Stelle am rechten Rand, wo Daumen und gekrümmter Zeigefinger das Blatt eingeklemmt hatten auf ungezählten Gängen im Wald von Rüttenen.

›Meinen‹ Block wiederzufinden, hatte ich das Amt kontaktiert und war unversehens zum Fürsprech seines Erratiker-Archivs geworden.

Die Entsorgung von Aktennotizen, Briefen, Notaten Typoskripten und Skizzen hatte ich nicht im Zusammenhang des zweischneidigen Rechts auf Vergessen gesehen –

welche schlimme Erinnerung verkörperte denn ein Erratiker? Aber was, sann ich, wäre gewonnen gewesen mit der Vernichtung von Zeugnissen zivilgesellschaftlicher Verantwortung, der Hinwendung zu Phänomenen der Natur, die, lang bevor der Begriff in Umlauf kam, im Umweltbewusstsein ankerte. Die Idee, schien mir, war aber auch mehr als ein Ausdruck von Betätigungsdrang; ich verstand sie als Symptom geschichtsvergessender Datenbesessenheit.

Im Geotop-Inventar trägt ›mein‹ Erratiker das Kennzeichen ›Ingeso OID 414‹.

Die Mappen der Erratiker-Saga enthalten Geschichten.

Die Telefonnotiz vom 14. 10. 1987 an das Ammanamt Bolken, dass ein *Findling (57 Tonnen) gefunden worden* ist, der *zur Zeit neben dem Schulhaus* liegt, nebst dem Vermerk des für den 19. 10. geplanten *Augenscheins* durch Dr. Hugo Ledermann.

Die Korrespondenz vom Oktober 1957 zwischen dem Grundbuchverwalter der Amtsschreiberei der Stadt Solothurn und dem Kustos des Baudepartements des Kantons Solothurn, Natur- und Heimatschutzkommission im Zusammenhang mit der Verlegung *der Gemeindegrenze zwischen Langendorf und Solothurn unter Flächenausgleich* und einer dadurch aktivierten *Öffentlich rechtlichen Eigentumsbeschränkung laut RRB Nr. 4220 vom 5. Oktober 1951 folgenden Inhalts: »Erratische Blöcke, Block beim östl. Neubau Rosegg 1914«;* mit der Bitte der *zur Erstellung dieses Grenzregulierungsaktes* notwendigen Bekanntgabe *des Platzes, auf dem sich dieser erratische Block befindet.*

Die am 2. Febr. 1945 an Professor Emil Künzli, Franz Joseph Hugi beerbendes Mitglied der Schweizerischen Naturforschenden und der Naturforschenden Gesellschaft

Solothurn, übermittelte Besorgnis des Kreisförsters Solothurn-Lebern nach der Mitteilung des Bannwarts über die Entfernung zweier großer Blöcke aus der Gemeindeverwaltung Bettlach und seine Bitte um Verständnis, dass eine *genauere Einmessung* eines fehlenden Blocks auf einer neuen Karte als *die prof. eingezeichnete bei diesem Schnee nicht möglich ist.*

Die auf den 24. Sept. 32 datierte, von Rob. Kaeser, Bezirkslehrer, Messen, in Sütterlin verfasste und gestempelte Notiz an den lieben Dr. Mollet betreffend seiner Findlingsarbeit, welcher er die Überlegung nachschickt *Hätte ich das Material wohl an Hrn. Prof. Dr. Künzli schicken sollen*? und am Rand des gelblichen Papiers mit der Feder umrandet anmerkt, man wolle gelegentlich noch über die *Vergütung von zwei Mittagessen* sprechen.

Anders als im ›Inventar der geowissenschaftlich schützenswerten Objekte‹ (Ingeso) aufruf- und herunterladbare Digitalisate sind die historischen Dokumente der Entdeckung, Bewahrung und Sicherung von Hugis Blöcken als Naturdenkmal direkte persönliche Verbindungen zur Landschaft und ihren Gegenständen.

Jahre später lag vor mir in einer Ausstellungsvitrine[20] das Fremdenbuch des Hotels ›Krone‹; so wie es am 30. August 1844 J. M. W. Turner (1775–1851) vor sich gehabt hatte.

Die Archivalie elektrisierte mich.

Der Ärmel von Turners Gehrock fuhr über die linierten Blätter der Doppelseite. Die Feder kratzte. Der dreist ausgeführte Namenszug wurde zum Strahl durch Raum und Zeit.

Linke Seite, Mitte erste Spalte: *Eintrag und Unterschrift von J. M. W. Turner, 30. August 1844.* Fremdenbuch, Hotel ›Krone‹ Solothurn (1844).

6. Mai, vier Monate vor Turners Aufenthalt in Solothurn; Royal Academy of Arts, noch untergebracht in der National Gallery am Trafalgar Square:

Aus Wirbel und Schwall der Elemente schießt die vom Dampfkessel überragte dunkle Masse frontal über die Brunel's Bridge von Maidenhead, spuckt rußigen Regen in die Gesichter derer, denen in der an dem Tag erstmals ausgestellten sensationellen malerischen Summierung von Kräften der Natur und Technologie ein neues unaufhaltsames Zeitalter entgegenkommt. Unter ihnen John Ruskin (1819–1900), dem es die Sprache verschlägt, denn ihm gilt: Keine vom Geist des Industriezeitalters hervorgebrachte

Idee verdient künstlerische Darstellung. Besonders nicht die Eisenbahn, welche die alten Tage des Reisens im Wagen, wie Ruskin sie von klein auf kennt, beendet.

1835 war Ruskin als Sechzehnjähriger aus der im Letzteiszeitlichen Maximum unvergletschert gebliebenen Klus bei Balsthal, wo mein Vater aufwuchs, ins Mittelland hinausgetreten, erstmals die Alpenkette erspähend.[21]

In der Royal Academy aber gibt es für ihn keinen Boden unter den Füßen bei der Betrachtung von Turners *Rain, Steam and Speed. The Great Western Railway.* Vielleicht hört Ruskin den Pfiff, der Schluss macht mit der erdgeschichtlichen Zeit, die er sich 1844–1849 in *Mountain Rock and Alpine Rose,* einem mit schwarzer Tinte geschärften Aquarell, selbst vornimmt in Gestalt des Blocks mit abgerundeten Flächen und Kugelform im Halbschatten von Nadelbäumen, eines Erratikers von unterschiedlichem Gestein als das von abwärtsfließendem Eis überschliffen wirkende im Vordergrund, auf welchem er ruht.

Aus Ruskins Studie spricht die Forschung von Franz Joseph Hugi und seiner Nachfolger, besonders von James David Forbes (1809–1868) und Charles Lyell (1797–1875), der 1857, als die Steinhof-Erratiker knapp der Sprengung entgingen, »*Blöcke und Kiesel an den Endmoränen alter Gletscher, so namentlich derjenigen der Rhone in den Vorstädten von Solothurn*«[22] untersuchte. Sah Lyell in den doch bereits parzellierten Wiesen zur Verena-Schlucht hin noch »*Alpen-Irrblöcke*«? Oder musste er dazu in den Wald über St. Niklaus auf die Martinsfluh?

Sah Lyell auf den heute verfügbaren Koordinaten 47° 13′ 29.4″ N / 07° 32′ 21.6″ E (WGS 84) oder y = 607 627.3, x = 230 437.9 (CH1903/LV03) gar ›Ingeso OID 414‹?

Vater und ich standen im Rücken des Blocks, an der Stelle, wo ich vierunddreißig Jahre zuvor das Stativ aufgestellt hatte, als auf der Hangseite die Begeisterung von Christian Schlüchter und Naki Akçar, Institut für Geologie, Universität Bern, zu hören war.

Tags darauf ging ihre Mail an das Amt für Umwelt, welches die Bewilligung der Beprobung des Geotopen im Zusammenhang mit meinem Buch- und Ausstellungsprojekt[23], gestützt auf § 3 der ›Kant. Verordnung über den Natur und Heimatschutz (NHV; BGS 435.141)‹ und den ›Regierungsratsbeschluss (RRB) Nr. 6885‹ vom 10. Dezember 1971 (BGS 435.145), bereits angekündigt hatte, unter der Vorgabe, dass die vorgesehene Gesteinsprobenentnahme maximal fünf Kilogramm betragen und *zur Materialentnahme nur mechanische, aber keinerlei pyrotechnische Mittel, wie z. B. Dynamit,* eingesetzt werde, womit der Erratiker nicht zerstört und RRB 6885 eingehalten würde.

Zur Bestimmung des Liegealters, führten die Gesuchsteller aus, sei neben der bereits vorgesehenen Oberflächenprobe für den Dünnschliff eine weitere von der Bauchseite notwendig, sowie eine der Felsunterlage, denn ›Ingeso OID 414‹ sei der einzige im Mittelland bekannte direkt auf anstehendem Fels liegende Findling. Letztere Probe solle zeigen, *wie stark der Gletscher vor der Ablagerung des Blocks den Fels erodiert hat und ob an dessen Oberfläche womöglich ein Expositionssignal aus der Zeit vor der letzten Vergletscherung messbar sei.* Die *Bauchprobe sollte immer entnommen werden, um vorangegangene Exposition im Gebirge zu ›sehen‹. Die wissenschaftliche Begründung* ihres Gesuchs, hatten die beiden Geologen zuvor auf meinen Vorschlag einer Beprobung geantwortet, würde lauten: *nach der erfolgreichen Datierung der Steinhof-Erratiker [sei] es sinnvoll und notwendig, auch vom linken Eisrand eine absolute Bestimmung des Findlings auf der Martinsfluh anzustreben.*

Am 26. Mai 2012, eine Woche nach der ersten Begutachtung im Wald, lehnte die zehnsprossige Metallleiter der Professur für Quartär- und Umweltgeologie der Universität Bern am Block.

Ich hatte ihn der Wissenschaft ausgeliefert. Jetzt würde er ihr gehören; sie würde mein Porträt des lang vertrauten, bislang stummen Gefährten zum Sprechen bringen.

Christian Schlüchter und Naki Akçar begannen am Bauch des Findlings – dort, wo die Zeit nicht fortgeschritten war, seit er auf 532 Metern über Meer auf dem offenbar glazitektonisch ungestörten Malmkalk abgesessen und in der Position stehen geblieben war, welche seine vorkragenden Schmalseiten am gefälligsten zur Geltung brachte, dadurch aber das Martialische und Anthropozänische des Monstrums verstärkte – das Bild eines Mark-1 Tanks, das sich in meiner Erinnerung schließlich festsetzen würde.[24]

Die technisch-wissenschaftliche Expertin des Kantonalen Amts für Umwelt, Abteilung Boden, hatte sich eingefunden.

Vater dokumentierte alles mit seiner kleinen Digitalkamera.

Dabei war auch M. Sie lag oben auf dem Block und schaute in die Kronen der Buchen.

Nach der bauchseitigen Materialentnahme kam es zur Köpfung. Wie es die Bewilligung vorschrieb, *am höchsten Punkt an der am wenigsten sichtbaren Stelle.* Der Hammer mit langem Stiel fuhr nieder; der Meißel löste die pfannengroße Platte an der Kante zur glatten Seite des Blocks mit dem eingelassenen Schild. Zärtlich, ich war sicher sie folgten einem Gebot des Metiers, zerrieben die beiden Geologen die Stelle der Antastung mit Moos und feuchter Erde und glichen sie dem Grau der Anwitterungsfarbe an.

Dann trennten sich die Wege.

M. und ich nahmen die Fahrräder aus dem Gebüsch, fuhren den Forstweg hinab, via Büren entlang der Alten Aare in Richtung Bern und einen Monat später von dort durch erraticabefreites, gut drainiertes Land und menschenleere Bauerndörfer mit Brunnen zur Solothurner Enklave Steinhof; dort stellten wir die Pashleys[25] an die ›Grosse Fluh‹, ein Arkesine-Gneis aus dem Walliser Val de Bagnes und größter Wanderblock im Mittelland, dessen erhobene Ruhezeit von 21 500 +/- 860 Jahren das Mindestalter des Beginns der voralpinen Entgletscherung repräsentiert.

Ein der Liebe mit M. während einem Spaziergang nach Attisholz entsprungenes Kind hätte im Alter an der Furka den letzten Rest des Rhonegletschers und mit ihm des Eisschilds verschwinden sehen, der nach 28 000 Jahren vor Heute die Böschung über dem Aareweg geschaffen hatte und mit dieser unser kurzes Nest im Klee.

»Jeder Gletscher wird ursprünglich als Firn geboren«, schrieb Hugi; *»als Gletscher ist er nur im Abnehmen begriffen, er reift nur der Auflösung entgegen.«*[26]

Im Jahr 2100, eventuell auch früher, wird sich der Rhonegletscher voraussichtlich in einer um 3 °C wärmeren Welt befinden, vorausgesetzt die Menschheit hält fest an ihrem gegenwärtigen Klimakurs.

Teilansicht des Schildkröten-Erratikers.
Feldbrunnen-St. Niklaus. Kanton Solothurn. Schweiz. 24. November 2024.

In absentia sind der Gletscher und der Walliser Eisstrom aber da bis zur nächsten Eiszeit in 15 000 bis 50 000 Jahren durch von ihnen appropriierte Relikte wie ›Ingeso OID 414‹, mit sechzig Kubikmetern Volumen und einhundertfünfundsiebzig Tonnen Gewicht der Größte des Schwarms auf der Martinsfluh.

Zu gern hätte ich etwas über das Wetter gewusst am Tag, als er auf den Kalksims gefahren war.

Christian Schlüchter und Naki Akçar wiederum hatte nicht dieses Ereignis interessiert. Sie hofften, aus der Oberflächendatierung anhand der Konzentration kosmogener Nuklide das Narrativ des Blocks zu erfahren, von ihm selbst erzählt.

Vier Jahre nach der Beprobung und erfolgter Auflösung des entnommenen Materials in seine bestimmenden Komponenten waren sie konfrontiert mit einer quartärchronologischen Auskunft, die auf eine Verunreinigung bei der Analytik im CosmoLab des Instituts für Geologie der Universität Bern oder im Beschleunigungsmassenspektrometer der ETH Hönggerberg/Zürich hinwies. Doch dann stand eindeutig fest: ›Ingeso OID 414‹ ist unter allen bisher beprobten Schweizer Erratikern der mit der längsten Reise- und Expositionszeit.

Die Expositionsgeschichte von ›Ingeso OID 414‹ erwies sich als genauso komplex und zusammengesetzt wie der Transport des porphyrischen Granits selbst, wahrscheinlich Typ Mont-Blanc, aus einer Höhenlage zwischen 2300 und 2500 Metern über Meer auf einer Luftliniendistanz von einhundertfünfundvierzig Kilometern zur Martinsfluh mittels Aufladung, Verschleppung, Liegenlassen, erneuter Aufladung, erneuter Verschleppung und so fort auf dem den Mormont überbordenden, nordöstlich fließenden Fächer des Walliser Eisstroms – und zwar im Rahmen mehrerer möglicher Szenarien. Das einfachste, betonten die beiden Geologen anlässlich der provisorischen Bekanntmachung des Resultats, beginnend mit dem Transport in Richtung Solothurn und einer Expositionszeit von 265 000 Jahren an unbekanntem Ort, gefolgt von der Beförderung, nun in umgedrehter Stellung, beim nächsten Eisvorstoß an einen weiteren unbekannten Ort mit einer Expositionszeit von 90 000 Jahren. Am Ende der dritten Etappe vor ca. 20 000 Jahren im Lauf des Letzteiszeitlichen Maximums am gegenwärtigen Ruheort angekommen, war ›Ingeso OID 414‹ insgesamt 375 000 Jahre unterwegs gewesen, mit der durchschnittlichen Geschwindigkeit eines im Gletscher verfestigten Eiskorns von dreißig Metern pro Jahr.[27]

Das ist kein Spaziergang.

Robert Walser sitzt unterdessen in der ›Krone‹.

Solothurn kennt er seit seiner kurzen Anstellung um die Jahrhundertwende als sachbearbeitender Commis bei der ansässigen ›Hülfskasse‹ an der Wengibrücke.

Jahre nachdem Walser über München, Berlin, Zürich und andere Orte weiternomadisiert und Biel Ausgangspunkt seiner Wanderungen geworden war, befasste sich zwischen 1914 und 1921 Emil Wiedmer, schriftstellernder Redaktor der *Solothurner Zeitung* – ihm ist Walser am Eingang der Verena-Schlucht begegnet –, mit dem Dichter.

2016 tauchte im Nachlass des Redaktors in der Zentralbibliothek Solothurn ein Konvolut[28] mit fünfzehn bislang unbekannten Briefen, manche nur zettelgroß, und Feldpostkarten von ihm auf.[29]

Walser hat Geduld mit der Aare-Stadt, oder die Stadt mit ihm.

Seit Jahrzehnten erinnert eine Tafel am Haus Gurzelngasse 16 an den kurzen Aufenthalt, wo er doch vom 1. Oktober 1899 bis zum 30. April 1900 näher am Bieltor, an der heutigen Nummer 34, angemeldet war. Ein Irrtum aufgrund späterer Umnummerierung; bedeutungslos in einem Lebenslauf, der exemplarisch ist für die Suche des Individuums nach Funktion und Platz in den *»Einrichtungen dieser Welt«*.[30] Ob im Taumel der elektrifizierten kosmopolitischen Zentren oder auf den tagenden Landstraßen am Jurasüdfuß, im See- und Mittelland, wo sich, während Walser die Gegebenheiten der Herkunft und die Suche nach persönlicher Identität zusammenführte, die erwanderten biografischen Landschaften verbanden mit dem *Genius loci* seiner Handlungsorte.

Anonymisiert ist dabei mancher Platz und unbeschildert unbestimmt bleibt der Wanderblock, auf dem der Unsesshafte hockt.

---

1 Robert Walser, *Geschwister Tanner,* 1907. *Das Gesamtwerk,* Band IV. Kossodo 1967, Seite 99.

2 Robert Walser, *Reisebericht,* August 1915. *Das Gesamtwerk,* Band III. Kossodo 1967, Seite 159. Der Autor anonymisiert die Stadt Solothurn.

3 Robert Walser, *Die Schweiz,* 1930, in: Bernhard Echte (Hg.), *Robert Walser, Europas schneeige Pelzboa. Texte zur Schweiz,* Suhrkamp 2003, Seite 16.

4 Robert Walser, *Die Schweiz,* 1930, in: Bernhard Echte (Hg.), *Robert Walser, Europas schneeige Pelzboa. Texte zur Schweiz,* Suhrkamp 2003, Seite 16.

5 Robert Walser, *Reisebericht,* August 1915. *Das Gesamtwerk,* Band III. Kossodo 1967, Seite 159.

6 Emil Wiedmer (1889–1965), aus undatiertem Zeitungsausschnitt, in: Bernhard Echte (Hg.), *Robert Walser. Sein Leben in Bildern und Texten.* Suhrkamp, 2008, Seite 337.

7 Robert Walser, *Reisebericht,* August 1915. *Das Gesamtwerk,* Band III. Kossodo 1967, Seite 177.

8 Franz Joseph Hugi, *Über das Wesen der Gletscher und Winterreise in das Eismeer.* J. G. Cotta'scher Verlag, Stuttgart & Tübingen 1842, Seiten 25 und 6.

9 Robert Walser, *Eindruck einer Stadt,* Juni 1926. *Das Gesamtwerk,* Band VIII. Kossodo 1967. Seite 27.

10 Dieter Bachmann, ›Im Walseraufwind‹, in: *du. Die Zeitschrift der Kultur,* Zürich, Oktober 2002, Heft Nr. 730, Seite 32.

11 Robert Walser, *Reisebericht,* August 1915. *Das Gesamtwerk,* Band III. Kossodo 1967, Seite 177.

12 J. W. Goethe, *Faust,* Zweiter Teil, Vierter Akt, Zeile 10 111.

13 Jean de Charpentier, *Essais sur les glaciers et sur le terrain erratique,* Lausanne 1841, Seiten 247 f.

14 K. F. Schimper, ›Über die Eiszeit‹, *Actes de la Société Helvétique des Sciences Naturelles 22e Session,* Neuchâtel 1837, Seiten 38–51.

15 Molasse bezeichnet die Sedimentgesteine, die das Schweizer Mittelland (auch Voralpenbecken oder alpines Vorland) bilden. Sie bestehen aus verwittertem Alpenmaterial, typischerweise Sandstein, Mergel und Konglomeraten.

16 Robert Walser, *Die Schweiz,* 1930, in: Bernhard Echte (Hg.), *Robert Walser, Europas schneeige Pelzboa. Texte zur Schweiz,* Suhrkamp 2003, Seite 16.

17 *Le Monde de Candide,* Kunstmuseum Solothurn. Eine Ausstellung des Kunstverein Solothurn (22. September 2007 – 6. Januar 2008). Kuratiert von Roswitha Schild.

18 Daniel Schwartz, *Delta. The perils, profits and politics of water in South and Southeast Asia,* Thames & Hudson 1997.

19 Augenblick und Zeitlichkeit, Seiten 265–268 und 270 f.

20 *Jurabilder / Imaginaires du Jura,* Kunstmuseum Solothurn (19. Januar – 4. Mai 2025); kuratiert von Marianne Burki, Katrin Steffen, Markus Schürpf und Daniel Schwartz.

21 John Ruskin, *Praeterita and Dilecta* (begonnen 1885, aufgegeben 1889), *Chapter VI, Schaffhausen and Milan.* Everyman's Library, 2005, Seite 102.

22 Charles Lyell, *Das Alter des Menschengeschlechts auf der Erde und der Ursprung der Arten durch Abänderung nebst einer Beschreibung der Eiszeit in Europa und Amerika,* Verlag von Theodor Thomas, Leipzig 1864. Zweite Lieferung, Fünfzehntes Kapitel: *Ehemalige Gletscher der Alpen und ihre chronologische Beziehung zur Menschenperiode,* Seiten 226–236.

23 Daniel Schwartz, *While the Fires Burn. A Glacier Odyssey,* Thames & Hudson 2017. *Ice Age Our Age. Ballads and Enquiries Concerning the Last Glacial Maximum,* Kunsthaus Langenthal (29. November 2012–27. Januar 2013); *Gletscher-Odyssee,* Bündner Kunstmuseum, Chur (10. November 2018–17. Februar 2019). Kuratiert von Stephan Kunz.

24 Beat Wismer (Hg.), *Daniel Schwartz, Tracings. Photography and Thought,* Thames & Hudson 2023, Seiten 86 f.

25 Daniel Schwartz, *While the Fires Burn. A Glacier Odyssey,* Thames & Hudson 2017, Seite 62.

[26] Franz Joseph Hugi, *Naturhistorische Alpenreise.* Solothurn, bei Amiet-Lutiger. Leipzig, in Commission bei Friedrich Fleischer, 1930, Seite 370.

[27] Die Geschwindigkeit wurde errechnet, indem das jüngste erhobene Datum für den Start des Innerschweizer Reussgletschers in Beziehung gesetzt wurde zur Datierung des Römerstein-Erratikers bei Lenzburg.

[28] Zentralbibliothek Solothurn, Signatur: ZBS S 707/26/1–15.

[29] Roman Bucheli, ›… sehr ergeben Füsiliser und Schriftsteller‹, in: *Neue Zürcher Zeitung,* Zürich, 3. Mai 2016, Seiten 38 f.

[30] *Geschwister Tanner,* 1907. *Das Gesamtwerk,* Band IV. Kossodo 1967, Seite 13.

Theatrum Alpinum. Oberer und Unterer Grindelwald-, Rosenlaui-, Unteraar- und Finsteraargletscher. Berner Alpen. Schweiz 2014.

Er weiß, dass es revolutionär ist, wenn er sich auf den Felsen stellt und diesen zuspitzt mit der eigenen Gestalt.

Scheitelpunkt der Pyramide ist der aufgekrempte Filzhut, den gebündeltes Licht touchiert, wie auch Rock und Wadenbein, den linken Ärmel und die Kanten des Malblocks vor der Brust, der das Gesicht aufhellt, während er die Rechte mit der stiftführenden Hand verbirgt. Was sie zeichnet, ist unerheblich. In dieser Höhlenmalerei[1] geht es um die Pose, aber das Subjekt ist kühn genug, ein Selbstporträt zu verschmelzen mit der Verinnerlichung der Natur.

1778 liegen hinter dem Landschafter, seit seiner Übersiedlung von Bern und erlangter Domilizierungserteilung 1777 ›Peintre en Paysage à Soleure‹, fünf Jahre zehrende Plackerei im Gebirge, auf unerforschten Pfaden, auch im Winter. Die Wiedergabe des Urtümlichen und Erhabenen im Aufbau der Alpen, im Bersten und Splittern der Gletscher, ist Pflichterfüllung gegenüber Auftraggeber und dem gelehrten, an der bergsteigerischen und wissenschaftlichen Erschließung der Alpen interessierten Kreis, der ihn geologisch anweist und begleitet in die Unwirtlichkeit der Kleinen Eiszeit, aber durch dichterisches Wort (Albrecht von Haller, *Die Alpen*, 1729) und verlegerische Tat (Abraham Wagner, Herausgeber von Gottlieb Sigmund Gruner, *Die*

Eisgebirge des Schweizerlands, 1760) auch das Terrain vorbereitet hat für seine Kunst.

Wäre seine Landschaftsauffassung, die naturgetreue, aber auch vor dem beinahe Monumentalen nicht zurückschreckende und um das Erhabene bemühte Darstellung für die Zeit nur nicht zu außenseiterisch oder gar exzentrisch, die fein gestufte Palette von Weiß-, Grau-, Grün- und Brauntönen nicht zu abweisend, gäbe es im Wagner'schen Kabinett zu Bern sicherlich häufiger Bestellungen für handkolorierte Umrissstiche oder Repliken nach den unverkäuflich ausgestellten einhundertsiebzig Gemälden.

Im Herbst taumelt Laub durch die gebrochene Decke in den Höhlenraum, zuweilen fällt Kalkgestein, losgetreten von Reh oder Gams auf dem Wildwechsel oberhalb des Geotops. Wie ein schräges Auge schaut er aus der abschüssigen Fluh oberhalb von Welschenrohr, weniger als zehn Luftkilometer nördlich von Solothurn, an der zweiten Jurafalte. Dazwischen liegen der Balmberg-Pass und in der Klus hinter Balm bei Günsberg der Siggernfall. Er ist leicht zu übersehen, so scheu tunnelt er durch den Fels in den feuchten Waldgraben, aus dem im Frühling das Aroma des Bärlauchs steigt.

Dieser Wasserfall bietet nicht Stäubendes und Stürzendes wie die in den Alpen. Also erfand Wolf Kaskaden im kantigen ockerfarbigen Gefels der absteigenden Balmfluh, die in Wirklichkeit baucht und deren bläulich graue Striemen bei wenig Belaubung und entsprechendem Lichteinfall blassrosa schimmern. Knapp angeschnitten suggeriert am oberen Bildrand ein Ovalsegment die Höhlenaussicht auf das eigentliche Motiv des Stichs *Chûte d'Eau près du Rocher de Balm dans le canton de Soleure* (Wasserfall bei der Balmfluh, im Kanton Solothurn, 1777)[2] – auf die am Horizont kaum wahrnehmbare, aber eindeutig als Finsteraarhorn, Schreckhörner und Wetterhörner identifizierbare Gipfelfolge.

Wenn er mit dem Stock über die Aareebene auf das Panorama der Alpen deutet, dann weiß sein Begleiter, der Stecher, dass es der Schauplatz des *opus magnum* des Meisters ist.

Von den gestalterischen Vorgaben, welche das ›Alpenprojekt‹ bestimmt haben, hat dieser sich im Gemälde *Das Innere der Bärenhöhle* befreit. Hat dazu Elemente der Nachbarhöhlen zum höhlenkundlichen Idealraum verbaut; vom großen Geotop das Gewölbe und vom kleinen den am Waldabhang hervorstoßenden Kalkbuckel genommen, diesen zur Dreieckform übersteilt ins Innere des Letzteren gestellt und den Schlund des hangwärts führenden Kamins als Lichtschleuse so am Buckel vorbei auf die Höhlenwand gerichtet, dass diese die einfallende Helligkeit nuanciert im Raum streut, mit der Tiefenwirkung, die es ihm wiederum gestattet hat, sich selbst auf dem pyramidalen Sockel winzig schrumpfen zu lassen.

Anders als die Staffagefiguren seiner Alpenansichten steht er im Zentrum des Gemäldes. Er macht sich nicht klein als Künstler vor der Natur oder ordnet sich ihr unter als Mensch in diesem Höhlen-Selbstbildnis, das nicht topografische Richtigkeit verfolgt. Er begibt sich, wird man sagen, für das Erlebnis und die tatsächliche und sinnliche Erfahrung der Landschaft in diese hinein, und das sei ein Echo des Neuen, auf dem seine vorangegangenen Gebirgsdarstellungen gegründet hätten.

Mit der Darstellung solothurnischer Burgen und Klusen beschäftigt, weiß er, dass aareaufwärts Wagner die *Merkwürdigen Prospekte aus den Schweizer-Gebürgen und derselben Beschreibung* oder *Vues Remarquables des Montagnes de la Suisse avec leur Description* (1777 und 1778, beide Male vordatiert 1776) mit einer Vorrede von Albrecht von Haller und Jakob Samuel Wyttenbachs Beschreibung der Reise von Thun ins Lauterbrunnen-Tal und auf den Breithorngletscher zur Subskription lanciert, dass den Verleger aber auch eine ausländische Ausweitung des ›Alpenprojekts‹ umtreibt. Das Konvolut der hundert Gemälde soll nach Paris.

Im Sommer 1779 wird eingepackt; Ende November reist er zusammen mit oder seinem Werk voraus zu dessen Bereitstellung als Vorlage für Stichfolgen im angesagten Aquatinta-Verfahren.

»Avec le Privilège du Roi« (A. P. D. R.) erscheinen Teilauflagen der Blätter mit dem Vermerk »C. Wolf pinx/F. Janinet sculp«, jedoch stockend. Die Idee der Querfinanzierung durch Verkäufe scheitert. Die Ausstellung, vermutlich im Januar 1780, ist ein totaler Misserfolg. Der Verleger stirbt. Gemälde, fertiggestellte Aquatintablätter, Druckplatten wandern von einer tüchtigen Hand zur nächsten. 1785 erscheinen in Amsterdam die *Vues Remarquables des Montagnes de la Suisse dessinées et colorées d'après Nature avec leur Description,* nachgestochen von einem gewissen Descourtis. Jedoch, welche Verhunzung – an einen Gletschertisch mit Volumen des *Grosse Pierre sur le Glacier de Vorderaar. Canton de Berne, Province d'Oberhassi. Dediée à Mr. Le ...* (um 1789–1794)[3] gerät man bestenfalls unter Pakistans Achttausendern. In der betreffenden Region des Berner Oberlands hat nicht einmal der Hugi-Block auf dem Unteraargletscher die Dimension, welche der selbstherrlich verfahrende Nachstecher hineinlügt, indem er den Maß nehmenden Geodäten, vermutlich Wyttenbach, zur Ameise in einem Eiskrater macht, den angezielten Effekt aber in dieser Glaziogroteske ungewollt gleich selbst aufhebt, lastet der Block doch nicht in einer physikalisch unmöglichen Konstellation, sondern steckt als Schwamm auf einem Dorn. Nicht nur das, dem Träger der Gruppe nimmt er das im Bleistift- und Ölentwurf *Der große Steintisch am Lauteraargletscher*[4] sichtbare auffällige Traggestell. Dabei ist es genau dieses Räf, welches das Besessene des Landschafters demonstriert. Darauf gepackt zur Überprüfung der Gemälde und Korrektur letzter Hand vor Ort mit dem Ziel der Wiedererkennbarkeit sind nämlich die in Bern nach den Kartonstudien gefertigten Gemälde. Eine Praxis, die ihm voraussichtlich das Nierenleiden eingetragen hat, an dem er nach einem Prekariat von drei Wanderjahren im Rheinland am 6. Oktober 1783 im Heidelberger St.-Annen-Hospital wohl verschieden ist.

Die *Bärenhöhle* gelangt 1900 durch Ankauf in die Sammlung des Kunstmuseums Solothurn. Der da auf dem Felsen steht, ist längst vergessen. Wie auch die für hundertfünfzig Jahre den Augen der Öffentlichkeit entzogenen originalen Ölgemälde der *Vues Remarquables* im Getäfer des Blauen Salons von Kasteel Keukenhof im südholländischen Lisse nah von Leiden. Erst in den Kriegsjahren gibt es Kunde von dem Konvolut. 1943 wird es vor der Beschlagnahmung des Schlosses durch die Wehrmacht von den Besitzern nach Amsterdam verkauft. 1946 werden die Gemälde durch ein Europa in Trümmern von dem aus demselben Aargauer

Dorf Muri wie Caspar Wolf stammenden eigentlichen Entdecker seines Werks[5] repatriiert.

Im Juni 1948 sind die Alpen-Gemälde dann in Aarau zu sehen, und ihre Odyssee aus diesem Anlass ist nachzulesen im *du,* Heft Nr. 9 vom September desselben Jahres.

Dort, genauer im Zürcher Brockenhaus, zwei, drei Ecken von der Kunstgewerbeschule weg, bin ich 1977 Caspar Wolf erstmals begegnet, habe mit ihm meine Sammlung antiquarischer Nummern der Zeitschrift begonnen und dabei mehrfach Doppel des Hefts erstanden. Als ob zu befürchten gewesen wäre, ich könnte ihn aus den Augen verlieren, da er nun aus verzerrter Einschätzung ans Licht tritt. Einst hatte er das Gebirge als autonomen Gegenstand aus gefällig Kulissenhaftem herausgemalt, zweihundert Jahre nach seinem Tod erhält er seinen Rang. Nicht nur als pionierhafter *Gipfelstürmer zwischen Aufklärung und Romantik*[6], sondern weil sein künstlerischer Zugang zum Gebirge auch moderne Empfindungen und Positionen abholt – abgesehen von der wachsenden Bedeutung existentieller, gesellschaftlicher, ideologischer, ökologischer und tektonischer Bezüge zur *Schwerkraft der Berge*[7] und ihrer Phänomene, die er, geologisch und glaziologisch informiert, in Studien und Gemälden der Natur nacheifernd so dargestellt hat, dass sie unverzichtbar weiterwirken als visuelle historische Dokumente.

*

»Nach unten ist das Eis schmutzig und zum Teil ganz mit Kot überzogen, und wer eine breite, bergab gehende Straße, in der Schnee angefangen hat, zu schmelzen, gesehen hat, kann sich von der Ansicht des unteren Teils der Gletscher, wie sie von fern sich darstellt, einen ziemlichen Begriff machen und zugleich gestehen, dass dieser Anblick weder etwas Großes noch Liebliches hat. Weiter hinauf erscheint das Eis in Pyramiden, die ein reineres Blau haben und die man im Vergleich mit dem unteren schmutzigen Eis, wenn man will, schöner nennen kann.« [8]

Hegel, der das resümiert im Bericht seiner Reise von Bern nach Grindelwald und Meiringen, über die Grimsel zum Rhonegletscher und durchs Urserental hinab zum Vierwaldstättersee, steht vor der Natur als einem Rätsel. Wäre er am Unteren Grindelwaldgletscher bis zur Bänisegg[9] vorgestoßen wie Caspar Wolf, hätten ihm die Eisströme zweifellos vermittelt, dass sie als Bestandteil der Natur, wie er vermutet, schon ohnmächtiger Notwendigkeit und notwendiger Struktur unterworfen sind und, da nicht gänzlich irrational oder chaotisch, auch Gesetzen, dabei aber nicht wirklich unfrei agieren. Was die zeitgenössischen Naturforscher und der ihnen zuarbeitende Maler offenlegen, ob Irrtümer oder Erkenntnisse, interessiert den Theologen in Ausbildung nicht. Menschliche Verhältnisse, glaubt er, sind regelbar ohne Rücksicht auf die Natur. In ihr geht es ohnehin um etwas dem Menschen Fremdes, dem seine Fremdheit nie abhandenkommen kann, um das »Andere des Geistes«. Hegel steht auf der Seite Gottes, aber seine Fernsicht auf die Eisgebirge lässt ihn aus diesen nicht dessen Existenz ableiten. Zur Resilienz der Menschen, die ihre saisonale *»Brennstatt unter aufgethürmten Granitblöcken errichtet [haben], die die Natur zwecklos über einander warf«*, und ansonsten in *»zerstreuten, elenden Hütten [...], von Holz schlecht*

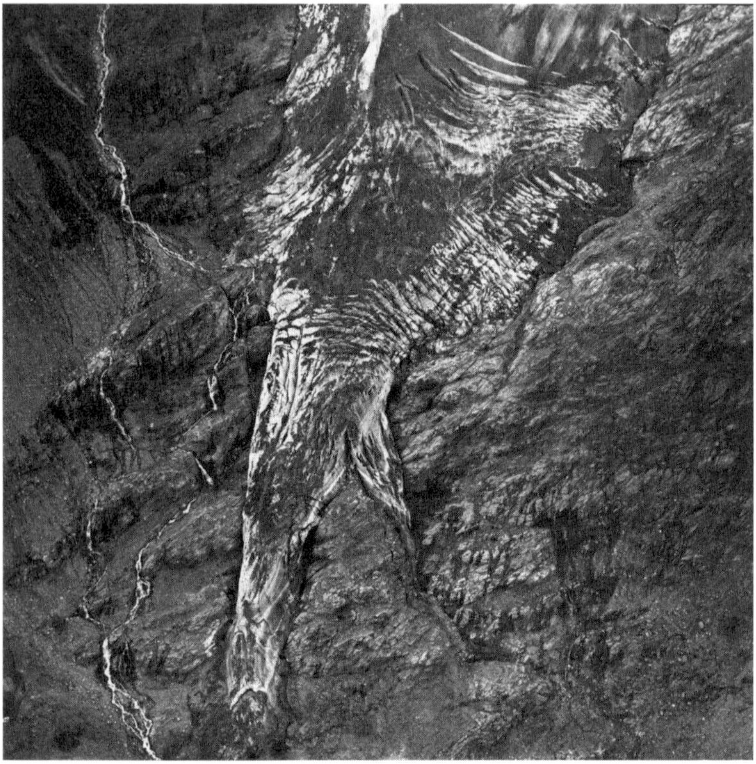

Zungenende. Unterer Grindelwaldgletscher.
Berner Alpen. Schweiz. 23. September 2014.

gebaut« im Gefühl der Abhängigkeit von der Natur leben, fällt ihm ein, dass *»dies ihnen eine ruhige Ergebenheit in die zerstörerischen Ausbrüche derselben«* gibt.[10] Dem Wanderer aus dem Tiefland kann man nachsehen, dass er auf dem Weg nach Lauterbrunnen Einengung und Beängstigung empfindet, bereist er doch ein glazial ausgehobeltes Trogtal, in dem sein Erweiterung suchender Blick immer an Felsen stößt. An dem von Wolf gespiegelt als Winter-Sommer-Diptychon gemalten Staubbachfall beeindruckt ihn die hohe Wand mehr als das Motiv – immerhin: da Hegel *»im freien Niederspielen dieses Wasserstaubs [...] nicht eine Macht, eine große Kraft erblickt, bleibt der Gedanke an den Zwang, an das ›Muss der Natur‹ entfernt«*. Befangener Kopf, der dann in der Ödnis der Steinwüste an der Grimsel schließt, *»weder das Auge noch die Einbildungskraft findet auf diesen formlosen Massen irgendeinen Punkt, auf dem jenes mit Wohlgefallen ruhen oder wo diese Beschäftigung oder Spiel finden könnte. Der Mineraloge allein findet Stoff, über die Revolution dieser Gebirge unzureichende Mutmaßungen zu wagen. Die Vernunft findet in dem Gedanken der Dauer dieser Berge oder in der Art von Erhabenheit, die man ihnen zuschreibt, nichts, das ihr imponiert, das ihr Staunen und Bewunderung abnötigte. Der Anblick dieser ewig toten Massen gab mir nichts als die einförmige und in die Länge langweilige Vorstellung: es ist so.«*[11]

Mit den Geheimnissen der Natur konfrontiert ist auch Christoph Meiners[12], den Hegel kritisch mit sich führt. Ein Jahrzehnt vor diesem, in umgekehrter Richtung von der Furka her kommend, hat Meiners im *»Spielraum des Gletschers«*, zwischen dem Fuß des Rhonegletschers und dem gegenüberstehenden Berg, also dessen Zunge und die *»einen halben Cirkel«* bildenden Schuttwälle vor sich, Antworten gesucht. Schon das vom »Königlichen Großbritannischen Hofrath und ordentlichen Lehrer der Weltweisheiten in Göttingen« verwendete Wort ›Spielraum‹ bezeugt sein Verständnis glazialer Prozesse. Die göttliche Perspektive von außerhalb der Natur, die ihm Einsicht in den Gesamtzusammenhang bringen würde, mutet er sich als Mensch und damit Erzeugnis der Evolution nicht zu – als solches ist er ja angewiesen auf die Natur und weiß um die Angst vor ihr, wenn sie sich absichtsvollem menschlichen Streben widersetzt. Dazu gehört ihre Bedrohung und Zerstörung von Alpwiesen durch vorstoßendes Eis; eine *»gemeine Sage in der Schweiz«*, die der Rhonegletscher nun eben gerade nicht beweist. Vielmehr, und *»die nächsten Anwohner bestätigen es auch, daß der Rhone-Gletscher nicht bloß in dem gegenwärtigen Jahre, (in welchem alle Gletscher wegen außerordentlicher Hitze mehr, als seit Menschengedenken abgenommen haben,) sondern schon seit mehr als zwanzig Jahren zurückgewichen, oder kleiner geworden seye«.* Eine *»niederschlagende Meynung, welcher auch viele Gelehrte anhängen«*, die nur durch sorgfältige Nachforschungen anderswo in der Schweiz vernichtet, oder bekräftigt werden könne. Meiners glaubt selbst nur *»aus der bekannten Natur der Dinge sicher schließen zu können, daß die Gletscher mit jedem Jahrhundert nothwendig abnehmen müssen«* – denn: *»Regen, Stürme, und Bäche, Kälte und Lauinen greifen die höchsten Gebirge unaufhörlich von allen Seiten an, und reißen in jedem Jahre von ihren Gipfeln beträchtliche Trümmer ab.«*

Meiners Vorstellung entspricht die fluviatile Erosion der Schmelzwasserschlucht des Rosenlauigletschers in den Berner Alpen. Das vertikale Gefüge von Becken und Höhlen, Kesseln und Kolken, Rinnen und Tuben ist ein Sinnbild für die zuverlässige Flüchtigkeit des Wassers. Man durchdringt dieses stäubende Labyrinth am besten schweigend, ganz dem Sehsinn überlassen. Der verarbeitet kaum, was er perspektivisch und farblich, an Kontrasten und Reflexen, Hell und Dunkel, Richtungen, Geschwindigkeiten und Stimmungen, alles in fortwährendem Dahinschießen und Wirbeln, erfassen soll, und sucht deswegen Absicherung. Was da geschieht, habe ich als Gasthörer in Vorlesungen in M.s Studiennebenfach Kunstgeschichte gesehen. Jetzt erkenne ich Leonardos Wasserkatastrophen, die gewittrigen sturmgeplagten *Diluvi* in den Voluten des stürzenden Bachs wieder.

Das Kreischen und Tosen der Rosenlaui entgeht Hegel. Er lässt Schlucht und Gletscher rechter Hand liegen, als er, dem Nebel auf der Grossen Scheidegg entronnen, im Dauerregen nach Meiringen absteigt.

12. August 2014
Gestern, oben am Talschluss der Schlucht, knapp vor dem Ausstieg ein Regenbogen. Perfekter Halbkreis wie jener, den Wolf über das blaugrüne Eissegel unter der Altschneebrücke im Bach des Gadmentals zog[13] – sein Vorgriff auf Caspar David Friedrich, meteorologisch-optisch, nicht religiös.

Nach der Schlucht haben wir das Plateau unter der Kalkfelskehle erstiegen, durch welches der westliche Lappen des Rosenlauigletschers beim Höchststand der Kleinen Eiszeit vorgestoßen ist. Die Thermik des Morgens hat das vom Wellhorn niederwallende Gewölk gelichtet. Durch den Nebelhauch hat das Schmelzwasser des unsichtbaren Gletschers auf dem überprägten, seit einem Jahrhundert eisbefreiten Fels gefunkelt. Direkt über uns der Gletscherhubel. Auf Wolfs Gemälde, es ist die erste topografisch präzise künstlerische Darstellung des Rosenlaui, umfließt diesen bewaldeten Vorsprung der wie ein Pult abfallende Gletscher.[14]

Jetzt stehen wir in der feuchten Luft an der Grimsel.

Der Hubschrauber kommt, wenn sich Löcher öffnen im Gewölk. Vom Unteraargletscher heranziehend, schluckt es die Krone des Spitaldamms.

Im Osten tauchen die Gärstenhörner auf. Sie liegen auf der europäischen Wasserscheide. Während den ausgedehntesten Vereisungsphasen des Letzteiszeitlichen Maximums 20 000 Jahre vor Heute umfloss sie der Rhonegletscher zum bislang letzten Mal, erodierte dabei deutliche Schliffgrenzen und hinterließ auch beim Umbiegen auf der Grimsel wunderbare morphologische Spuren, bevor er den minderen Aaregletscher aufnahm und nordwärts durchs Haslital in Richtung Mittelland strömte.

Es ist eine Sache, sich am Jurasüdfuß den Walliser-Eisschild über dem Mittelland vorzustellen; eine andere ist es, auf der talauswärts gestuften Bogengewichtsmauer am Spittelnollen zu stehen und den Dom zu imaginieren, der sich hier aufgebaut hatte, bis das Eis nach Solothurn hinüberkommen konnte, und zuvor nicht nur die Gärstenhörner, sondern auch die benachbarten Gipfel überschliffen hatte.

Kaum etwas ist dokumentiert von ertrunkenen Gletschern in dem sich ab 1932 auffüllenden Staubereich hinter dem Spittelnollen, der seit 9000 Jahren vor Heute eisfrei ist.

Ebenso ist nichts bekannt von Gletscherholz, das im Lauf

der Zeit plötzlich aus den Sedimenten der Verlandung an die Oberfläche des grüngrauen Wassers aufgestiegen wäre. Aber gleich hinter der Biegung des Sees, dort, wo heute die im einstigen Gletschervorfeld entstandenen Kies- und Sandflächen und Auenlandschaften das Wasser berühren, bemerkte 1848 einer der büchsenbewehrten Naturforscher, die in der Folge von Wagner, Wolf und Wyttenbach ab den 1790er-Jahren zur Aarequelle vordringen, am Rand des vorrückenden Gletschers von diesem überfahrene stockende mehrhundertjährige Arven. An anderer Stelle zeigten Einheimische hundert Jahre nach dem Zeitraum, da der betreffende Wachstumsort eisfrei gewesen sein muss, seit mindestens den 1620er-Jahren, vom Eis umgestoßene Lärchen.

Solche frühen Aufzeichnungen und die seit den 1990er-Jahren regelmäßigen Funde von organischem Material zeugen von Baumwachstum und Vegetationsbedeckung mit Torf im zentralen Tal- und Beckenabschnitt des Unteraargletschers in klimaoptimalen, also wärmeren Zeitintervallen zwischen den Perioden mit Gletschervorstößen. Von der Wirklichkeit dieser fernen glazialen Zeit weiß man nicht zuletzt dank der wachsenden Zahl von Objekten, die Christian Schlüchter in einer Garage versammelt. M. und ich sind vor zwei Jahren, auf unserer Fahrt mit dem Rad vom Martinsfluh-Erratiker im Wald über Solothurn nach Bern, dort vorbeigekommen. Deponiert bis zur Beprobung und gleichzeitig zum Staunen präsentiert auf den Regalen wie *Naturalia* einer Barock-Sammlung, sind sie Evidenz für vom Gletscher Vollbrachtes. Die klimageschichtlichen Daten der rezenten Fundstücke, die bei katastrophalen Wasserausbrüchen und von Schmelzwasserbächen aus dem Eis gespült wurden, können Auskunft geben über Gletscherausdehnungen, die geringer waren als zu Beginn des anhaltenden Rückschmelzens von den jüngsten relativen Maximalpositionen 1989–1991. Oft sind die Ast-, Stamm- und Wurzelstücke mechanisch stark beansprucht – ausgefranst, gepresst, gequetscht, zerfetzt und zerschert. Zuweilen kommen sie auch ohne Deformation oder gar skulptural wie das Stück Arve *(Pinus cembra)* vom Übergang Wurzelstock zum Stamm mit Rindenresten und eingepressten Gesteinsbruchstücken, teils zerrissenen, teils gehobelt durch den Transport an der Gletscherbasis, mit einem nachweislichen Wachstumsort zwischen 2000 und 2400 Meter, was gegen vierhundert Meter höher ist als die heutige Baumgrenze. Die ^{14}C-Radiokarbon-Datierung dieses bestimmten Stücks hat ein Alter von 3877 +/- 25 Jahre vor Heute ergeben.[15]

Selbstverständlich verstört die Frage, warum Holz dort vorkam, wo heute Eis taut. Doch dies verweist auf Phasen, in denen Grün, nicht Weiß, den Prospekt der Alpen prägte. Das traf während fünfundfünfzig Prozent der letzten 10 000 Jahre zu, als die Gletscher kleiner waren als im Jahr 2005. Zunächst aber geben die Hölzer und Torffladen Auskunft über die natürlichen Schwankungen in Ausdehnung und Mächtigkeit der Gletscher im Holozän – die Periode, während der sie mindestens zwölfmal wahrscheinlich bis in das Nährgebiet über 3000 Metern zurückgeschmolzen sind.[16]

Solche Zeitfenster ergaben eisfreie Pässe. Neolithische Trekker und Jäger nutzten sie im transalpinen Verkehr, in dessen Routennetz auch das Schnidejoch zwischen dem Simmental und dem Wallis eingebunden war. Dort tauten im Hitzesommer 2003 aus dem Resteisfleck des Chilchligletschers Stücke einer Jagdausrüstung, bestehend aus Birkenrindenfutteral mit frischen Pfeilspitzen und Pfeilen aus Schneeballholz *(Viburnum sp.)* und einem Bogen aus Eibenholz *(Taxus baccata)*; später kamen dann noch ein Beinling aus dem Leder einer Hausziege und etwas Lederschuhwerk mit Ösen hinzu. ^{14}C-Radiokarbon-Datierungen haben ein Alter von 4900–4450 Jahre vor Heute erbracht und der Erhaltungszustand des Leders den Rückschluss, dass das Set mindestens 5000 Jahre permanent im Eis eingeschlossen war – von ca. 3000 v. u. Z. bis 2003. [17]

Der Schnidejoch-Fund hat mich bewogen, im Lauf unserer Befliegung im flachen Mittelteil des Rhonegletschers abzusetzen und eine Botschaft abzugeben. In einhundert Jahren von Heute wird der Gletscher praktisch verschwunden und der Fotograf vergessen sein. Vielleicht findet jemand dann die Dose mit meinem Kärtchen, auf das wir unsere Unterschriften gesetzt haben, und den belichteten Film. Die Aktion gilt der Distanz zwischen den Koordinaten des Landepunkts, die wir notiert haben, und jenen des potentiellen Fundorts. Sie würde, so meine Vorstellung, aber auch jedes andere Szenario ist möglich, Auskunft geben zum Fließverhalten des Rhonegletschers im 21. Jahrhundert. Vielleicht verschwindet die Dose auch in den Sedimenten eines zukünftigen Staugewässers, vielleicht kommt sie auch schon früher zum Vorschein als in einhundert Jahren. [18]

*

Systematisch ist man den Fluktuationen der Gletscher erstmals auf dem Unteraargletscher nachgegangen.

An diese Anfänge der Quartärforschung erinnern auf seiner orographisch rechten Seite vier nach Forschern benannte Gipfel – Escher-, Gruner-, Scheuchzer- und Studerhorn; auch der Desorstock, das Hugihorn über dem Lauteraargletscher, das Agassizhorn, ein Nebengipfel des Finsteraarhorns, und, näher an dessen Spitze, der Hugisattel erinnern an Forscher. Der Ruhm des hier durch Namensgebung verewigten Louis Agassiz wird durch seine späteren rassistischen Ansichten verdüstert; vielleicht hat er auf dem Unteraargletscher auch einiges zuvor von Hugi ans Licht Gebrachte eingeheimst. Johann Jakob Scheuchzer, zu seiner Zeit Universalgelehrter, heute als Pionier der Alpen- und Klimaforschung eingestuft, liefert auf der *Nova Helvetiae Tabula Geographica* (1712/1713) die älteste kartografische Darstellung des Unteraargletschers, lässt dort aber auch noch Drachen auftauchen.

Es könnte am bodennahen, terrainverhafteten Metier liegen, dass Gestalten der Natur- und Landeskunde und der interpretierenden Wissenschaft der Kartografie, aber nicht solche der Kunst topografische Höhenpunkte besetzen. Dabei hat doch gerade einer wie Caspar Wolf gezeigt, dass gerade im Gebirge Einsicht sich mit Aussicht verbinden lässt. Gleiches gilt für J. M. W. Turner, dessen Aquarell *Mer de Glace, in the Valley of Chamonix* (ca. 1815)[19] das Anfahren des Waldes durch das vorrückende Eis so wiedergibt, dass der Betrachter das Splittern der Fichtenstämme zu vernehmen meint. Durch Autopsie, die eigene Betrachtung vor Ort, sei es als Forscher oder Künstler, kommen im Lauf der Jahrzehnte jedenfalls Hunderte Gemälde, dazugehörige Pleinairskizzen,

Aquarelle und grafische Blätter zustande, welche die Ergebnisse der Feldforschungen im Eis des Berner Oberlands und Wallis als Teilgebiet des neuen Fachs der Quartärforschung illuminieren. Diese Darstellungen – von der Radierung *Rhodanj Scaturigines ex Montibus Glacialibus (Die aus den Eisgebirgen sprudelnden Quellen der Rhone)*, 1707 für Scheuchzer von Johann Melchior Füssli angefertigt und die Kalotte des Rhonegletschers als Schildkrötenpanzer mit abgefallenen Hornplatten vorführend, zu den kugligen Gebilden des Unteraargletschers auf Scheuchzers Karte, über das sublime Gemälde *Glacier of Rosenlaui* (23. August 1856) des Ruskin-Verehrers John Brett[20], das sich in der ältesten bekannten Fotografie vom gleichen Ort, dem Albuminabzug ab Kollodium-Nassplatte *Rosenlaui Glacier* (um 1857) von Frédéric Martens[21], spiegelt (und mich aufgrund der realistischen Wiedergabe des stirnenden Eises an die zerschlissenen Vliesplanen erinnert, die wie achtlos weggeworfene Leichentücher an den eingesackten absurden Grotten des Rhonegletschers hängen[22]) – vermitteln anschaulich, dass Gletscher weder in Ausdehnung, Mächtigkeit noch Dauer eine konstante Größe sind und wie vernunftbeschlagen Hegels visuelle Wahrnehmung *»ewig toter Massen«* doch gewesen ist.

Für Hegel wäre auf seiner Reise Grindelwald der ideale Ort gewesen, sich zu informieren über die unruhige Natur. Hier hatte angeblich schon zu Beginn des 18. Jahrhunderts ein Exorzist das vorrückende Eis gestoppt.

1777, eben hat Caspar Wolf im *Halbpanorama von Grindelwald* (1774 und/oder 1776)[23] eine Abbildung der beiden in den bewirtschafteten Talboden vorgerückten Gletscher fertiggestellt, hat man wegen der Gefahr erneut einen Kirchenmann aufgeboten. Von der Wiederholung der Exerzitie ist nur darum abgesehen worden, weil auf dessen Frage – ob hinter dem Eisschwall Gott oder Teufel stände – die Antwort war: Beides sei möglich. Was die Leute mit einem unlösbaren theologischen Dilemma konfrontierte und keinen Mehrheitsentscheid hat finden lassen. Ganz anderer Denkungsart war Bernhard Friedrich Kuhn, selbst Grindelwaldner und Pfarrsohn, der in seiner Schrift *Versuch über den Mechanismus der Gletscher* (1787)[24], ein knappes Jahrzehnt vor Hegels Durchreise erschienen, das bedrohliche Wachstum der beiden Gletscher in der Periode 1770 bis 1778 quantitativ zu erfassen suchte – in seinen Worten: *»die Kräfte der Natur zu berechnen, ihre Verhältnisse abzuwägen und festzusetzen und aus den daherigen Resultaten Grundsätze abzuziehen, die einer allgemeineren Anwendung fähig wären.«*

Genau das wollen auch Franz Joseph Hugi und Jean Louis Agassiz auf dem Unteraargletscher. Was sie beobachten, bestätigt das von Kuhn ebenfalls im direkten Augenschein Erfasste und von Hirten Gehörte.

Die Idee von Franz Joseph Hugi ist so bestechend wie einfach: Er beschließt, den Weg der erratischen Blöcke von ihren Liegeorten rückwärts durch das Alpenvorland bis hinauf zur Aarequelle zu verfolgen und dort den Kräften nachzugehen, welche die Brocken zum Wandern gebracht haben.

Zwischen 1827 und 1836 durchmisst Hugi das Innere des Gebirges. Hinter der Grimsel, vorbei an den zur Winterbeheizung abgebauten Torfgruben beim Spittelnollen, dringt er vor ins Eismeer um das geodätische Zentralgestirn des Finsteraarhorns.

1827[25] führt Hugi die Suche nach einer sicheren mehrjährigen Basis seiner Forschungsarbeit am Unteraargletscher zu einem hellen Block, der auf dessen Gufferlinie liegt – so nennen die Hirten und Jäger die Mittelmoräne, die am sogenannten ›Abschwung‹ aus der Konfluenz des schwächeren Lauteraargletschers mit dem aus drei großen Teilgletschern gebildeten dominanten Finsteraargletscher entsteht. Hier stand auch Wolf, als er sein Gemälde *Finsteraargletscher* (1776)[26] konzipierte. Nicht nur das: Wolf hat auch den Standpunkt selbst dargestellt, mitsamt seinen Begleitern im *Lauteraargletscher* (1776, Abbildung im Vorsatz).[27] Nebeneinander gesehen bilden die beiden Gemälde, einem Schwenk von links nach rechts gleich, das Gesichtsfeld ab, das sich Hugi von seinem Aaregranitblock aus dargeboten hat. Dieser, fortan als Hugi-Block bekannt, ist der mächtigste Erratiker im Eismeer. Im Lauf der Zeit wird es dieser Block sein, der Hugis kartografische Aufnahme des Unteraargletschers und die Beobachtung von dessen Mechanismus auf den Punkt bringt.

Tatsächlich sind es aber zwei Blöcke. Dazwischen schichtet man eine Bruchsteinmauer, legt vom größeren auf den kleineren mitgebrachtes Holz und schirmt die Kabine mit Schieferplatten vor anstöberndem Schnee und plötzlichem Sturm ab. Unter diesem Dach mit Tür aus Ruten und Harztuch verarbeitete Hugi die Resultate seiner Messungen und Experimente.

Nicht nur die Lagerungsverhältnisse der Gipfel, *»[a]uch die Siedehitze des Wassers und Weingeistes sollte in jenen Hochregionen geprüft werden. Dann wollte ich Belehrung mir schöpfen über Schall-, Licht-, Wärme- und mannigfach andere meteorologische Verhältnisse in jenen Höhen. Ganz vorzüglich aber war ich entschlos-*

Der Finsteraargletscher im Schatten des Finsteraarhorns.
An der Schattenspitze der ›Abschwung‹. Berner Alpen. Schweiz. 19. Oktober 2014.

sen, den in mancher Hinsicht noch rätselhaften Gletscher- und Firngebilden nähere Aufmerksamkeit zu widmen. Aus diesem Grunde entschloss ich mich über das grosse, bei 100 Stunden haltende Gletscherbild der Berneralpen ein trigonometrisches Netz zu ziehen, und dann nach und nach mit der topografischen Aufnahme fortzufahren. Das scheint mir nothwendig, um das Vorrücken, das Ausdehnen, die Zu- und Abnahme der Gletscher, das Kreuzen der Schründe in verschiedenen Jahren u. s. w. zu erklären.«[28]

Etliches davon gelingt Hugi nicht, trotz ungeheurer alpinistischer Leistungen und ›la Côte‹ aus Lederschlauch und Fass, der schwindende Energie aufpeitscht und latente Ängste dämpft.

Kurz vor dem Scheitern unterhalb des Gipfels des Finsteraarhorns, als zur Löschung des Dursts zu sich genommener Firn nur noch durstiger gemacht und später das Lecken nasser Klippen nicht weitergeholfen hat, lehrt der Versuch mit geschmolzenem Schnee, dass er als reines kaltes Wasser nach kurzem Rinnen über Fels die fade Natur ändert, indem er in wässriger Form [und aufgrund der niedrigen Temperatur höheren Löslichkeit] Kohlensäure aus der Atmosphäre nimmt und mit Kirschengeist verköstlicht Labung gibt. Auf dem ausgesetzten Grat, bei heftigem Wind aus den Schlünden, den Schleier vom Gesicht und die blaue Brille von den Augen, registriert Hugi plötzlich erneut die von vorangehenden Besteigungen bekannte Verengung des Blickwinkels, das Verfließen der Gegenstände in magischem Dunkel und die Verschiebung der Farben.

»In das Blaue des Himmels mischt sich in sonderbarer Abstufung zuerst Lasur, dann trübes Grün, und endlich dämmerndes Schwarz.«[29]

Dieses Blau des Himmels, in dem sich die Luft zeigt.

Nach Leonardo ist dieses nicht deren eigene Farbe, son-

Vertigo. Galmiggletscher.
Berner Alpen. Schweiz. 19. September 2014.

dern zu winzigen, nicht wahrnehmbaren Teilchen verdampfende Feuchtigkeit – was (wieder laut Leonardo) für jeden zu überprüfen sei am Mont Blanc, dem Monboso, und, wie Hugi zeigt, eben auch der Fall ist am Finsteraarhorn.

Im Norden sieht Hugi Jungfrau, Eiger und Mönch, allerdings in unbestimmteren Umrissen als vom achtzehn Fußstunden entfernten Solothurn. Aber es erhebt sich vor ihm in vertrauter Gestalt das Schreckhorn. Weiter fällt Hugi auf, dass sich bei gleichbleibender Distanz und unter denselben atmosphärischen Verhältnissen die Gegenstände deutlicher und größer zeigen, wenn sie von der Tiefe nach der Höhe anstatt umgekehrt betrachtet werden.

Kreuzen sich beide Perspektiven, kommt es zum Vertigo.

Im Hubschrauber das Momentum für eine stürzende fotografische Aufnahme.

Am Grat des Finsteraarhorns jedoch geschieht ein Malheur. Der Vordermann ist ausgeglitten, Hugi hat die Stange gepackt. Jener hängt auf der einen Seite des Waagebalkens über dem Fieschergletscher, dieser am anderen Ende über dem Finsteraargletscher. An Hugis Fingern gefriert das Blut. Bevor die Wolkenmassen aus dem Wallis die Beinahabgestürzten erreichen und man sie am zugeworfenen Seil in Sicherheit zieht, untersucht Hugi die Konsistenz des Schnees an der durchbrechenden Wächte.

Man glaubt ihm solche Passagen, einem, der vom ersten Versuch der Erstbesteigung des Finsteraarhorns fast blind, vom zweiten lahm zurückgekommen ist.

Proteusartig, wird Hugi schreiben, verändere sich der Gletscher immerfort auch im Inneren. Aus dem Hochschnee geboren, körne er sich zu lockeren Massen, welche Atmosphäre bald in Luft-, bald in Wasserform absorbiere, vielleicht entsäuert wieder exhaliere, wodurch die Körner wüchsen bis zur Größe eines Eis. Nicht nur in der Abhandlung über das *Wesen der Gletscher*[30] fordert er dessen Autopsie vom Zeugungsakt über die Metamorphosen bis zur Auflösung, sondern auch an mancher Stelle seiner *Alpenreise.*

Der kühnste Dichter lege seine Feder weg, der täuschende Maler seinen Pinsel, wenn sie nicht bloß stümpern wollen am Original, mahnt Hugi und gesteht nach seiner Beschreibung der Natur zwischen Grimsel und Finsteraarhorn, dem eleganten Karling in der Nebelferne, nicht einmal den Schattenriss des erhabenen Gesamtgebildes entworfen zu haben. Streift Hugis Blick vom Talgrund über die Granitgesichter zu den Eisfeldern, sieht er nebst dem Geologischen das Kolorit – *»wo [...] das missfarbe, dunkle, zerrissene Gewand der Alphörner kein freundliches Grün mehr [...] schmücken«.*[31] ›Missfarben‹ beschreibt, wofür Hugi die bestimmenden Begriffe fehlen.

Wolf stützt seine visuelle Erinnerung mittels eines Zahlen- und Zeichensystems topografischer Motive, nebst Angaben von Tageszeiten – Farben, Lichtnuancen. Ihm bleibt auf dem Gletscher keine Zeit, jedes Details präzise auszuführen. Die Kartontäfelchen seiner lavierten Bleistiftskizzen haben exakt das Maß des Malkastens.

»Das Trübe hell das klare schwarz festbestimmt / die Contraste die Waldbewachsenen finsteren Gipfel des Berges die Wolcke lichtet die sich drauf aufhebt« – ›Merkworte für Zeichnungen‹. Festgehalten auf seiner ersten Schweizer Reise 1775 von Goethe,

der, im September oder Oktober, am 17. dieses Monats 1779 drei Stunden in Wyttenbachs Naturaliensammlung verbrachte. Wäre der unter einem Pseudonym Reisende in Bern dem sich mit einem Fuß bereits auf dem Weg nach Frankreich befindlichen Wolf begegnet, hätte er sich ihm vielleicht zu erkennen gegeben. Er war ja gerade zurück von einer *»merckwürdigen Tour durch die Bernischen Glätscher«*.[32]

Wären Wolfs Alpenbilder nicht bereits weg gewesen aus dem Wagner'schen Kabinett, wie hätte Goethe darauf reagiert, der sich lobend äußerte über das in Bern besehene Werk des Kleinmeisters Aberli. Immerhin hatte Goethe durch Wyttenbach Kenntnis von Wolf und dem von Wagner herausgegebenen *Prospectus* mit den nach Wolfs Gemälden gefertigten Stichen der avisierten Folge. Am 18. Februar 1780 erinnerte er Wyttenbach an die Übersendung; vor ihm ausgebreitet zur Publikation lag jetzt das Material der *Briefe aus der Schweiz.* Auf dieser zweiten Reise war er nicht mehr der im Juni 1775 am Gotthard unter den *»wilden Felsen, Drachennestern und Nebelseen«*[33] mit der wetterleuchtenden Verbindung zu Lili Haderndе, sondern hatte als offizieller Prinzenerzieher 1779 den Herzog Carl August und sich selbst in der Naturfreiheit kalkulierbaren Risiken ausgesetzt. Jetzt war abwägende Naturerfahrung angesagt, so dass sie sich in der Reflexion als Anschauung verfestige. Übung dabei war der Schritt unter die Wand des Unteren Grindelwaldgletschers, der den Eindruck des *»gefrorenen Meers«* abgibt, vor allem aber die Übersteigung der verschneiten Furka mit dem Blick in die vitriolblauen Spalten des Rhonegletschers am 12. November 1779.[34]

Es ist altes Eis, das sich Goethe unter der Furka zeigte, stark verdichtet mit weniger Einschlüssen von Luft und deshalb weniger Streuung des Lichts. In Wolfs *Rhonegletscher* (1778)[35], eines der sechsundneunzig nach Paris überführten Gemälde, gibt es diese Farbe nicht; aber sie lauert in den radialen Längsspalten der Gletscherpranke. Luzidität im schattierten bläulichen Weiß und Aufhellung des im Abendmantel stehenden Vordergrunds müssen vom Stecher Maximales gefordert haben bei der Übersetzung der Wolf'schen Stimmung. Dieses Kältegemälde wäre vielleicht etwas zu abstrakt gewesen für Hugi; er trägt ja auch andere innere Bilder in sich als der Maler. Aber es spricht nichts dagegen, dass es ihm hätte missfallen können in der topografischen Wiedergabe der Alpenpforte an der Furka, deren *»Schröcknisse«* Goethe durchgelassen haben und, am 4. August 1546, schon Sebastian Münster[36] – aber in dessen Tagen hatte der Rhonegletscher bei Gletsch geendet mit einer Mächtigkeit dreier Militärspieße à viereinhalb bis fünf Meter.

In Wolfs Darstellung des Rhonegletschers ist weit und breit kein freundliches Grün zu sehen. Dafür zeigt die Leinwand einen fein gestuften Akkord vom Grün- zum Braungrau. Genau der Eindruck, den die Pionierflora im Moränenschutt und eisfreien Vorfeld hervorbringt als Beweis ersten Lebens, wenn ein Gletscher vorübergehend stirbt – um Gewachsenes bei Gelegenheit, spätestens beim Vorstoß während einer nächsten Eiszeit, neu zu überfahren.

Wenn Hugi nachts, nachdem er am Wacholderholzfeuer in der Wanderhütte, deren Boden aus Schieferplatten und Lagen von Gras und Heu vor dem Eis der Moräne[37] isoliert ist, Barometerstände, Quecksilber- und Lufttemperatur verzeichnet hat, *»untergletschriges Getöse«* aufschreckt, hört er nichts anderes als die plastische Verformung des Gletschers und damit sehr wohl die für Wolf noch geheimnisvollen inneren, die Natur mobilisierenden und gestaltenden Kräfte, deren Darstellung ihn in seiner Malerei über das Abbilden des Sichtbaren hinausträgt.

Wolf in der Kalkhöhle, Hugi in der Granitkabine verbindet die geologische Begründung ihrer Arbeit.

Hugis Bild der *»Schaumsäule der Aare«,* in die auf Alp Handegg aus freier Luft der Ärlenbach fällt, macht die beiden dann fast zu Komplizen. Unterwegs zur Grimsel hat Wolf den Wasserfall sicherlich wahrgenommen; eindrücklich, mit Strömungssträhnen wie Kanneluren, hat er das Motiv als Schaft dargestellt im *Geltenschuss im Lauenental* (1777).[38]

Das Gemälde ist eines der nicht offenen von Wolf und das gleich mehrfach.

Der Blick des Betrachters folgt der stürzenden, unten abbrechenden Säule hinab zum schäumenden Becken, kann aber nicht dahin vordringen. Grund ist der Überhang im Mittelgrund; er ist aber auch Hindernis für die aus dem Wegschatten tretenden Figuren. Ihr Standpunkt und die Raumverhältnisse lassen den Schluss zu, dass die topografische Disposition des Überhangs sowohl die Sicht auf Wasserfall und Becken als auch den Zugang zum Wasserfall verstellt. Den Figuren bleibt nur die Betrachtung der bescheideneren Kaskade im Vordergrund. Dorthin will wiederum das Auge des Betrachters nicht. Brüskiert vom Affront des ausgeschlagenen Blicks ins Becken, sucht es zu entfliehen, schlägt dabei aber nur am oberen felsenverstellten Bildrand an. Die Komposition zwingt den Betrachter, sich die durch Schaum bloß angedeuteten Wasserspiele, die hydraulische Erosion im Becken vorzustellen, was auch ganz gut geht ohne Blick zum Himmel.

Titlisgletscher.
Urner Alpen. Schweiz. 2. Oktober 1994.

Ich habe öfter als nicht den Himmel aus meinen Aufnahmen weggeschoben. Habe ich ihn stehengelassen, dann in der Absicht, das über dem Horizont Erscheinende in Verbindung zu setzen mit den anderen Teilen der Komposition und ihn mir nicht wie irgendetwas Übriggebliebenes aufzubürden. Vielleicht habe ich aber einfach allzu oft Reproduktionen von Dürers beschriftetem Aquarell *Traumgesicht* vom 8. Juni 1525 betrachtet.

Ist der Himmel nicht zum Dialog bereit, stört er durch seine Angewohnheit der Einmischung. Sei es aufgrund der Blendkraft zu vielen Lichts – auf frühen Albumin-Fotografien frisst er sich regelrecht in die Konturen abgebildeter Gegenstände; sei es aufgrund der Erwartungen, welche er als nicht greifbare Erscheinung und Projektionsraum möglicher Wahrnehmungen weckt, diese aber, nicht nur im Fall des Wetters, selten einlöst wie angedacht. Lässt man ihn als Phänomen erst gar nicht zu und arbeitet stattdessen mit seinen Modalitäten, also dem, was den Himmel überhaupt sichtbar macht, wird es interessant. Da sind die Zustände der Bewölkung, deren reliefgebende Schattenlagen auf dem Terrain man überfliegt, die Spiegelungen auf Wasserflächen und unter den atmosphärischen Entladungen der spitzeckig zuckende Blitz, welcher die Séracs von Wolfs *Grindelwaldgletscher* trifft[39] und dem alpinen Arkadien den Stecker zieht, so dass Eis und Schmelzwasser zu Goethes Eismeer aufwallen und der Himmel selbst verschwindet im dräuenden Finster. Tollkühn wird es an Wolfs Himmel, wenn daran ein Felsen hängt. Aus der lichtesten Zone des auf senkrechten Schroffen ohne Zustieg entrückten *Titlisgletscher*[40] ist der graue Brocken ins Schwerelose der Hochwolken gerutscht, deren Farbe sich nur um einen Hauch abhebt vom Firn.

Diese beide Gemälde waren mir unbekannt, als ich den Titlisgletscher fotografierte und im Himalaya ratlos am »Kuhmaul« stand, der heiligen Quelle des Ganges (präziser des Bhagirathi als Quellwasser der Ganga); glaziologisch das Tor des Gangotri-Gletschers, mythologisch eben Gaumukh, Austrittsort eines der vielen Gewässer, in die Haupt und Haar des Shiva den aus dem Himmel fallenden göttlichen Urstrom der Ganga teilen.

Im Rückblick erscheinen die 1994 und 1991 entstandenen Aufnahmen als Übungen, vielleicht auch unbewusste Absichtsbekundungen, Eis und Luft in einer Komposition zusammenzuführen. Am Titlis waren möglicherweise die plötzlich ins Dramatische wechselnden Licht- und Bewölkungsverhältnisse Grund gewesen, die Situation überhaupt festzuhalten. Im Himalaya die perfekte Pyramide des Shiveling über dem Gangotri-Gletscher, Manifestation Lord Shivas als Lingam, zu beschneiden, war nicht in Frage gekommen. Überhaupt, je näher ich dem »Kuhmaul« gekommen war, desto mehr war die Aussicht auf einen Saddhu im Lotussitz auf dem Sérac geschwunden. Eis, das zu heiligem Wasser wird, trägt man leichter in der Flasche vom Berg nach Delhi hinab als auf dem Film.

Wie lang es gedauert haben mag, bis ihm die Stücke aus dem *»Tempel der Natur«* am Unteren Grindelwaldgletscher in der Hand zerronnen waren, hatte Goethe Frau von Stein nicht mitgeteilt.

*

Während Hugi den Unteraargletscher erforscht, gerät Heinrich Heine auf seiner *Reise von München nach Genua* (1828) in Trient mit einer Marktfrau ins Gespräch über Geografie, Ökonomie, Gartengewächs und Klima. Er gesteht, dass im feuchten frostigen Deutschland, wo nur Feigen, Orangen und Zitronen aus Italien und anderen fremden Ländern zu haben sind, wodurch sie unterwegs dumm und mehlig würden, der Sommer eigentlich nur ein grün angestrichener Winter sei.

Es herrscht die Kleine Eiszeit. Deren kältestes Jahrzehnt, die 1810er-Jahre, sind zwar vorüber und die 1790 begonnene Periode geringer Sonnenaktivität klingt aus, aber das Wachstum der verzögert auf Klimaschwankungen reagierenden Gletscher setzt sich fort. Langsam im Fall des Unteraar, der vom Y des ›Abschwungs‹ mit einem mittleren Gefälle von nur vier Prozent zur Grimsel kriecht; dramatisch im Fall des steilen Giétro-Gletschers im Wallis. Der Bruch von dessen Eisdamm im Jahr 1818 hat das Val des Bagnes verwüstet, die Heimat jenes Jean-Pierre Perraudin, der mit seiner Überlegung, Wasserfluten, Eisflöße und dergleichen seien als Transportmittel der bis weit hinab ins Rhonetal verstreuten mächtigen Erratiker ungeeignet, den Eiszeitstreit[41] maßgeblich befeuert hatte.

Ab 1836 war dieses Problem Louis Agassiz' Sache.

Sein Vorsatz ist eine umfassende Theorie zum Phänomen der Gletscherbewegungen und seine Ausgangslage dabei die erste systematische Dokumentation einer solchen. Damit gemeint ist das *»treue Bild«* des Vorschiebens des Unteraargletschers, welches Hugi mittels seiner an einer Standlinie angehängten Triangulation erstellt und dann bis 1836 nachgemessen und aufgezeichnet hat. Referenzsignale von

Hugis Messungen gewesen sind ein durch Felssturz entstandener Vorsprung, eine Höhle und auf der Gufferlinie der große weiße Granit der Kabine, auf die der überraschte Agassiz bei seinem ersten Besuch der Region Grimsel mit Pierre Jean Édouard Desor (1811–1882) und Berhard Studer (1794–1887) im Sommer 1839 stößt. Von den Signalstangen, die Hugi als Endpunkte seiner Standlinie in einstündiger Entfernung auf dem Finsteraargletscher und auf einem Block an der orographisch rechten Seite der Moräne errichtet hat, berichtet Agassiz nichts. In seine Hände fällt jedoch die 1827 von Hugi hinterlassene Flasche mit der Positionsbestimmung einer eisenhaltigen Felssturzmasse am rechten Gletscherrand. Hugi vermutet später, Agassiz habe die Schrift *»irrig gelesen«*, als er die Reisedistanz des Gletschers nachvollzieht. Selbst hat Hugi 1830, bei der Abgleichung der Positionen von Felssturzmasse und Flasche, festgestellt, dass der Gletscher in der Mitte langsamer vorgerückt ist als an den Rändern. Erklären kann er sich das nur durch die geringere Mächtigkeit der Randmasse und den Einfluss auf diese durch dort abschmelzende größere Bodenwärme. Während Hugi und Agassiz sich gegenseitig kritisch im Auge behalten, bewegt sich der Unteraargletscher und mit ihm der Block in einer skarabäisch-glazialen Version der Kunst des Wanderns. In diesem Bild erscheint der Block als die Pille, welche die Forscher mit wissenschaftlicher Nahrung versorgt, und die Moräne als der Käfer, nur dass diesen zusätzlich noch der fließende Gletscher transportiert. Im Prozess löst sich das Gefüge von Hugis Kabine auf. 1840 nobilitiert Agassiz einen sechshundert Meter davon moränenaufwärts befindlichen, von der rechten Seitenmoräne des Lauteraargletschers auf den

Unteraargletscher überfrachteten Glimmerschieferblock zum »Hôtel des Neuchâtelois«. Beide Blöcke kommen auf Johannes Wilds, nach Agassiz' Angaben erstellter *Carte de Glacier Inferieur de l'Aar* 1 : 10 000 (1842) vor.

1848, als die Nachmessungen der Wanderstrecke des Hugi-Blocks zwischen dem Jahr seiner Requisition und dem Aufschlagen des Agassiz-Hotels achthundert Meter ergeben, ist der Unteraargletscher längst ein internationaler Forschungsplatz.

Seit 1844 steht am Hang über dem Gletscher ein schopfartiger Holzbau mit Giebeldach und Ofen. Der Initiant des ›Pavillon Dollfus‹, Daniel Dollfus-Ausset, von der Textilindustrie zu den Naturwissenschaften hingezogener Fabrikant aus Mülhausen, lanciert nach seinem Gletscherbesuch bei Agassiz 1841 die Daguerreotypie-Mission der Schweizer Eisgebirge durch Gustave Dardel und Camille Bernabé. Im August 1849 macht Dardel die früheste Aufnahme des Rhonegletschers – wer weiß, vielleicht auch am Achten des Monats, da John Hobbs, John Ruskins *Valet,* die Daguerreotypie des im Gletschersee gespiegelten Matterhorns gelingt. 1850 fotografiert Bernabé den ›Abschwung‹ des Unteraargletschers. 1893 erscheint die Bilderfolge der Mission in einer Auflage von weniger als zehn Exemplaren.[42] Die Daguerreotypien, benutzt als optische Vorlagen der Vervielfältigung mittels Reproduktion, sind verloren, die Blöcke von Hugi und Agassiz aus Bernabés *cadrage,* die das Fließen glazialer Zeit arretiert, zusammen mit der Moräne über den linken Bildrand hinaus weiter Richtung Grimsel gewandert.

Kollaps-Krater im Toteis. Unteraargletscher.
Berner Alpen. Schweiz. 12. August 2014.

In den Bergen ist das Meiste kinetisch; einiges für das bloße Auge wahrnehmbar, manches erfolgt dafür zu langsam.

Wie Caspar Wolfs Gemälde führt die *Collection de 28 daguerréotypes représentant les plus anciennes reproductions héliographiques des Alpes, ...* vor, dass man den ursprünglichen Daguerreotypien und den diese replizierenden Albumin-Abzügen zugetraut hat, das Eisgebirge nicht als immerwährendes Chaos, sondern gerade auch in seinen geologisch und glaziologisch geordneten Verhältnissen und Vorgängen und somit natürlichen Gesetzen unterworfen darzustellen – ein Unterfangen, dem vorausgegangen das Auffinden des richtigen Blickpunkts ist. Ein solcher von Wolf ist heute im Gelände eruierbar; aber vom selben Standort aus ist nicht sichtbar, was das Gemälde zeigt, da dessen Komposition und Ausführung den Gesetzen der Ästhetik gehorcht. Der Blickpunkt der frühen Alpenfotografie wiederum verändert sich schon während der minutenlangen Belichtungszeit, denn das Dreibein sinkt in Schnee und Eis; abgesehen davon, dass ein fernblaues Gebirge in Nebelluft tauchen kann, also zwar da gewesen ist, während der Aufnahme aber dann doch nicht sichtbar wird – wie getreu gegenüber der Realität kann die Abbildung da noch sein?

Wie real muss der Standort meiner Schwarz-Weiß-Fotografien sein, damit sie als funktionierendes historisches Dokument der Kryosphäre[43] der Alpen an die von Dollfus-Ausset initiierten und seither zu wissenschaftlichem Nutzen produzierten Aufnahmen anschließt? Ergibt womöglich gerade das aus dem Nirgendwo[44], aber dennoch aus einer präzis definierbaren, wenn auch immateriellen und beim Hubschrauber stabilitätskritischen Lage im Raum gewonnene Luftbild – diese besondere Gattung des zwischen Erscheinungen und Tatsachen operierenden Mediums der Fotografie – eine zugleich erdwissenschaftlich belastbare und ästhetisch funktionierende Aufnahme?

Das *Theatrum Alpinum,* das ich nebst anderen Gletschern der Berner und Walliser Alpen am Unteraargletscher[45] befliegen will, ist ein Gegenstand im Unruhezustand. Ich will ihm beikommen mittels Verschmelzung von obliquem Schrägbild und verzerrungsfreier maßstabgetreuer Orthofotografie. Da ich selbst im Versuch immer etwas übersehen werde, setze ich auf das dem Medium innewohnende Versprechen, nichts zu übersehen, so dass eine Aufnahme irgendwann auch Auskunft geben könnte auf eine in der Gegenwart nicht auftauchende Frage.

Das ist einiges – aber ohne diesen Vorsatz geht es nicht, da die Écureuil von der Staumauer abhebt in Richtung ›Abschwung‹, über den Grimselsee den Kollaps-Krater am Zungenende des Unteraargletschers anfliegt, welcher nach einem Transport über eine Distanz von fast fünf Kilometern vom Beobachtungsbeginn bis 1930 und ab dann weiteren fünfhundertsiebenunddreißig Metern bis 1966 den Hugi-Block im Vorfeld aufgegeben hat, jetzt jedoch rund fünfhundert Meter talaufwärts[46] von dessen momentanem Ruheort kollabiert, und es mir unmöglich ist zu wissen, ob Caspar Wolfs Gemälde *Lauteraargletscher* (1776)[47] den Block von Hugi oder den zerbrochenen von Agassiz darstellt, wenn nicht gar einen, den mechanischen Kräften des Gletschers nicht standhaltender Auftürmung ungeheuer großen Geschiebes aufsitzenden dritten Block.

1 Caspar Wolf (1735–1783), *Das Innere der Bärenhöhle bei Welschenrohr,* 1778. Kunstmuseum Solothurn, A | 157. Kunstmuseum Basel (Hg.), *Caspar Wolf und die ästhetische Eroberung der Natur,* Hatje Cantz, Ostfildern 2014. Kat. Nr. 115.

2 Willi Raeber, *Caspar Wolf, 1735–1783. Sein Leben und sein Werk.* Sauerländer, Aarau, und Prestel, München, 1979; WV 353 sowie Sammlung Daniel Schwartz.

3 Kunstmuseum Olten, Olten. Inv. 2020.46, Depositum Freunde Kunstmuseum Olten, Geschenk Daniel Schwartz, 2020, im Zusammenhang mit dem Ankauf *Glacier Table, Afghanistan 2018.* Was Alexander übersah. Fotografie Seite 232.

4 *Grosser Steintisch am Lauteraargletscher,* 1774. Kunstmuseum Basel (Hg.), *Caspar Wolf und die ästhetische Eroberung der Natur,* Hatje Cantz, Ostfildern 2014. Kat. Nr. 78.

5 Willi Raeber, *Caspar Wolf, 1735–1783. Sein Leben und sein Werk.* Sauerländer, Aarau und Prestel, München 1979.

6 Stephan Kunz, Beat Wismer (Hg.), *Caspar Wolf – Gipfelstürmer zwischen Aufklärung und Romantik,* museum kunst palast, Düsseldorf 2009.

7 Stephan Kunz, Beat Wismer, Wolfgang Denk (Hg.), *Die Schwerkraft der Berge, 1774–1997,* Stroemfeld/Roter Stern, Frankfurt am Main 1997.

8 G. W. F. Hegel, aus dem *Tagebuch der Reise in die Berner Oberalpen, 25. Juli bis August 1796;* in: *Frühe Schriften, Werke I.* Suhrkamp Taschenbuch Wissenschaft, Band 601, 2016, Seite 615.

9 *Blick von der Bänisegg über das Ischmeer auf das Fiescherhornmassiv* und *Blick von der Bänisegg auf das Schreckhorn und den Ischmeerteil des Unteren Grindelwaldgletschers* (1774–1778). Heinz J. Zumbühl et al. (Hg.), *Die Grindelwaldgletscher. Kunst und Wissenschaft.* Haupt, Bern 2016. Abb. 2 | 32 & 2 | 29.

10 G. W. F. Hegel, aus dem *Tagebuch der Reise in die Berner Oberalpen, 25. Juli bis August 1796;* in: *Frühe Schriften, Werke I.* Suhrkamp Taschenbuch Wissenschaft, Band 601, 2016, Seite 617.

11 G. W. F. Hegel, aus dem *Tagebuch der Reise in die Berner Oberalpen, 25. Juli bis August 1796;* in: *Frühe Schriften, Werke I.* Suhrkamp Taschenbuch Wissenschaft, Band 601, 2016, Seite 618.

12 C. Meiners, *Aus Briefen über die Schweiz. Reisen im Sommer 1782 und 1788.* Sonderdruck außerhalb des Buchhandels der Gebrüder Fretz AG, Zürich 1966, Seite 191.

13 *Schneebrücke und Regenbogen im Gadmental,* 1778. Kunstmuseum Basel (Hg.), *Caspar Wolf und die ästhetische Eroberung der Natur,* Hatje Cantz, Ostfildern 2014. Kat. Nr. 66.

14 *Well- und Wetterhorn, von der Grossen Scheidegg aus gesehen,* 1774 oder 1776. Kunstmuseum Basel (Hg.), *Caspar Wolf und die ästhetische Eroberung der Natur,* Hatje Cantz, Ostfildern 2014. Kat. Nr. 62.

15 Unteraargletscher UA-2010–55, 28. 07. 2010. ETH-Nr. 139251. Datierung: Januar 2024, im Zusammenhang mit der Ausstellung *Zur Zeitlichkeit im Eis,* Kunstmuseum Solothurn (21.01–12. 05. 2024), kuratiert von Katrin Steffen; Ausstellungsobjekt Nr. 13. Sammlung Christian Schlüchter; jetzt des Autors.

16 Christian Schlüchter, ›Holz statt Eis‹, in: *Schweizerische Stiftung für Alpine Forschung SSAF* (Hg.), *1939–2014.* Zürich 2014, Seiten 89–128.

17 Martin Grosjean et al., ›Ice-borne prehistoric finds in the Swiss Alps reflect Holocene glacier fluctuations‹, in: *Journal of Quaternary Science* (2007), 22(3), Seiten 203–207.

18 Daniel Schwartz, *While the Fires Burn. A Glacier Odyssey.* Thames & Hudson, London 2017, Seiten 112 f.

19 Yale Center for British Art, Paul Mellon Collection, New Haven. (B1977. 14. 4650)

20 *Die Alpen,* Zeitschrift des Schweizer Alpenclubs, 3. Quartal 1988, Jg. 64, Sonderheft. Abb. RL 58, Seite 257. Tate Gallery, London. (N05643)

21 *Die Alpen,* Zeitschrift des Schweizer Alpenclubs, 3. Quartal 1988, Jg. 64, Sonderheft. Abb. RL 59. 1, Seite 258. Alpine Club Library, London.

22 Daniel Schwartz, *While the Fires Burn. A Glacier Odyssey.* Thames & Hudson, London 2017, Seiten 106–108.

23 *Halbpanorama von Grindelwald mit dem Oberen und Unteren Gletscher zwischen Wetterhorn, Mettenberg und Eiger* (1774 und / oder 1776). Heinz J. Zumbühl (Hg.), *Die Grindelwaldgletscher. Kunst und Wissenschaft.* Haupt, Bern 2016. Abb. 2 | 21.

24 Erschienen in: Albrecht Höpfner (Hg.), *Magazin für die Naturkunde Helvetiens,* 1787–1789, Band I, Seiten 117–136.

25 Da Hugi bei der Datierung seiner Untersuchungen nicht konsequent ist, wird der Bau seiner Hütte oft auf das Jahr 1829 gelegt. Eindeutig erscheint seine Angabe in *Über das Wesen der Gletscher und Winterreise in das Eismeer.* J. G. Cotta'scher Verlag, Stuttgart & Tübingen 1842. Die entsprechende Stelle zitiert Dollfus-Ausset, *Glaciers. Auteurs qui ont traité des Hautes Régions des Alpes et des Glaciers ...* Typographie de G. Silbermann, Strasbourg 1864. Tome Premier, Seite 369.

26 *Finsteraargletscher mit Blick auf das Finsteraarhorn,* 1776. Kunstmuseum Basel (Hg.), *Caspar Wolf und die ästhetische Eroberung der Natur,* Hatje Cantz, Ostfildern 2014. Kat. Nr. 69.

27 *Lauteraargletscher,* 1776. Kunstmuseum Basel (Hg.), *Caspar Wolf und die ästhetische Eroberung der Natur,* Hatje Cantz, Ostfildern 2014. Kat. Nr. 89.

28 Franz Joseph Hugi, *Naturhistorische Alpenreise.* Solothurn, bei Amiet-Lutiger. Leipzig, in Commission bei Friedrich Fleischer, 1930, Seite 6.

29 Franz Joseph Hugi, *Naturhistorische Alpenreise.* Solothurn, bei Amiet-Lutiger. Leipzig, in Commission bei Friedrich Fleischer, 1930, Seite 191.

30 Franz Joseph Hugi, *Über das Wesen der Gletscher und Winterreise in das Eismeer.* J. G. Cotta'scher Verlag, Stuttgart & Tübingen 1842. Zitiert nach: Dollfus-Ausset, *Glaciers. Auteurs qui ont traité des Hautes Régions des Alpes et des Glaciers …* Typographie de G. Silbermann, Strasbourg 1864. Tome Premier, Seite 339.

31 Franz Joseph Hugi, *Naturhistorische Alpenreise.* Solothurn, bei Amiet-Lutiger. Leipzig, in Commission bei Friedrich Fleischer. 1930, Seite 219–221.

32 Johann Wolfgang Goethe, *Briefe aus der Schweiz 1779.* Brief an Frau von Stein, 14. Oktober 1779.

33 *Dichtung und Wahrheit* (Vierter Teil, Neunzehntes Buch).

34 Johann Wolfgang Goethe, *Briefe aus der Schweiz 1779.* Brief an Frau von Stein, 12. November 1779.

35 *Rhonegletscher, von der Talsohle bei Gletsch aus gesehen,* 1778. Kunstmuseum Basel (Hg.), *Caspar Wolf und die ästhetische Eroberung der Natur,* Hatje Cantz, Ostfildern 2014. Kat. Nr. 77.

36 Sebastian Münster (1489–1552), *Cosmographei oder beschreibung aller Länder herrschaften …* Basel, Erstausgabe 1544; erweiterte Fassungen 1550 bis 1628.

37 Den Begriff ›Morène‹ hat Horace Bénédict de Saussure aus dem savoyardischen Dialektwort ›morena‹ = Erd- oder Geröllhaufen oder Schutthügel übernommen und 1779 zur

Bezeichnung glazial bewegten Materials in die Wissenschaftssprache eingeführt.

38 *Geltenschuss im Lauenental*, 1777. Kunstmuseum Basel (Hg.), *Caspar Wolf und die ästhetische Eroberung der Natur*, Hatje Cantz, Ostfildern 2014. Kat. Nr. 79.

39 *Unterer Grindelwaldgletscher mit Blitzeinschlag*, 1774 und/oder 1776. Heinz J. Zumbühl et al. (Hrsg.), *Die Grindelwaldgletscher. Kunst und Wissenschaft*. Haupt, Bern 2016, Abb. 2 | 26.

40 *Felswände unterhalb des Titlisgletschers*, 1777. Kunstmuseum Basel (Hg.), *Caspar Wolf und die ästhetische Eroberung der Natur*, Hatje Cantz, Ostfildern 2014, Kat. Nr. 54.

41 Letzteiszeitliches Maximum, Seiten 28–31.

42 *Collection de 28 daguerréotypes représentant les plus anciennes reproductions héliographiques des Alpes, reproduits en photographie et accompagnés d'extraits tirés des Matériaux pour l'Étude des Glaciers*. Publié par Gustave Dollfus, 1893. Schweizerische Nationalbibliothek, Bern, Graphische Sammlung (Af 1990). Der Begriff *héliographique* im Werktitel ist irreführend. Die mit der Bebilderung beauftragte Maison Braun, Clément & Cie benutzte fotografische Reproduktionstechniken zur Herstellung der Illustrationen. Der Begriff Heliographie wurde von J. N. Niépce geprägt und bezeichnet das Verfahren, durch die Camera obscura aufgefangene Bilder durch die Wirkung des Lichts von selbst festzuhalten, was ihm 1826 in der frühesten erhaltenen Fotografie nach einer achtstündigen Belichtung auf einer asphaltbeschichteten Zinnplatte gelungen ist.

43 Die Kryosphäre ist der Teil des Klimasystems der Erde, der alle Formen von gefrorenem Wasser wie Schnee, Eis und gefrorene Böden umfasst. Dazu gehören Gletscher, Eisschilde, Meereis, Permafrost und saisonal gefrorene Böden und Gewässer.

44 Jan von Brevern, *Blicke von Nirgendwo.* Wilhelm Fink Verlag, München 2012, Seiten 43 f.

45 Daniel Schwartz, *While the Fires Burn. A Glacier Odyssey. VIII, Theatrum Alpinum. Lower Aar Glacier – Facing Physics.* Thames & Hudson, London 2017.

46 Distanzangaben aus: Gerhart Wagner, *Die Reise des Hugiblocks auf der Mittelmoräne des Unteraargletschers,* in: Mitteilungen der Naturforschenden Gesellschaft in Bern, 2016, Seiten 117–134.

47 *Lauteraargletscher,* 1776. Kunstmuseum Basel (Hg.), *Caspar Wolf und die ästhetische Eroberung der Natur,* Hatje Cantz, Ostfildern 2014. Kat. Nr. 89.

Gletscherfunde
Raikot-Gletscher. Nanga Parbat.
Pakistan 2015/2016.

Wahn und Scheitern (I).
Raikot-Gletscher 2015.

Traumatisiert vom Grabenkrieg fliehen sie in das vergötzte Gebirge. Steigern sich in einen eigenartigen Bergkult um die unerbittliche Erziehungsstätte, wo sich im Ersatzkampf mit der Natur ihre Seele läutert und der zähe Wille zum Wiederaufbau des Volkes den Geist des Nationalsozialismus nährt. Doppelt so hoch wie die Alpen – im Ersten Weltkrieg fungierte der Wall, genauer der Dolomitenkamm in der ›Guerra Bianca‹, auch als einer gegen die Entente – ist der Nanga Parbat im westlichen Himalaya. Als Erstes den Gipfel eines Achttausenders im Handstreich zu nehmen, ist heldisches Ziel im alpinistischen Kräftemessen mit anderen Nationen in den Extremregionen des ›Dritten Pols‹. Angriff und Sturm sollen wiedergewonnene Wehrhaftigkeit demonstrieren und rechtmäßige Teilhabe an der Weltpolitik behaupten, gerade in den Jahren vor dem Zweiten Weltkrieg.

Die Katastrophen von 1934 und 1937 am Nanga Parbat mit sechsundzwanzig Toten werden in propagandistischer Inszenierung als schicksalhafte Vernichtung gedeutet. Die ideologisch überhöhte bergsteigerische Selbstdarbringung der zum Vorstoß in das scheinbar Unmögliche herangebildeten auserwählten, aber untereinander rivalisierenden

Elite begründet den Nimbus und den Mythos des deutschen ›Schicksalsbergs‹. Noch Jahrzehnte wirkt er weiter.

Die Expeditionen starten jeweils in München, gelangen via Genua, Port Said, Rawalpindi oder Srinagar zur Raikot-Brücke am Oberlauf des Indus und von da auf heute noch prekärem Weg in einem Seitental an den Schwefelquellen von Tato vorbei zur prächtigen Moränenterrasse, die daliegt wie eine heimatliche Alm. Hier magaziniert man die eintreffenden Lasten und belädt Kulikolonnen zur Materialschlacht in der vereisten lawinenreichen Nordflanke, durch welche vom Hauptlager bei der Großen Moräne eine Lagerkette zum Hochfirn des Silbersattels gezogen wird. Von dort aus soll mit Stoßkraft der komplizierte Gipfel errungen werden; aber dazu kommt es bei keinem der vier anfänglichen Versuche.

1953 erst bringt ein ehemaliger Gebirgsjäger der Wehrmacht den Gipfel des Nanga Parbat heim. Das Freibiwak auf 8000 Metern überlebt er dank Wetterglück, die einundvierzig Stunden Alleingang in der Todeszone, Stimmen im Rücken, dank *Pervitin,* der synthetischen Droge auf Basis von Metamphetamin. Millionenfach hat sie den Soldaten ihre Angst genommen im Krieg.

Sein Porträt irritiert. Hieratisch und schal zugleich ist die Aufnahme. Gemacht hat sie der Kameramann der Expedition, bekannt geworden für seine Kunst, die 1938 den Ruhm der Olympiafilme mitbegründet hat. Sie hängt zwischen zwei Fenstern des Speiseraums des Raikot Sarai, eines der einfachen *cottages* am Rand der Märchenwiese.

Jahr für Jahr in der Saison, das wissen M. und ich von Mahfouz, wenn die Hirten zur Sömmerung der Tiere den Gletscher traversieren, stoßen sie auf Zeugnisse früherer Bergsteigerei. Im Frühling des Vorjahrs ist es ein behaarter Kopf gewesen mit mumifizierter Haut, ohne Bart.

Vermutungen und Nachrichten wie diese haben uns von Kashgar in Xinjang über den Khunjerab-Pass in das Industal zum Nanga Parbat gebracht. Seit Mahfouz, der uns am Grenzposten Sosht abgeholt hat, die zwischen Raikot Bridge und dem ›Nackten Berg‹ kursierenden Berichte von Gletscherfunden mit uns geteilt hat, herrscht Zuversicht. Auch betreffend der Zugänglichkeit, denn die Idee ist nicht, in der Zone der Eisbrüche Spuren rezenter alpinistischer Versuche zu suchen, nein, unsere Fundverdachtsfläche liegt im Zehrbereich des Gletschers. Dort müssten die frühesten freigeschmolzenen Objekte zu finden sein.

Das Tal, durch das wir nach der Raikot Bridge hinaufgekommen sind, entwässert die Nordseite des neotektonisch aktiven Massivs des Nanga Parbat, dessen Urdu-Name im Sanskrit wurzelt. In den 1930er-Jahren beauftragte der in Chilas residierende britische *Political Agent* der Gilgit Agency Mahfouz' Vorfahren, es zu erkunden und zu besiedeln. Seither stellt seine Familie den *lambardar*, den *Headman* der Talschaft.

Eine Stunde von der Märchenwiese, Fairy Meadows, aufwärts liegt die Alm Bayal. Von dort Aufstieg unter Kiefern und Tannen zur Kante der orographisch linken Moräne; dann Abstieg durch eine erodierte Steilrinne zur schuttbedeckten Randzone des Gletschers. Hier zerfällt er. Jeder Schritt lockert die kristallinen Überschüttungen. Zäh verklumptes Material gleitet in Spalten; in diesen rauschen

Schmelzwasserkanäle. Nach mehreren Versuchen durch das Chaos hangender Trümmer und eine Zone sandbedeckter Eiskegel endlich auf dem Band mit körnigem Eis.

Im supraglazialen Bach tauende AGFA-Packungen für 16-mm-Umkehr-Kinofilme. Daneben aus rostigen Blechschachteln gestoßene Siemens-Kassetten; in einer ein Stück Film. Gegenstände der Expedition von 1953, wie die lichtblaue 5L-Sauerstoffflasche der Firma Dräger, die Darbar, Mahfouz' jüngerer Bruder auf Bayal verwahrt.

Material aus den Dreißigerjahren muss weiter gletscherabwärts Richtung Zunge liegen.

Das Blankeisband, grauweißer Rumpf, kilometerlang, von massiven Überschüttungen ummantelt und nur scheinbar starr. Eine Abfolge von Muldentälern mit dem delikat strukturierten Ädernetz der Scherflächen. Auf flachen Zonen finden sich größere Objekte; in Senken und Rinnsalen skeletale Fragmente und Nester kleinster Relikte des täglichen bergsteigerischen Gebrauchs am Nanga Parbat.

Drei Dosen, Aluminium, Reliefstanzungen: das AGFA-Markenzeichen plus Schriftzug I. G. Farbenindustrie A. G. AGFA BERLIN SO 36, eingedrückt und verschlossen, mit Kleinbildnegativfilmen, belichtet oder unbelichtet

Kamerahülle Marke Leica, Leder, mit bodenseitigem Futter

Hanfseilstücke verschiedener Längen, zweischäftig gedreht

Hanfseilstück mit Augspleiß, an Fetzen gewobener Jute

Fetzen von Zeltplanen

Zeltleinenspannen aus Holz

Zeltheringe aus Metall

Stück eines Rucksackriemens?, Leder

Lederschuhe, einzeln und als Paar, mit gezahnten Stahlbeschlägen

Stricksocke, Zweirippenbündchen, glatt rechts gestrickt

Strickpulloverärmelrest mit Ackerfurchenmuster

Fetzen Baumwollfutterung

Kleiderknopf aus Holz (unsicher)

Deckel einer Pillendose, rund, flachgedrückt, Beschriftung von bloßem Auge nicht entzifferbar

Pillenröhrchen, verschlossen, flachgedrückt

Tube, schneeweiß, ausgequetscht

Etui, wattegefuttert, darin zwei Brillen, eine mit Lederblenden, die andere mit Horngestell

Unterkiefer, Fragment mit Mahlzahn, zwei Vormahlzähnen und Eckzahn

Oberkiefer, Fragment mit drei Mahlzähnen, einer mit Goldkrone

Diverse Zähne

Knochen und Knochenfragmente von Schädelkalotten, mit Suturen

Wadenbein, im Eis steckend, sichtbar nur der Fibulakopf

Unter den glazioarchäologischen Funden der Verstörendste ist das Fragment eines verstürzten gleichschenkligen spitzwinkligen Wimpels von ursprünglich zirka dreißig Zentimeter Schenkellänge. Der Stoff gewoben in Leinwandbindung; an der Basis der maschinengenähte Durchzug für die

Kieferfragmente und Zelttuchreste.
Deutsche Nanga-Parbat-Expedition 1934 oder 1937. Raikot-Gletscher.
Pakistan, 27. September 2015.

Schnur zur Befestigung am Eispickel. Beidseitig von Hand im Kettenstich mit weißem Faden deckungsgleich aufgenäht und zurückgeschnitten ein rundes Emblem aus sanforisierter Baumwolle von zirka zehn Zentimeter Durchmesser. Auf jedes der beiden Embleme gestickt, mutmaßlich von zwei verschiedenen Paar Händen, das Staatssymbol des Dritten Reichs – die Swastika.

Es schläft sich ungut auf Fairy Meadows, die paar aufgelesenen Dinge auf dem Tischchen, so nah am Kopf. Als sie zum Trocknen an der Sonne gelegen haben, hat sich eine Ziege an das Leder der Kamerahülle gemacht.

M. hat vom Kieferknochen Zahnfleischgewebe geschabt.

Ich habe von Gletscherspalten geträumt.

Auf dem Rückweg zur Raikot Bridge Abstecher zur Schwefelquelle. Kinder unterhalten mit dem Kunststück, im überhängenden Fels Eier zu kochen.

Mahfouz führt entlang dem Hang zur natürlichen Dusche, verharrt überrascht von der neu darüber gebauten kleinen Dorfmoschee. Aus dem grauen Plastikrohr nur Tropfen. Zwischen zementverkleckerten Brettern mit rostigen Nägeln stehe ich als nackter Kafir, der, als er wieder nach oben kommt, feststellt, dass in der Zuleitung die Füße gewaschen werden. Es ist die Stunde des Gebets.

Wahn und Scheitern (II).
Raikot-Gletscher 2016.

Zurück auf der Spur der letztjährigen Funde.

Mit dabei diesmal Vadim und Jonas, Regisseur und Kameramann. Sie arbeiten an einem Film [1] über mein Werk; das Gletscher-Projekt darin ein Leitfaden.

Auf welcher Bahn hat sich das im Vorjahr Liegengelassene bewegt? Ist Neues aufgetaucht, oder handelt es sich um Übersehenes? In welchem Fundkontext stünde es zu den bereits gesichteten Objekten?

Die Fragen betreffen das Verhalten des Raikot in einem der weltweit steilsten Reliefs, wo die Gletscher heute im globalen Vergleich weniger Verlust aufweisen, wenn nicht eine positive Massenbilanz, also im Sommer zwar an Volumen verlieren, im Winter aber so viel gewinnen können, dass sie auch wachsen. Dieses Phänomen, bekannt als Karakorum-Anomalie, resultierte am Raikot zwischen der ersten fotogrammetrischen Vermessung 1934 im Rahmen der Deutschen Nanga-Parbat-Expedition (auch Deutsche Himalaya-Expedition, DHE) und dem beginnenden 21. Jahrhundert in einem moderaten Zungenrückzug von 200 Metern, allerdings mit nachweislichen Fluktuationen.

Wie jeder Gletscher ist auch der Raikot ein Klimaanzeiger; auf langfristige Klimaänderungen reagiert er als großer Gletscher im Bereich der Zunge.

Beim Aufstieg nach Fairy Meadows hat man sie zur Linken. Sie ist Resultat des Zusammenwirkens von Klimaparametern, dem Relief des Gletschers und seiner Größe.

An Letztere wiederum hat sich seine Reaktionszeit angepasst; es ist die zeitliche Evolution gewesen, die sein heutiges Aussehen bestimmt. Deshalb ist er nicht nur Gegenstand unserer Betrachtung, sondern auch der Lektüre. Sein morphologisches Erscheinungsbild, abhängig von vielen schwankenden Faktoren, ändert sich ständig, das Sichtbare immer nur eine Facette seines Gesichts.

Ähnlich verhält es sich mit den ins Eis gegangenen Objekten. In der planetarischen gletschergeschichtlichen und in der Erzählung vom Verhältnis zwischen Mensch und Umwelt sind sie Signale des fertigen modernen technischen Menschen, der die Natur nicht überwindet, sondern zerstört; im Kontext des völkisch gefärbten bergsteigerischen Wahns am Nanga Parbat sind es einigermaßen eklige Residuen.

Das Knistern des Walkie-Talkies beruhigt. Hat man sich erst einmal auf den Gletscher eingelassen, erinnert das Geräusch an die Verbindung zur immer weiter wegrückenden Wirklichkeit jenseits der Moränen, die Mahoor, Officer der Gilgit-Baltistan Police, aufrechterhalten muss. Wobei er mit seiner Kalaschnikow wohl kaum wirksam entgegenhalten könnte im Fall eines Überfalls – so geschehen 2013 auf das Basislager an der Diamir-Flanke des Nanga Parbat; elf ausländische Bergsteiger sind dabei von sunnitischen Extremisten ermordet worden.

Mahoor bleibt der Einzige, der nichts aufhebt. Aber im Eis stochern sehe ich ihn zuweilen doch mit seinem Holzstock, bevor er nach vorn gebeugt weiterhastet und im Steigen immer wieder hinter Gletschertischen verschwindet.

Manche der Granit- und Gneisbrocken sind Kolosse. Es

gibt sie tafelförmig auf entsprechend mächtigen Eissockeln und als klumpige Quader an Scherflächen, die steil aufgerichtet sind wie spitzkämmige, sich überschlagende Wellen.

Im Vorjahr in dieser Zone eine mehrere Meter breite, vielleicht zwanzig Meter lange seitlich klar begrenzte Spur gleichmäßig verteilter Fetzen gebleichten braunen Zelttuchs. Dazwischen die Objekte unserer Fundliste, darunter die hölzernen Zeltleinenspanner mit Schnurresten sowie die Fragmente der zahnbesetzten Kieferknochen. Reste des an falscher Stelle errichteten Lagers IV, welches in der Nacht vom 14. zum 15. Juni 1937 von einer vom Raikot Peak abgegangenen Eislawine verschüttet wurde – genauer: des einen Monat danach nicht bergbaren Zelts? Wenn so, dann hat sich das Ensemble in fast achtzig Jahren von 6200 Metern bis in Zungennähe hinabbewegt und wäre auf dem Blankeisband bereitgelegen für eine glazioarchäologische Momentaufnahme, für Bergung und Konservierung.

Ein Jahr später ist das Ensemble am Auseinanderdriften, sind die Funde ohne schützende Eisschicht weiterem Zerfall und damit zusammenhängendem Informationsverlust preisgegeben.

Der Gletscher erscheint verschrundeter als im Vorjahr. Aber vielleicht kommt dieser Eindruck dadurch zustande, dass wir nun hoch- statt absteigen. Es macht keinen Sinn, für unsere Filmaufnahmen die Fotografien der ersten Begehung hervorzuholen. Re-Photography ist ohnehin nicht meine Sache. Was *ist* fotografieren, nicht was *war.*

Die Querspalten sind Hunderte Meter lang, tief und verlaufen in wogenden Staffeln. Die buckligen Stege dazwischen gerade stabil genug, sich einem Block zu nähern, der über einer Spalte liegt; für eine Aufnahme, die sich, wer weiß, mit solchen eines anderen Blocks weiter oben zu einem ordentlichen Triptychon fügen könnte, vorausgesetzt es gibt weitere Standpunkte und diese sind erreichbar, denn wir haben weder Steigeisen noch Seil.

Das Eis im Silberlicht, als der Nebel sich auflöst, sehen nur der Regisseur und der Kameramann. Sie sind zurückgeblieben für eine Totale – aber das sagen sie nicht so, sondern »Chäschpu«, ihre Sprachregelung für eine *cadrage* wie jetzt, die den Fotografen bei der Arbeit am Triptychon ins Bild setzen soll wie Caspar David Friedrich den *Mönch am Meer.*

Warum nur bin ich auf diese Überschüttungszone geklettert, statt den anderen zu folgen? Fast wäre ich auf die drei Wirbelkörper getreten. Daneben liegt eine abgetrennte Bandscheibe.

Zekiraya Ahmad, Mahfouz' Cousin, schaut, schüttelt den Kopf. »No, no, no donkey. No sheep.« Mahfouz stößt hinzu. »From human being. From the back.«

M. beugt sich zum Fragment, wendet es kurz, drückt es zurück ins Eis. Regen perlt auf ihrem Poncho.

Unter einem Gletschertisch kommen wir zusammen.

Mahfouz mit dem Brillenetui, das ich im Vorjahr gesehen und fotografiert habe. Dazu ein zerquetschter Metallbehälter. »Cooking pot.«

Erst zuhause, noch immer rieselt feinster weißer Sand aus dem Objekt, werde ich das eingravierte Markenzeichen mit dem doppelflügligen Zahnrad und brennender Fackel sehen; in den Händen keine Pfanne, sondern den Benzin-

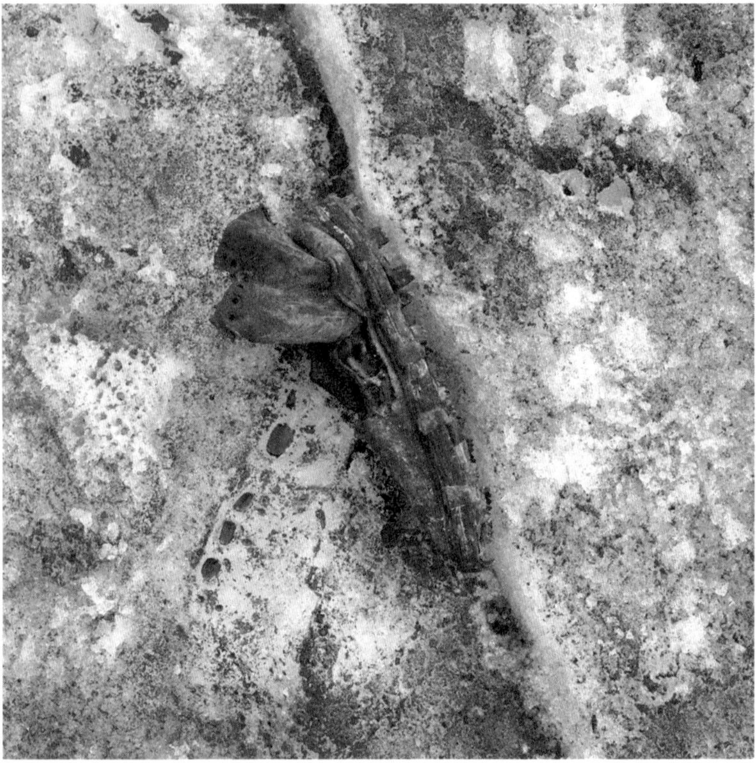

Bergschuh. Deutsche Nanga-Parbat-Expedition 1934 oder 1937. Raikot-Gletscher.
Pakistan, 6. Oktober 2016.

tank einer Vergaserleuchte aus der Fabrikation der ab 1934 als Rüstungsbetrieb eingestuften HASAG. Im Krieg haben deren Werke der Vernichtung von KZ-Häftlingen durch Arbeit gedient.

Nicht jeder Fund kommt in einen Plastikbeutel.

Mancher wirft Fragen auf. Gibt es vielleicht eine Gravur auf der Klinge des Taschenmessers Modell Mammut Kratze von G. Anton Seelemann & Söhne Neustadt-Orla, deren Aufklappen Rostfrass verhindert? Welche Aktion hat der Mechanismus aus korrosionsbeständiger Legierung mit Kurbel und Prägung »gegen Explosion geschützt« in Gang gesetzt?

Vadim hat einen Kerzenstummel gefunden. Der Docht ließe sich wieder anbrennen nach Jahrzehnten im Eis.

Der Nebel kriecht hinter uns her; zuvor hat es gehagelt.

Wir müssen vom Gletscher. Die anderen sind weit oben. Sie haben sich verstiegen, suchen offensichtlich den Ausstieg aus der Spaltenzone. Beim Queren des Blankeises stoße ich auf eine vom Vorjahr bekannte Schmelzwasserrinne. Darin ein Lederschuh, noch einer. Nach der Aufnahme hinauf auf die spröde, beidseitig abfallende Kruppe zwischen zwei Spalten. Auf dieser in Schräglage ein gewaltiger Block. Müsste erst den Block umgehen, dann einen neuen Rollfilm in die erkaltete Hasselblad legen. Die anderen warten oben auf dem Scheitel der Moräne.

Auf Bayal ist Danbar an der Suppe. Fellreste an den Läufen der Ziege verglühen in der Hitze des Herds. Die Eingeweide ruhen in der Blechschale. Im Sud Gewürze und Knoblauch. Dazu Tee mit Milch.

Das Buch werden wir nicht sehen. Der Unbekannte muss nach Tato; seine Frau ist erkrankt. Gestern hat er auf der Märchenwiese Mahfouz angesprochen. Er habe das Buch auf der Höhe der Großen Moräne gefunden; es sei in deutscher Sprache.

Nachtrag I

Gegenstände und historische Dokumente der Deutschen Nanga-Parbat-Expeditionen von 1934 und 1937 werden aufbewahrt im Alpinen Museum, Bibliothek, Archiv des DAV auf der Praterinsel. Am 13. Januar 2017 teilen der stellvertretende Leiter des Deutschen Alpenvereins e. V. und ein Archivmitarbeiter nach Sichtung meines illustrierten Berichts meine Vermutung, die Funde könnten tatsächlich Relikte des nicht bergbaren Zelts der zweiten Expedition sein. Die Goldkrone würde zum Mitglied passen, das sich die lichtbildnerische Dokumentation der Expedition zur Aufgabe gemacht hatte.

Am 24. Mai 2017 eine Mail, dass das Thema weiterhin beschäftige, dass »der DAV [...] zu dem Thema des Umgangs mit histor. Funden im Himalaya, Karakorum etc. aufgrund der politischen, rechtlichen und ethischen Relevanz eine grundsätzliche Positionierung erarbeiten [wird]«. Da dies Zeit in Anspruch nähme, würde man sich in Einzelfällen nicht äußern.

Seither nichts.

Nachtrag II

Am 18. Mai 2019 in der *Süddeutschen Zeitung* ein Artikel zum Fund des Tagebuches des fotografierenden Mitglieds der Nanga-Parbat-Expeditionen von 1934 und 1937, dessen

Bergung im Juni 1937 zusammen mit der des Zeltkameraden aufgegeben werden musste. In der bayerischen Heimat des Vermissten zurück, seien auf den fast zweihundert paginierten, mit vier weißen Fäden gebundenen A6-Seiten des Tagebuches, das schon 1934 mit am Berg gewesen war, die Einträge in Bleistift entzifferbar, Tintengeschriebenes verwischt.

Der Vermittler des Objekts habe 2016 von Talleuten erfahren, jemand habe auf dem Gletscher Zelt- und Kleidungsteile und menschliche Überreste gefunden – und auch das Tagebuch.

Der ›Jemand‹ der entschwundene Unbekannte?

---

1 *Beyond the Obvious. Daniel Schwartz Photographer (70').* Regie: Vadim Jendreyko. DoP: Jonas Jäggy. Mira-Film, 2018.

An den ›Mondbergen‹
Ruwenzori. Uganda 2015.

M. sichtet die Gebirgszüge zuerst.

Sie säumen die Straße von Entebbe nach Kampala. Die Ränge der imposanten Polstersessel kommen der Fahrspur am nächsten. Borten, Fransen und Quasten der Posamenterie bestreichen den rostroten Lateritboden. Dahinter die King-Size-Hochebenen und Tafelberge aus Bettkästen und Lattenrosten mit Kaskaden und Vertikalen aus Fußteilen und Konsolen. Auffälligste Schicht der Xylostratografie ist das rötlichdunkle Khayaholz, wuchtig wie Mahagoni. Verbreiteter sind die Lagen aus dem Nutzholz Albizia, zumeist unbemalt, aber auch in Blutrot oder Champagner zu haben. Der Zauberforst aus Fialen, Pfosten und Säulen bedient jeden Traum. Es gibt Gotisches, Viktorianisches oder Hybrides, eiförmige, pyramidale oder schachfigurenartige Köpfe; zur Halterung von Baldachin und Moskitonetz Gedrechseltes und Geschnitztes. Schmucklos funktional ist das aufeinandergetürmte Gestänge der Chalcosphäre. Gitterrahmen aus Eisen und Messing mit Aluminiumgestänge. Zwei, oft auch drei Etagen. Leiterchen, Handgriffe. Hellgrün, pink, violett, wie man es für Kinder macht. Nicht selten türmen sich die Möbelberge höher als die Verkaufsgeschäfte oder die Werkstätten der Tischler.

An den Böschungen Bananenstauden und Mangobäume.

Von den Brücken blickt man auf Papyrussümpfe.

Berichte von Sklaven- und Elfenbeinkarawanen kommen

in den Sinn, aus dem Inneren Afrikas unterwegs nach Sansibar, und die Abenteuer der Weißen auf den Märschen in der Gegenrichtung. Kibuga liegt in dieser Gegend, die Hauptstadt des Königreichs Buganda, als Richard Francis Burton sich 1856 im Seengebiet Zentralafrikas umsah. Sein Begleiter war John Hanning Speke. Nach ihm benannt ist der zweithöchste der sechs Gebirgsstöcke des Ruwenzori. Der höchste ist der Mount Stanley. Als dritter kommt der Mount Baker. Die anderen sind in absteigender Reihenfolge Mount Emin, Mount Gessi und Mount Luigi di Savoia.

Das Flugfeld Kajjansi inmitten von Aquakulturen, Baumschulen und verstreuten Höfen. Auf den kleinbäuerlichen Feldern wird Cassava und Maniok angebaut. Dazwischen Plantagen von Ananas und Bananen.

Im Platzregen starten Propellermaschinen. Auch die Piste hier aus rostrotem Laterit. Geparkte Hubschrauber. Abspannleinen verankern die Rotorblätter am Boden.

Um die Gletscher des Ruwenzori anzufliegen, braucht es eine besondere Maschine. In der dünnen Luft auf 5000 Metern muss eine größere Rotorfläche die abfallende Leistung des Triebwerks ausgleichen. Böen und Turbulenzen erfordern eine stabile Steuerung. Am besten wäre ein Zwei-Turbinen-System. KEA hat ein solches Modell, eine mittelschwere Bell 412. Doch die ist gerade irgendwo in Kenia oder Tansania. Wäre sie zu haben, würde man sie zu den Ndali-Kraterseen bei Fort Portal hinüberfliegen und auf ein Wetterfenster warten müssen. Die Seen sind allerdings zweihundertfünfzig Kilometer Luftdistanz vom Internationalen Flughafen Entebbe und damit von aktuellen Wetterbeobachtungen eines normalen Flugwetterbriefings entfernt. Auf dieses würde man sich aber ohnehin nicht stützen. Man flöge ja auf Sicht. Wenn es eine solche in der nebelreichen Region gäbe. Von den Kraterseen bis zur Gipfelregion wären es dann noch mindestens fünfzig Kilometer. Bei rasch sich ändernden Verhältnissen von Wetter, Wind und Temperaturen. Die ugandischen Stellen würde man informieren. Die Westflanke des Mount Stanley liegt im Luftraum der Demokratischen Republik Kongo.

Die andere Seite der ›Mondberge‹, denke ich. Was wir vorhaben, hat noch niemand versucht.

Klaus hat bei der Luftwaffe gedient und ist in Afghanistan im Rahmen der ISAF-Einsätze geflogen. Sascha, auch er Deutscher, ist jünger und, wenn wir richtig verstehen, Testpilot für Bell.

Wir werden von KEA hören, wenn wir vom Berg herunter sind.

Vor den Flügen will M. nämlich laufen. Hinauf durch alle Zonen der Vegetation. So wüssten wir im Hubschrauber, was sich in den Wolken und Nebeln unter uns verbirgt.

In Kampala, im Emin-Pascha-Hotel, sehen wir Videoclips der Waldbrände vom Februar 2012 am Mount Luigi di Savoia. Ausgebrochen in der Baumheide- oder Erikazeenzone auf über 3000 Metern. Lange Trockenheit. Ein Lagerfeuer von Wilderern hat genügt. Alpinistisch ausgebildete Bergführer und Bakonzo-Träger aus Kilembe evakuierten ihre Gruppe sicher über den Nyamwamba-Trail vom Berg. Oben kämpften die Bakonzo zwei Tage gegen Feuer, Rauch und Hitze. Es gelang, mit Brandschneisen die Camps zu retten. In den folgenden Tagen stiegen ein paar zum Stanley-Plateau hinauf. Dort erwartete sie eine aschig fahle Endzeitzone. Firn, Eis und Stalaktiten grau und pappig. John, der Inhaber der Trekking-Agentur RTS, zeigt uns die Filme. Seit dem Feuer mussten neue Zustiege zur Gipfelregion gefunden werden. Wir werden durch die verbrannten Flächen kommen. Die extreme Hitze, sagt John, habe das robuste Wurzelwerk der Senezien und Lobelien vernichtet. Bodenerosion bedrohe die Regeneration. John, er ist Australier und lebt seit Jahren mit seiner ugandischen Frau Cathy in Kampala. Er spricht, als hätte er Kinder verloren.

Irgendwann hat sich der Ruwenzori in meinem Kopf festgesetzt. Anders als sonst habe ich mich aber nicht angestrengt, das zur Vorbereitung Notwendige zu besorgen – aktuellste glaziologische und paläolimnische Studien zum Ruwenzori, eine vernünftige Karte oder zumindest einen touristischen Führer. Nein, antike Quellen und die kartografische Historie sollen reichen für unser zweiteiliges Abenteuer.

Ausgeblendet habe ich auch die auf bis zu 30 × 40 Zentimeter großen Trockengelatine-Glasplatten belichteten Aufnahmen von Giorgio Sella (1859–1943), dem Fotografen der Ruwenzori-Expedition von Ludwig Amadeus von Savoyen, Herzog der Abruzzen [1], im Jahr 1906. Der Italiener aus Biella im Piemont stieg in den Schweizer Alpen höher als alle einheimischen Berufskollegen, eingeschlossen den Sammler seiner Werke Jules Beck (1825–1904). Pionierhaftes schuf Sella auch in Alaska, im Kaukasus und drei Jahre nach dem Ruwenzori im Karakorum; dort ist er mir neben Jules Jacot Guillarmod (1868–1925), einem bestechend fotografierenden Arzt aus Neuchâtel, erstmals begegnet. Die Expedition gab der höchsten Spitze des Mount Luigi di Savoia seinen Namen. Danach kommt es erst 1952 anlässlich der British-Ruwenzori-Expedition zur nächsten und viel bescheideneren fotografischen Dokumentation der ›Mondberge‹.

Monate später, wieder daheim, musste ich ohne rezentes visuelles Material zur Abgleichung herausfinden, was sich auf meinen Filmen niedergeschlagen hatte. Sella dann als Referenz zur Identifikation meiner eigenen Motive beizuziehen, wurde zur detektivischen Angelegenheit. Sella hielt Gletscher fest, die es nicht mehr gibt; ich die Umrisse und den Aufbau der fünf Gebirge, die seither sichtbar wurden – aber der Ruwenzori ist nicht das Matterhorn. Jeder Bildvergleich hatte mehrere Unbekannten. Die Wolkenbank einer Sella-Aufnahme verdeckte gerade das, was auf meiner Aufnahme sichtbar war, die Wolkenbank bei mir aber vielleicht den Gipfelgrat, der in der Sella-Aufnahme sichtbar war, aber nur als Wall unter Firn. So weit gut, dazu kamen aber auch noch unterschiedliche Blickrichtungen. Sella fotografierte von den Gipfeln, oft mit Vordergrund, ich über sie hinweg im Flug.

Darum, sage ich mir, macht es wenig Sinn, jetzt die Gletscher in historischem Zustand vor einem Jahrhundert bei Sella zu studieren. So bleibt uns der Ruwenzori nicht nur kartografisch, sondern auch visuell als *Terra Incognita* erhalten, bis wir ihn, oder das, was er von sich preisgibt, vor uns haben.

Trotz dem Vielen, das gegen das Vorhaben von Aufnahmen aus der Luft spricht, bin ich zuversichtlich. Warum soll diese Art der Annäherung misslingen? Schließlich entspricht sie der Gussrichtung der Nilwasser, die der kritische Herodot postuliert.

Das Letzte, was wir unter dem Äquator, wo der südlichste Rand von Ptolemäus' aufgrund der dort herrschenden Hitze kaum noch bewohnbarer Welt liegt, an Firn und Schnee sehen sollen, kann doch nicht der von den Bakonzo dokumentierte verbrannte Bergschrund zwischen Gletscher und Fels an der Margherita-Spitze sein. Nurmehr Lippen eines dreckigen aufgerauten Scheuerlappens. Die Bilder der Brände wirken nach wie ein Requiem.

*

Will man in der Fremde erfolgreich Geschäfte machen, ist die Strategie, sich zunächst mit den erfolgversprechenden Verhältnissen bekannt zu machen, nicht nachteilig. Mit anderen Worten – man kommuniziert klar, was man will, offeriert im Gegenzug, was andere nicht anbieten können oder wollen, setzt dabei das den eigenen Plänen Förderliche umgehend ins Werk, überlässt den Einheimischen aber alles Regieren.

Vor zwei Jahren hat der chinesische Präsident Xi Jinping dieses formidable Angebot der Welt unterbreitet. Ein Land ums andere folgt seither dem Lockruf der »Belt and Road Initiative« (BRI), mit dem Risiko der Schuldenabhängigkeit und des Verlusts nationaler Souveränität über kritische Infrastruktur sowie unter Verzicht auf den Transfer von Know-how. Auch Uganda.

Die Chinesen mit ihren Henkeltaschen, deren schwarze Vierradlimousinen zu jeder Tagesstunde die Zufahrt des Emin-Pascha-Hotels okkupieren, erinnern an Zeiten vor dem Staatskapitalismus, sind Akteure der BRI. Sie bringen Material, Personal und Technologie.

Der maritimen Seidenstraße hatte in Afrika als Kontaktzone dessen Ostküste genügt. Von dort waren seit der Regierungszeit des Tang-Kaisers Xuanzhong (712–756) mit arabischen Segelschiffen, den *Dhows,* Kenntnisse über die Praktiken des islamischen Fernosthandels, die Handelsplätze am Indischen Ozean und die dort verfügbaren Güter nach China gelangt – jedoch kaum Verlässliches über das Hinterland und dessen Routen. Das Wenige war aber hinreichend gewesen für den Verfasser der *Beschreibung fremder Länder* (*Zhufan Zhi,* 1225), Zhao Rugua, den Obersten Aufsichtsbeamten für Handelsschifffahrt in Quanzhou, das während der Song-Dynastie (960–1279) Chinas Tor zur Welt war, um sicher zu sein, dass der Nil als geografische Realität bestand, aber nichts bekannt war über seine beiden Quellen.

Der Tatbestand dieses hydrologischen Mysteriums war vorerst ohne Konsequenzen für das tributäre Weltbild Chinas geblieben. Verankert in der Vorstellung der Überlegenheit unter sämtlichen Völkern, hatte das ›Reich der Mitte‹ sich selbst genügt. Erst nach der Erschütterung der Herrschaft der Yuan als Teil des mongolischen Weltreichs war institutionelle Neugier an Außereurasien gekeimt und hatte sich niedergeschlagen in der *Vereinheitlichten Karte des Reichs der Großen Ming* (*Da Ming hun yi tu,* 1389). Am äußersten westlichen Rand der Darstellung hängt Afrika als schmaler Lappen mit einem länglichen Binnengewässer, die Großen Seen?, Nil, dessen Quellenpaar und dem Roten Meer, in das er sich irrtümlich ergießt – aus *Terra Incognita* war allmählich *Terra Cognita* geworden. Es fehlt auf dieser Karte nur das Mittelmeer, das in China seit dem *Buch der Späteren Han* (*Hou Hanshu,* 1.-2. Jh.) eigentlich bekannt war als Xi Hai oder Da Hai (›Westliches‹ oder ›Großes Meer‹). Dorthin, an die Küsten von Da Qin, Rom, war ja der lukrativste östliche Export, die Seide, abgeflossen.

Auf der südlich orientierten kreisförmigen Weltkarte, die der Geograf Al Sharīf Al Idrisi dem für den König von Sizilien, Roger II., kompilierten Kompendium *Das Vergnügen dessen, der sich nach der Durchquerung der Horizonte sehnt* (*Nuzhat al-mushtāq fī ikhtirāq al-āfāq,* 1154) beifügt, strömen die Fluten des Nils hydrologisch korrekt nordwärts (auf der Karte nach unten) zum Mittelmeer, was dem Wissensstand des im Jahrhundert zuvor am Hof der Ghaznaviden in Afghanistan wirkenden Abū Rayḥān Muḥammad ibn Aḥmad al-Bīrūnī entspricht. Der Choresmier wie auch die Entwerfer der etwas späteren rechteckigen und runden Weltkarten aus dem anonymen *Buch der Kuriositäten* (*Kitāb Gharā'ib al-Funūn,* 1020–1050) ist von Ptolemäus' theoretischem Modell ausgegangen und hat wie dieser eine südliche Lage der Nilquellen (auf Karten oben) nicht angezweifelt.

Nur: Wo genau unter der Sonne – dort nämlich lässt der *Hymnus an den Nil* (ca. 2100–1800 v. u. Z.) die geheimen Wasser des Nahrungs- und Ordnungsbringers quellen – liegt der Ursprung des Stroms? Vielleicht gar südlich vom Äquator?

Sollten die Nilwasser aber nicht wie im Hymnus beschworen aus der Erde emporsteigen, welchen Hang hinab fließen sie dann?

Aischylos schickt Io hinauf *»Zum allnährenden Zeushain / Den schneegedüngten Auen, über die sich wirft / Des Glutwinds Kraft, / Das Naß des Nilstroms, das seuchenreine«.*[2]

Herodot, als Reporter auf der Suche nach einer Erklärung für das alljährliche Anschwellen des Nils in einer dürstenden Wüste, hält sich an den Alltagsverstand – *»Kühle Luft kommt doch gewöhnlich nur aus kalten Gegenden«*[3] –; umso mehr, da er in Assuan mit keinem einzigen Ägypter, Libyer oder Griechen ins Gespräch kommt, der sich anheischig macht, ihm die Lage der Nilquellen anzugeben, und die einzige Auskunft, vorgebracht von einem Schatzhausschreiber, hält er für einen Witz. Sie seien, berichte der Mann nämlich, zwischen zwei Bergen mit scharfen Gipfelspitzen, Krophi und Mophi, zu finden; die eine Wasserhälfte fließe nordwärts nach Ägypten, die andere südwärts nach Äthiopien (*Historien,* Zweites Buch, 28, 2–3).

Aristoteles sucht die Antwort über die Vorgänge am Nil zunächst in der erdnächsten Region von Luft und Wasser, wo Wasserdampf, Wolken und aus dem bei der Kondensation Übrigbleibenden Nebel entstehen, wo es zu Tau, Reif und Schnee kommt und Platzregen. Oftmals am gleichen Tag, in Massen, die an einem Punkt im Erdinneren zusammenrinnen und schließlich ausgeschwitzt werden von Hochland und Gebirge, die *»wie ein dicker Schwamm über der Ebene [hängen]«*. Den Schluss, dass *»die größten Flüsse ersichtlich von den höchsten Gebirgen herunter[strömen]«*[4], zieht Aristoteles aus den konsultierten Erbeschreibungen. Die orographische Umschau zwischen Asien und Arkadien führt ihn endlich in die äthiopischen Berge, wo der Aigon und der Nyses herkommen, *»dagegen die größten unter den mit Namen bekannten Flüssen vom sogenannten Silbergebirge, nämlich der Fluss, der Chrementes heißt und in den äußeren Ozean mündet, und der wichtigste Quellfluss des Nils [ist]«.*[5] Der Satz setzt selbstverständlich voraus, dass die Leserschaft Aristoteles über den griechischen Erfahrungshorizont und die reale Welt hinaus folgt. Nicht erst seit Alexanders Erkundigung weiß man schließlich um das tatsächliche Mündungsgewässer des Nils. Für Aristoteles' naturphilosophisches Modell, das klimatische und hydrologische Grundsätze mit kosmologischer Ordnung vereint, ist es aber nebensächlich, ob das ›Silbergebirge‹ mit dem Mittel- oder mit dem ozeanischen Außenmeer verbunden ist; es bleibt ein ›sogenanntes‹.

Dafür spricht Verschiedenes.

Zunächst einmal ist auch die gewissenhafteste geografische Beobachtung nicht gefeit gegen Unsicherheiten.

Erst mit dem Fernglas am Auge weiß Henry Morton Stanley zweifelsfrei, dass die seltsam geformte silberfarbene Wolke jenseits des Lake Albert nicht das Trugbild eines Bergs ist, sondern ein ungeheurer Gipfelzug. Zwei Stunden deutliche Sicht auf die soliden, wirklichen schneebedeckten Spitzen sind Stanley am 24. Mai 1888 gegeben, bis ihm der Gedanke dämmert, dass er den Ruwenzori sieht, auf dem nach Aussagen zweier Sklaven seines Begleiters, des Häuptlings des Bezirks Ba-Biassi, ein Deckel aus weißem Metall oder felsiger Substanz liegt. Stanley wundert sich, dass vor ihm weder Baker (1865) noch Gessi (1876) noch Mason (1877) noch Emin Pascha (1881) das Gebirge ›entdeckt‹ haben.[6] Dieser Preis, auch wenn er lediglich eine Identifikation honoriert, wird sich Stanley vielleicht sagen, holt unter allen anderen am Ende halt der Held mit *fortune.*

Vernimmt man in dem bei Aristoteles dem ›Silbergebirge‹ vorangestellten Adjektiv ›sogenannt‹ nicht ein Stimmengebräu? Indigene Eigennnamen, Exonyme oder alles zusammen? Die Batoro und Bakonzo, die sich nicht in höhere Regionen wagen, sprechen vom Rwenjura oder Rwenzururu als ›Regenmacher‹ und ›König der Wolken‹. Seen und Flüsse interessieren sie, dann noch Felsunterstände beim Nachstellen von Ducker und Wildschwein in den unteren Lagen der Berge. Die Kryosphäre darüber aber gehört zur Domäne der Gottheit Kitasamba.

Wie Schnee und Eis zum Pantheon der Hellenen.

Der war mir an einem Dezemberabend 1980 am nördlichen Rand der bereits ins Dunkel gebetteten Ebene von Pharsala erschienen. Es hatte seine Zeit gebraucht, um zu begreifen, dass das zuckrig schimmernde Gebilde nur der Olymp sein konnte. Ein Stanley-Moment. Selbstverständlich hatte ich danach in Athen von meiner Sichtung erzählt. Die Beschreibung (und dann die Aufnahme) der aus sich selbst herausleuchtenden langgezogenen Kuppe hatte jeden überrascht; so hatte den Götterthron noch keiner gesehen oder sich ihn vorgestellt.[7]

Ein Grieche zur Zeit des Ptolemäus, stelle ich mir vor, zu dem der Olymp einmal auf so überraschende Weise hinübergeblickt hätte wie zu mir während jener Fahrt von Delphi nach Athen, würde sich beim plötzlichen Auftauchen des Ruwenzori aus Nebeln und Gewölk umgehend an die Sichtung erinnert und nach der Rückkehr aus heißen südlichen Klimata beim Schwatz auf der Agora kaum das Erlebnis von ewigem Schnee direkt unter der Sonne verschwiegen haben.

Der hier aufgerufene Grieche könnte der Händler Diogenes (nicht zu verwechseln mit dem Philosophen) gewesen sein.

Laut dem Geografen Marinos von Tyros verschlugen ihn auf der Indienfahrt nördliche Winde vom Horn von Afrika die Ostküste hinab bis südlich von Raphta (etwa das heutige Dar-es-Salam), von wo aus er die Seen erreicht haben will, denen der Nil entspringt (*Geografia*, I, 9; um ca. 100). Diese Mitteilung ist alles, was man von jenem Diogenes weiß. Ein Phantom in Marinos' Gradnetz, aus dem er verschwindet, als der in Alexandria wirkende Astronom und Geograf Ptolemäus das Schema kritisch weiterentwickelt.

Aristoteles' ›Silbergebirge‹ rutscht bei Ptolemäus weiter ins Landesinnere. Westlich der äthiopischen Anthropophagen, auf 12° 30' südlicher Breite und zwischen 57° und 67° östlicher Länge, speisen das Gebirge, auf einmal als ›Lunae Montes‹ bezeichnet, die Nilseen mit Schmelzwasser (*Geografia*, auch als *Cosmografia* bekannt, IV, 8; zwischen 140 und 170).

Mit Blick auf die wirklichen Verhältnisse stellt sich so die Frage, was in diesen südlichen Breiten nebst dem Ruwenzori noch emporragen könnte, was hell Schimmerndes, schneeig Leuchtendes anzeigen und, in hydrografischer Betrachtung, einen Longitudinalen und Faltachsen, Gebirgsketten oder Schichtgrenzen folgenden Fluss wie den Nil speisen und deshalb zum Kreis potentieller ›Mondberge‹ gezählt werden könnte?

Weniger als ein halbes Jahrhundert vor Stanleys Identifikation des Ruwenzori, 1848/1849, hat die Missionare Krapf und Rebmann der Schnee des Kilimandscharo und des Kirinyaga[8], des Mount Kenya, geblendet, nur eben weit außerhalb des oberen Einzugsbeckens des ägyptischen Stroms. Beides erloschene Stratovulkane, zeigen sie eindrückliche Silhouetten; aber als ›Lunae Montes‹ gehen sie nicht durch. Ein verschachteltes Massiv von alpinem Charakter präsentiert sich anders und hinterlässt einen mächtigeren Eindruck.

Ptolemäus' *Geografia* ist ein methodisches Werk, eine

Liste mit über 8000 Orten, gegliedert nach den drei bekannten Kontinenten Europa, Libyen (das heißt Afrika) und Asien als Basis eines Kartenprojekts der Oikumene. Deshalb erstaunt, dass man die schneereichen ›Mondberge‹ im Hauptabschnitt zur Nil-Geografie (*Geografia,* IV, 7) nicht findet. Wenn dort die geografische Lage der beiden (über den Semliki-Fluss verbundenen) Quellseen, des Albert- und des Albert-Eduard-Sees, angegeben ist, warum sind es dann nicht die ›Lunae Montes‹ – sie liegen ja zwischen jenen.

Nun kann man Ptolemäus schlecht zur Verantwortung ziehen für die kartografischen Rekonstruktionen, Korrekturen und Weiterentwicklungen seines Schemas der sieben, nach Sonnenstandhöhe oder Polarstern bestimmten Klimata oder Breiten der bewohnten Welt. Könnten die ›Lunae Montes‹ im Zug solcher Arbeiten unter die Nebensächlichkeiten eines Ergänzungskapitels gerutscht sein?

Es ist die Expansion des Islams in die Regionen Innerasiens und über Sizilien hinaus ins westliche Mittelmeer, welche die Erben der ptolemäischen mathematischen Grundlagen zur zweidimensionalen Darstellung der Erdoberfläche mit empirisch erworbenen landgestützten Informationen versorgt. Gut nur, dass die meisten zunächst bekehrten Völker nördlich von Mekka leben; so entspricht die heilige Richtung der *kibla* der Südausrichtung in Ptolemäus' Entwurf.

Manches aber bleibt dennoch kartografisch zu begradigen durch Autoren wie den arabisch-andalusischen Geografen Al Sharīf Al Idrisi. Sein sizilianischer König Roger II. verlangt nämlich eine Darstellung der Welt frei von Widersprüchen zwischen Überlieferung und aktuellem Erfahrungswissen. Dass dieses kollidiert mit den Schätzungen Reisender, die Ptolemäus zu Annahmen verdammten, liegt in der Natur der Sache. Gerade die Berechnung der Längen ist für ihn heikler gewesen als jene der Breiten, auch wenn er sich im Klaren ist, dass sich die Differenz der Länge zwischen zwei Orten durch das Festhalten der beiden Lokalzeiten einer Mondfinsternis bestimmen lässt.

Ptolemäus selbst gibt zu, dass seine Abbildungen nurmehr Annäherungen sind; diese untermauern seine paar existierenden Aufzeichnungen aber nicht. Zu viel an sachdienlichen Hinweisen ging in der Überlieferungsgeschichte der *Geografie* (von der es nur Abschriften von Abschriften gibt) verloren, als dass jemand wissen kann, ob im Original die ›Mondberge‹ mit Σεληνιακὰ ὄρη (Seliniaká Óri) beschriftet sind.

Unter den Römern, die uneingeschränkten Zugang zu den Werken der Griechen haben, aber wenig Ansporn, deren Wissenschaften weiterzutreiben, beschäftigt das Rätsel der Nilquellen eher nebenher.

Bei Lukrez geht das so: »*Vielleicht entspringt dieser Fluss aber auch in Äthiopiens hohen Bergen und schwillt an, wenn dort die schmelzenden Strahlen der Sonne den weißen Schnee in die Ebene hinabzwingt.*« (*Über die Natur der Dinge,* Buch VI, 730; um 60 v. u. Z).[9] Horaz wiederum, wie schon Vergil, bei dem der Nil siebenarmig ist (*Aeneis,* VI, 792–800; um 29–19 v. u. Z.), feiert, indem er ferne Länder und imposante Weltgewässer mit ideologischem Untergrund evoziert, die Taten des Augustus: »*Auf dich nun er, der seine Quellen verbirgt, / der Nil, und der Donaustrom, auf dich der reißende Tigris, / auf dich er, der voll von Ungestümen bei den fernen / Briten brandet, der Okeanos.*« (Horaz, *Carmina,* IV,14; um 13 v. u. Z.).[10] Der Dichter, der diese Verse vorbringt, ist aber auch der, welcher eingesteht, das besiegte Griechenland habe seinen wilden Sieger gefangen genommen und dem bäuerlichen Latinum die Künste beigebracht (*Epistulae,* 2.1.156).

Weil die Kartografie bei den Römern also keine Kunst ist, die Weltmodelle oder geografische Theorien verhandelt, sondern ein administratives und politisches Fach, in dem es um Itinerare mit Meilensteinen geht und um das Vorwärtskommen der Legionen in nördlichen Breiten, sehen erst die Araber wieder praktischen Nutzen in der Lage der ›Mondberge‹.

Könnte es also folglich sein, dass die Bezeichnung gar keine ptolemäische Hinterlassenschaft ist, sondern eine arabische Erfindung? Al-Nuwayrī sagt, dass *qamar* sowohl ›Schnee‹ bedeutet als auch ›Mond‹, dessen Helligkeit, Licht- und Dunkelphasen er im Werk *Die höchste Bestrebung in den schönen Künsten der Literatur* (*Nihāyat al-'Arab fī Funūn al-Adab,* um ca. 1300–1333, 700–732 AH) beschreibt. Damit bugsiert er Aristoteles in eine Position, aus der dieser vielleicht einen Abglanz seines ›Silbergebirges‹ ausmacht auf dem Dach der »zum Mond gehörenden Berge« – al-Jibāl al-Qamarīya (الجبال القمرية). In islamischen Karten entsenden die beiden halbkugligen benachbarten Gebirge symmetrische Wasserrinnen, die sich nach dem Durchfließen zweier Sümpfe in einem einzigen Binnengewässer vereinen und dieses als zum Mittelmeer eilender Strom verlassen. Könnte nun, wer ›Mondberge‹ erfindet, nicht genauso gut in die ptolemäische *Geografia* auch die Breite von 12° 30′ eingefügt haben, um so die ›Lunae Montes‹ in Übereinstimmung mit der geografischen Lage zu bringen, die der Alexandriner den beiden Nilquellen zugewiesen hat?

1295, zwei Jahrzehnte nach dem Ende der Song-Dynastie, taucht die *Geografia* als byzantinische Handschrift des 9. oder 10. Jahrhunderts mit eingelegten Karten in Konstantinopel auf. Durch Abschriften werden die europäischen Kartografen so mit einem halben Jahrtausend Verspätung gegenüber ihren islamischen Vorgängern mit Ptolemäus bekannt. Die aus der Handschrift übernommene Struktur, eine *Mappa Mundi* und sechsundzwanzig *Tabulae Regionales,* bleibt verbindlich für alle Ptolemäus-Atlanten, die nach Erfindung der Druckerpresse die Kunst der Kartografie und das europäische Weltbild der Frühen Neuzeit und der Renaissance entscheidend beeinflussen. Kolumbus' Entschluss, den Seeweg nach Indien im Westen zu suchen, folgt den ptolemäischen Überlegungen, auch wenn sich das Außenmeer auf der Erdkugel komplizierter verhält als noch auf Al Sharīf Al Idrisis hochauflösender silberner Weltscheibe für Roger II.

Als 1508 und 1511 in Rom und Venedig lateinische Übersetzungen des Ptolemäus veröffentlicht werden, trägt der Kontinent, den Bartolomeu Dias 1488 umsegelt hat, schon eine Weile nicht mehr die antike Bezeichnung ›Libyen‹ (arabisch Lubiya), sondern ›Afrika‹ (arabisch Ifriqiya). In diesen Ausgaben reicht die *Quarta Africae Tabula,* die *Vierte Karte von Afrika,* von Mauretanien im Westen bis zur Arabischen Halbinsel, einschließlich eines Stücks des Persischen Golfs im Osten, und bis hinab zum 15. Grad.

Auf solcher südlichen Breite, auf einer Länge zwischen 60° und 65°, hätte Giovani Leone Africanus (1468 od. 1488; † nicht eruierbar) – bekannt als al-Hasan ibn Muhammad al-Wazzan al-Fasi oder, nach seiner Konversion als Gefangener christlicher Piraten von Papst Leo X. getauft, auch als Johannes Leo Africanus oder Yuhanna al-Asad –, sofern er nebst einer arabischen Version des Ptolemäus für seine *Beschreibung Afrikas*[11] bei der Frage der Nilquellen auch eine lateinische zu Rate gezogen hat, folgende Legende gelesen: *Mons Lune a quo Nili paludes nives suscipiunt.*

»Der Mondberg, von dem die Sümpfe des Nil durch Schneeschmelze versorgt werden«, wird in der Folge aber immer noch auf dem Kontinent herumgereicht und platziert, wo er auch illustrativ gerade hinpasst. Auf der Karte in Thomas Herberts *Some Yeares Travels into Divers Parts of Asia and Afrique ...* (1638) ist das auf der Breite des zentralen Madagaskar, damit aber immer noch nördlicher als Äthiopien, denn dieses liegt auf dem eklektischen Entwurf an der Südspitze des Kontinents.

*

Ab 1889 bis zur Aufnahme des Regelverkehrs der Uganda-Bahn 1903, die fast parallel zur englisch-deutschen Grenze in Ostafrika Mombasa mit dem Viktoriasee verbindet, gelingt am Ruwenzori keinem Weißen mehr als die kurze Berührung mit dem leicht zugänglichen Mobuku-Gletscher (später Moore-Gletscher) am Mount Baker.

Die Aufgabe, *»die Bergkette grundlegend zu erforschen, das heißt, ihre Gestaltung, den Verlauf der Wasserscheiden, die Art der Gruppierung und das Höhenverhältnis der Gipfel untereinander, ihre Beziehungen zu den Tälern, die Ausdehnung und Anordnung der Gletscher festzustellen und zu beschreiben«*, übernimmt also der bereits vorgestellte Ludwig Amadeus von Savoyen, Herzog der Abruzzen. Von August bis September 1906 hält sich die Expedition im Ruwenzori auf. Man macht astronomische, geodätische und meteorologische Beobachtungen, sammelt botanisches und zoologisches Material. Man besteigt alle sechzehn Gipfel und Spitzen der fünf Gebirgsstöcke des Ruwenzori und bestätigt oder korrigiert dabei die von den Vorgängern erbrachten Erkundigungen. Sella stellt das Dreibein selbst unter den Gletschern der Westflanke auf der kongolesischen Seite des Mount Stanley auf. Den Elena-Gletscher unterhalb der Südgipfel des Mount Stanley tauft man zu Ehren von Italiens Königin, dessen beide mit 5109 und 5091 Metern höchste Gipfel und maximalste Erhebungen des Ruwenzori auf Margherita (von Savoyen) und Alexandra (von Dänemark), die Königsmütter Italiens und Englands. Albert (5087 Meter), der dritthöchste der Stanley-Nordgipfel, ehrt den König der Belgier, dessen Onkel und Vorgänger Leopold II. am 23. Juli 1885 den État indépendant du Congo ausgerufen und mit Gewaltexzessen als persönlichen Besitz ausgebeutet hat.

*

Der Mond steht zu einem Viertel am Himmel.

Das ist gut, denn das Ende der Regenzeit ist Fangzeit der Buschgroßheuschrecke. Das lichtsensible Insekt ist nachtaktiv; ein voller Mond würde es von den Scheinwerfern der raffinierten nächtlichen Fallen ablenken. Rauch verwirrt die Schwärme zusätzlich und lähmt das Insekt in seiner Flugfähigkeit. Die *Nsenene,* der ugandische Name der *Tettigoniidae,* prallen in die gleißenden, zu Trichtern und richtigen Arenen aneinandergefügten schräggestellten Wellblechflächen und rutschen die Rinnen hinab in darunter aufgestellte Ölfässer. Das Ganze ist ein kollektives Spektakel in den Dörfern. In der Frühe wird man die Fässer leeren,

Sack um Sack füllen mit dem Fang, der beides ist: gewürzte geröstete Delikatesse und Einkommensquelle.

Hinter Kasese biegt Johns roter Kleinwagen auf die Straße nach Kilemebe.

Irgendwo im Busch seien die Überreste der Copper-Railway. In den 1950er-Jahren gebaut zum Transport des bei Kilembe gewonnenen Kupfers nach Mombasa, dem kenianischen Exporthafen. Anfang der 1980er-Jahre schlossen die Minen. Unter Idi Amin Dadas nationalistischer Politik verstaatlicht, ohne ausländische Expertise und Investitionen, war eine von Ugandas bedeutendsten Devisenquellen weggefallen. Kürzlich sei ein langjähriger Konzessionsvertrag mit einer gewissen ›Tibet Hima Mining Company Limited‹ unterzeichnet worden, um den Bergbau am Ausgang des Nyamwamba-Tals wiederzubeleben. Tibet? Aus Beijings Perspektive ist die Inklusion der sogenannten Autonomen Region im Namen einer am Ruwenzori aktiven chinesischen Kompagnie so selbstverständlich wie sein Anspruch auf das Öl in den arktischen Gewässern um Grönland. Diplomatische Verbindungen mit Kampala unterhält Beijing seit Ugandas Unabhängigkeit und die Schreckensherrschaft des Putschisten Idi Amin Dada ist ihm kein Graus gewesen. Plötzlich kommt mir der Fahrer mit Schiebermütze und Lederjacke in Datong, dem Zentrum von Chinas Kohlerevier in Shanxi, in den Sinn. Er hatte mich im November 1987 zur Großen Mauer gebracht und nach getaner Arbeit beim Máotái Jiŭ, dem Schnaps aus roter Sorghumhirse, jeweils gern von seiner Zeit als Botschaftsfahrer in Uganda erzählt. Von Essen auf der Veranda mit dem selbsternannten Feldmarschall, »Herr aller Tiere der Erde und Fische der Meere und Eroberer des Britischen Empire«, nebst anderem. Chinesische Fahrer sitzen immer mit ihren Chefs am selben Tisch. Sicherlich auch die heutigen im Emin-Pascha-Hotel in Kampala. Denn auch an sie denke ich jetzt – und, so nahe am Kongo, an Leopold II.

»They grabbed what they could for the sake of what was to be got.« [12]

Unterhalb von Kilemebe hängt das Gehäuse einer Trafostation an verdrehten Pfählen. Unterschwemmte Baracken der Bergbauanlage sind auf das Geröll geschoben wie aufgelaufene Archen.

Der Nyamwamba hat in den letzten Jahren das Tal regelmäßig mit Hochwasser heimgesucht. Ursache sind immer öfter Murgänge an den Vorbergen des Mount Luigi di Savoia. Betroffen gewesen ist auch das Kilembe Mines Health Center. Nach ersten Prospektionen unter britischer Kolonialverwaltung zur Zeit, als Luigi die Savoia seine Expedition in den Ruwenzori führte, hatte es vier Jahrzehnte gedauert bis zum Aufbau der systematisch angelegten Minensiedlung direkt am Fluss.

Auch der RTS dienen ehemalige Bergbauunterkünfte, Doppelreihen aneinandergebauter eingeschossiger Häuser, als Basis. Die Betten sind keine Familienangelegenheit wie die an der Straße nach Kampala.

*

Am Ruwenzori gibt es zwei Jahreszeiten. Eine nasse und eine äußerst nasse.

Es ist Tag 74 unserer Reise und Tag 1 des Aufstiegs auf dem Nyamwamba-Trail von RTS.

Der Mount Luigi di Savoia trennt diese Südwestroute in das Ruwenzori-Gebirge vom Mobukutal, dem Zugang, der die ersten Forscher zum Mount Baker brachte. Vom Ranger-Posten der Uganda Wildlife Authority am Trailhead über Kilembe zum Camp 1, der Sine Hut auf 2596 Metern, sind es neunhundert Höhenmeter bei einer durchschnittlichen Steigung von weniger als zwanzig Prozent. John hat diese sanftere Einstiegsvariante empfohlen. Die Gummistiefel bleiben vorerst auf das Gepäck geschnallt.

Rasch verschluckt der immergrüne Montanwald Samuel und M.

Uziah nimmt sich Zeit mit mir auf dem Schlängelpfad. Schwarze Ameisen sind kein Problem; die roten gilt es zu meiden. Bestimmte Blätter sind für die Suppe, andere für die Hygiene. Feuchte schattige Stellen sind besetzt von Baumfarnständen. Feuchtes Mikroklima mögen auch die epiphytischen Orchideen, so wie die grobrindigen Kirschpflaumbäume und die wasserhaltigen Moospolster der Araliazaeen, auf denen sie unter nicht allzu dichten Kronen blühen. Bei den Hülsenfrüchtlern geht es nicht ums Essen. Nein, sie erheben sich über einem als Riesenbäume Albizia, Afzelia, Brachystegia, Newtonia und Tamarindus. Uziah flüstert die Namen, als würde er sie beschwören. Er geht dicht hinter mir, überholt mich aber mit einem raschen Schritt, wenn ich haste. Er sorgt sich, es sind noch 2000 Höhenmeter bis in die alpine Zone, und er lächelt sanft, wenn ich stehen bleibe und zu den fadenförmigen gräulich bis gelbgrünen Gehängen und Schleiern an den Erikazeen hochblicke. Die *Usnea*-Flechten sind Anzeiger guter Luftqualität und als Wasser- und Nährstoffspeicher nicht nur für Insekten wichtige Faktoren der epiphytischen

Gemeinschaften. Man nennt sie auch Altmännerbärte. Nach sieben Stunden Steigen der Enock-Wasserfall. Das erste Motiv. Hundert Meter vor der Sine Hut.

Tag 2 des Aufstiegs.
Gummistiefel erst nach dem Kalalama Camp (3147 Meter). Die Bambus-Mimulopsis-Zone ist ja der heterogene Übergang vom Regenwald zur Baumheide- oder Erikazeenzone. Ein Puffer, das Mikroklima regelnd, den Boden stabilisierend. Heimat der Johanniskrautart *Hypericum bequaertii* sowie erster Unsterblicher aus der Gattung der strächerbildenden, behaarten pergamentartigen Strohblumen *Helichrysum,* vorerst jener mit silberweiß schimmernden Blütenköpfen. Nach dem Gesträuch ein steiler Bambuswald. Die Stände meterhoch; wo weniger dicht, durchsetzt mit Rosengewächs- und Kossobäumen. Jeder Vorwärtsschritt ein halber rückwärts auf dem rutschigen, von Halmen und Spreu bedeckten Humusboden. Es riecht nach organischer Substanz, Fäulnis und, je höher man kommt, immer stärker nach Zersetzung. Der Nebel steigt mit. Abwechselnd dichter oder lichter. Gepünktelt von den zygomorphen weißen Blüten der *Mimulopsis elliotii* aus der Familie der Bärenklauengewächse. Im Artennamen begegnet einem Georg Francis Scott-Elliott. Nach W. G. Stairs (1889) und F. Stuhlmann (1891) erforschte der schottische Botaniker als Dritter den Ruwenzori. Im Juni 1895 durchstieg er das Nyamwamba-Tal. Dem Sattel über dem Bujuku-See zwischen Mount Baker und Mount Stanley überließ er seinen Namen, Stuhlmann seinen dem Pass zwischen Mount Stanley und Mount Speke. Am Mount Luigi di Savoia blickt die Stairs-Spitze zur Sella-Spitze hinüber.

Bleibt man auf dem sauren Boden des Trails länger stehen, beschleicht einen das Gefühl, mit mindestens einem der drei Vegetationsstockwerke zu verwachsen. Gletscherüberschliffenes erblickt man nur an den senkrechtesten Kliffs, wo wirklich kein Kraut hinkommt. Mehr als wahrscheinlich, dass man die eine oder andere felsige Urtümlichkeit übersieht. Die Wegspur fordert alle Sinne. Der Boden ist schlammig, dunkelbraun bis schwarz. Tritt verspricht, aber gibt dann selten das erspähte Stück gefallenes Holz oder etwas Wurzeliges. Glitschig ist beides. Wohin die Hand reckt, ist Moder. Regen fällt durch das Blätterdach. Wasser, Feuchtigkeit rinnen von der Kapuze des Ponchos. Teuflisch unpassend in diesem Wald, er ist hinderlich beim Ducken unter gestürzten Bäumen, beim Balancieren auf undefinierbarem Irgendwas im Morast und Überklettern bemooster Blöcke darin. Die Kapuze rutscht ins Gesicht. Weg mit dem Ding für den Rest der Wanderung. Den Schweiß der Stirn fängt das Halstuch als Turban. Uziah nickt und souffliert weiter – »the stone«, »slowly«, »the step«; ich weiß immer, welche Spitze, welches Holzstück er meint – Schritt um Schritt. Nur nicht einsinken im saugenden Schlamm. An den Erikazeen weiterhin Flechten. In den Astgabeln gespenstische aufgedunsene sattgrüne Polster; um einen herum gibt es sie als bauchige, aufwallende Teppiche. Was alles kreucht und fleucht in diesen *Bryophyten* – Doppel-, Hundert- und Tausendfüßler, Läuse, Larven, Milben, Pseudoskorpione, Schnecken, Spinnen, Springschwänze und Wanzen, und zwischen den Wassertropfen als Extremisten der Klimaanpassung die Mikrofauna. Ein Frosch hockt auf der moosigen Matte, ich sehe ihn nur, weil Uziah mich anstupst. In einem dunklen Kessel unter Schlinggewächsen und Lianen ein erratischer Block. Endlich etwas Greifbares. Dahinter eine Felsstufe. Eisensprossen leiten auf einen steilen Knebelpfad am Rand eines Abgrunds. Oben tritt plötzlich Okunu aus dem Busch. Habe ihn völlig vergessen. Soldaten der Uganda People's Defence Forces unterstützen zuweilen die Rangers. Diese haben das Recht, zur Selbstverteidigung auch tödliche Mittel einzusetzen gegen bewaffnete Wilderer oder ihre Hunde. Über der Leibchenbrust trägt Okunu ein Holzkreuz.

Seit Stunden muss der Himmel außer Sicht gewesen sein im Nebelwald, als es zum Kamusongi-Tal hin lichtet. Weit oben an den Hängen Farbpunkte. Die Bakonzo haben Abkürzungen genommen. Das Gepäck tragen sie an breiten Stirngurten, auch Säcke mit Kohle für Koch- und Wärmefeuer. Am Ruwenzori wird kein Holz geschlagen, nichts geschnitten, trockenes Pflanzenmaterial nur aufgesammelt, wenn am Weg liegend und deutlich getrennt vom Wuchs.

Unter Regen in eine steile Zone mit der weltweit höchsten Dichte pflanzlichen Lebens. Den Pfad verdüstern die Dendrosenezien- und Riesenblumenwälder. Aus der Gattung *Helichrysum* nun die mit zartrosa schimmernden Blütenköpfen. Wie die Bodenbeleuchtung einer Flugzeugkabine zum Notausgang leiten sie von Lichtung zu Lichtung.

Nach sechshundert Höhenmetern auf einer Luftliniendistanz von anderthalb Kilometern plötzlich Camp Mutinda auf 3688 Metern.

Unter der Wölbung dieser kolossalen Felshand begreift man, dass das Stück festgetretene lehmige Erde der erste trockene Ort seit zwei Tagen ist und dass die Naturkunde, die Leonardo nebst dem religiösen Motiv in der *Felsgrottenmadonna* (entstanden zwischen 1483 und 1490) vorführt, nicht der Fantasie, sondern der Beobachtung entspringt. Man muss nicht wissen, welche losen Hangmassen dieses Urhaus staut, welche der Rücken des Blocks trägt. Von der Krone des berußten Felsdachs triefen fädige, verfilzte zottige Flechten. Hinter diesem Vorhang schmiegt sich das Zelt an das überhängende Gestein. Man schaut durch dessen Öffnung, sieht den klaffenden kochenden Schrund, aus dem der Dampf und die von Vegetation verschlungenen Schroffen gleichzeitig steigen. Man weiß, dass solches nicht sein kann, im Zustand der emotionalen Ergriffenheit aber auch nicht mehr, ob man Individuum ist oder Mitglied der Gruppe auf dem Trail. Die elementare Kraft des Ortes entgrenzt die Sinne.

Derb wie sie ist, könnte die Welt versinken und die Bakonzo platzieren erhitzte umwickelte Steine am Fußende der Schlafsäcke.

M. sitzt am tönernen Feuerbecken und wärmt die Hände über der Glut.

Tag 3 des Aufstiegs.

Nach Camp Bugata sind es fünf Kilometer Luftliniendistanz bei weniger als vierhundert Höhenmetern.

Der Trail führt zuerst durch einen Wildbach, er flutet über aufgefächerte Platten und durch flache Wannen, dann hinauf zu einer vernebelten Kluft. Oberhalb des Katarakts folgt er kleinen Bassins, wo seifige Schäume auf dem bräunlichrostigroten Wasser kreisen. Wie die streichenden Hangwolken begleiten uns diese chemisch-biologischen Labors, in denen die Eisenionen der Böden ausfallen und sich organische Stoffe zersetzen, bis in die obersten Regionen der Baumheide- oder Erikazeenzone.

In dieser gut entwässerten Region stünden nun noch Dendrosenezien, *Dendrosenecio erici-rosenii,* hätten die Brände nicht gewütet. Statt der verholzten Stämme der baumhohen Riesen-Greiskräuter nur noch Totemfackeln. Sollten je wieder behaarte Rosettenblätter sich tagsüber öffnen und nachts schließen, ist das beim langsamen Wuchs der Senezie in Jahrhundertferne – wenn es solchen Kälteschutz dann noch braucht. Die Klimageschichte der Sedimente der umliegenden Gletscherseen, des Batoda, Kanganyika und des Katunga jedenfalls werden Spuren der Brände enthalten wie auch die des Ncuranja.

Uziah hat den genauen Moment, die exakte Stelle abgewartet, wo auf dem Hügel er mich an der Schulter fasst und meinen Blick bergabwärts lenkt. Der kalte feuchte Nebel hebt sich über den Relikten prähistorischer Vergletscherung. Der See ein Blatt Metall zwischen überschliffenen Rundhöckern, *Roches moutonnées.* Auf einem balanciert ein bankförmiger Erratiker.

Auch weit über das Kamusongi-Tal hinaus sind wir in Begleitung vereinzelter Lobelien, *Lobelia gibberoa,* geblieben. Die Feuchtzone sei gut für die Kerzen, deren Riesenwuchs von bis zu zehn Metern nicht selten ist am Ruwenzori bei den bodenbürtigen Mineralsalzen, die der Dauerregen der Pflanze zuführt, und dem Filter der Dauerbewölkung, die sie vor UV-Strahlung schützt. Oder sind diese Exemplare erste Gebietsgewinnler eines wärmeren Klimas? Sind sie dabei, den Regler ihrer inneren Temperatur von vier Grad Celsius, die sie auch bei Außentemperaturen unter dem Gefrierpunkt beibehalten, anthropozänischen Verhältnissen anzupassen?

Dann als einzige Strecke des Trails ohne Steigung der

Bretterweg durch das torfbildende alpine *Carex*-Seggenmoor. Danach die Tücken der Tussockhorste. Ich bin vor den falschen Trittpolstern gewarnt. Sterben die Bündel klingenscharfer Gräser, *Carex runssoroensis,* ab, hinterlassen sie inwendig hohlräumige Wurzelballen. Kuglige modrige Wackelköpfe über unsichtbaren Mulden. Man wippt vom einen Stumpfrest zum anderen, weiß aber nie, in welche Richtung der nächste beim Auftreten hin- und der zurückgelassene wegfedert. Das Vorwärtskommen auf solcher Spur im schwarzen Torf ist keine Frage der Eleganz und nimmt den letzten Atem.

Im Camp Bigata sind wir in der afroalpinen Moorzone auf 4062 Metern.

Die drei spitzbogigen Zeltunterkünfte mit winziger Küche stehen auf dem Felsvorsprung über dem gleichnamigen Zungenendsee. Anders als die weiter unten angetroffenen Gewässer, die Relikte prähistorischer Vergletscherung am Mount Luigi di Savoia sind, könnte dieses beim Gletscherrückzug im Holozän entstanden sein; der hätte dann auch die im Moor deutlich sichtbare, längliche Moränenzunge hinterlassen. Die Ränder des Sees säumen Tussockstümpfe; seine Oberfläche wird getüncht von der Spiegelung des Gewölks. Ein schüchterner Bach fließt ihm vom Lake Kopello zu. Man erahnt ihn in der Senke unter der verhüllten Sella-Spitze. Von dort weht aus der nivalen Zone Schnee. Im Licht über dem See der Flimmerflug feiner Flocken.

Drei Tage später sind M. und ich vom Berg.

Samuel und drei Bakonzo sind am Bamwanjara-Pass eine Stunde über Camp Bigata.

Erreicht uns über das Satellitentelefon das »Go«, gibt es ein Wetterfenster am Mount Stanley und gute Aussichten im Kongobecken. Dann können wir abheben, selbst wenn der Ruwenzori nicht sichtbar ist von den Matten am Ndali-Kratersee im alten Bantu-Reich des Toro-Königs.

*

Nach einer halben Stunde ist die Bell aus dem Regensturz, die Scheibe des Cockpits frei von Beschlag. Das nächste Gewitter umfliegt sie. Dann öffnet sich der Himmel und eine Gasse nach Westen durch das Labyrinth der Cumulus, an deren glimmenden scharfen Konturen in den tieferen Lagen fasrige Bäusche haften. Im Westen wellige Linsen der Stratocumuluswolken.

Nach dem langen Hinabblicken durch die geöffnete Einstiegstür in das Gebräu, nach wiederholtem Erhaschen von schwarzen Graten, Spornen und Gletscherseen, das Raten. Ist der Zackenkamm, den das Gewölk bald freigibt, bald schluckt, der Baker oder der Speke? Ist dieser jener oder umgekehrt? Die Konturen ändern sich laufend. Dann aber – kein Zweifel. Keine Halluzination. Zwar zerhacken die hochfrequenten Vibrationen bei zweihundertzwanzig Stundenkilometern bei schrägem Wind aus Südwesten die Erscheinungen, aber alle haben wir das Gebilde klar erkannt. Es etabliert sich im zerrissenen Gewölk als dunkelblaue Masse, wächst zu messerscharfer pyramidaler Form, bis sich, mit geändertem *Heading* der Bell, drei Spitzen definieren – die Nordgipfel Alexandra, Margherita und Albert des Mount Stanley. Den Anflugpunkt hinterleuchtet eine aufsteigende Wolke. In der Scharte zwischen Alexan-

Margherita-Gletscher. Alexandra- und Margherita-Spitze. Mount Stanley.
Ruwenzori. Uganda. 14. November 2015.

dra und Margherita ein Gletscher. Stur bleibt das Auge auf ihn fixiert, bis es sicher ist, dass das anthropomorphe Profil, das von rechts in die zementgraue Eisfläche blickt, sich aus entgletscherten Partien des Margherita-Grats zusammensetzt. Die Erscheinung bleibt, bis aufwärts wallende Schleierstreifen zerrissener Stratus-Wolken sie verwischen und der Gletscher in Schatten versinkt.

Über das Stanley-Plateau kommt die Bell in das Kongobecken. Beim zweiten *Fly-by* steigt sie über die Gipfelhöhe. Quecksilbrig leuchten die stalaktitisch verwächteten obersten Firnbrauen des Gletschers in der Scharte zwischen Margherita und Alexandra. Dahinter duckt sich die Albert-Spitze als Eckpfeiler der Westflanke. Einem gigantischen tektonischen Unterbiss gleich, stößt sie aus dem Ostafrikanischen Grabenbruch nahezu senkrecht empor, mit einem Höhenunterschied von mehr als 4500 Metern gegenüber dem Boden des Rift Valley. Verhalten schimmert der Quarz in Granit und Gneis, als absorbiere das aufgetauchte Tiefengestein erstmals Licht. Wie der Marmor eines griechischen Tempels ohne ursprüngliche Bemalung immer noch beeindruckt, überwältigt diese Flanke auch ohne Eis, unter dessen Relikten als mächtigstes der längliche Fetzen des Alexandra-Gletschers seinen Zungenzipfel zu einem schwarzen See auf einem Sims hinabschickt. An der Nordseite verabschiedet sich der Albert-Gletscher als kreisrunde Torte am Boden der übersteilten Kar, wo er gleichzeitig als überfrorener Sichelsee aufersteht. Auf allen sonnenabgewandten Flanken der Nordgipfel liegt eine feine Textur schneegefüllter, sich kreuzender Bänderungen, Rinnen und Risse. Beim zweiten Flug am Nach-

Mount Stanley, gesehen über den Gipfelgrat des Mount Baker.
Die Südgipfel (links) und die Nordgipfel (rechts), dazwischen das Stanley-Plateau. Ruwenzori. Uganda. 14. November 2015.

mittag ist die Textur weg wie das Haarnetz vom Kopf einer davongelaufenen Braut.

*

Auf den Gärten und Feldern, den Tee- und Vanillaplantagen von Toro liegt rauchiger Dunst.

Feuchte Luft strömt vom Albert-See zum Ruwenzori und bildet mit der Wärme der aufsteigenden Sonne auf den glazial überprägten Strukturen bodennahe Hangwolken. Über dem Bujuku-Tal, am Mount Speke und an den dahinterliegenden Mount Gessi und Mount Emin kochen sie auf, vor dem Mount Baker reißen sie ab. Der Berg tritt in plötzliches Auflicht. Es übergießt ihn, amalgiert den Abglanz der Hornblende im entgletscherten Gipfelgestein und trockenen Schneestaub und macht aus dem von Blitzschlägen verglasten skulpturalen Gesteinskörper zwischen Grauer Rock und Edward-Spitze zerknittertes Stanniol.

Jenseits des Baker-Grats quellen Stratocumuli aus dem Tal zum Mount Stanley hinauf, fangen Aureolen, bevor sie aufs Stanley-Plateau ziehen, um sich dann zu den Südgipfeln hin zu verflüchtigen.

Diese Sichtung – nach den fotografischen Geschenken des Vortags. Sie macht ekstatisch.

Was auf das Doppeldiptychon des *Fly-by*[13] noch folgt im fortgesetzten Rausch:

Vom Stanley zurück zum Baker, mit Tiefblick zum Lake Bukuju. Ein zweites Mal und näher entlang dem Baker-Grat. Von da über den Scott-Elliott-Pass hinüber zum Stanley-Plateau. Durch die Lücke zwischen Moebius, dem klobigen Kopf auf dem Plateau, und der Margherita-Spitze die Westflanke hinab. Eine Schleife über die Lacs Vert, Noir, Catherine, Blanc und Gris. Wieder hinauf zum Plateau; aus dem Schatten ins Gegenlicht. In der überwächteten Lücke Schneestaubfahnen, die durch den ausgelaugten muldenförmigen Windkolk am Moebius hinauf zur Elena-Spitze ziehen. Gletschernah am Relief, quer zu den Firnfeldrippeln hinab an den Felsrand des Plateaus, wo sich ein Gletscherrandsee zu stauen beginnt. Umkehr und erneut die Westflanke hinab, wo die Bell schräg nach Süden abzieht, den Luigi di Savoia als Anflugpunkt. Am Bamwanjara-Pass tanzen Samuel und sein Team. Aber keine Felsplatte ist geeignet aufzusetzen. Die Senezien verhindern das Schweben über Grund. Unmöglich, die Gruppe bereits hier statt später während eines vierten Flugs bei Camp Bigata aufzunehmen. Vom Luigi di Savoia nordwärts zum trapezförmigen Gletscherrest an der Westseite des Mount Baker. Von da hinüber zu den Stanley-Südgipfeln Elena, Great Tooth, Savoia und – unter so viel ausländischem Ruwenzori-Adel die tatsächliche Beherrscherin der nivalen Zone – Kitasamba. Südlich um die ›Regenmacherin‹ herum. Über einen unbenannten, zuvor unter Gewölk verborgenen See, aus dem ein Sporn mit Becken ragt. Noch einmal in die Westflanke; mit dem kleinstmöglichem Hindernisabstand. Sie ist die unbekannteste, heute am wenigsten zugängliche Zone des Mount Stanley. Im Vorbeiflug die offene Einstiegstür der Bell als Proscenium. Was ist Gletscher, was Wolke? Fabel und Fakt nebelverwischt in raschem Wechsel. Von der Wand schlagen das Jaulen des Triebwerks und das klatschende Wummern des Hauptrotors zurück. Vielleicht fühlt man die Geräusche aber mehr, als dass man sie hört; sie übertragen sich auf den Körper, den Arm, die klamme

Hand, das Auge. Auf die Kamera mit dem Film à zwölf Belichtungen, der nicht-glazialen Beifang ausschließt; deren Klacken des Verschlusses jedes Mal ein Hochgefühl auslöst bei diesem Ritt. Um die Nordgipfel herum. Gegenlicht. Das Gleißen hinter dem Mount Baker, weit draußen im Osten der Lake George? Ein letztes Mal zurück zum Moebius und ins Kongobecken hinaus. Über den fünf Gletscherseen Abkippen und Einleitung des Anflugs auf die Nordgipfel des Mount Stanley, zwischen Margherita und Alexandra hindurch zum Mount Baker und dann zurück zu den Matten von Toro – aber im letzten Moment verhüllen Altostratus die Scharte.

---

1 S. A. R. Il Principe Luigi Amedeo di Saovia Duca degli Abruzzi, *Il Ruwenzori. Viaggio di esplorazione e prime ascensioni delle più alte vette nella Catena Nevosa situata fra i grandi laghi equatoriali dell'Africa Centrale.* Relazione del Dott. Filippo de Filippi. Illustrata da Vittorio Sella, membro della spedizione. Hoepli, Milano 1908. Deutsche Erstausgabe unter dem Titel *Der Ruwenzori. Erforschung und erste Besteigung seiner höchsten Gipfel.* F. A. Brockhaus, Leipzig 1909.

2 *Die Schutzflehenden,* 558–561; erstaufgeführt vermutlich 463 v. u. Z. In: *Aischylos, Tragödien.* Übersetzt von Oskar Werner. Herausgegeben von Bernhard Zimmermann. Artemis & Winkler, Zürich/Düsseldorf 1996.

3 Buch II, 28. Herodot, *Historien.* Herausgegeben von Josef Feix. Artemis & Winkler, Düsseldorf 2006.

4 *Meteorologie,* Buch I, Kapitel 13. In: Ernst Grumach (Hg.); fortgeführt von Hellmut Flashar, *Aristoteles. Werke.* Band 12, *Meteorologie. Über die Welt.* Akademie-Verlag, Berlin 1984, Seite 32.

5 *Meteorologie,* Buch I, Kapitel 13. In: Ernst Grumach (Hg.); fortgeführt von Hellmut Flashar, *Aristoteles. Werke.* Band 12, *Meteorologie. Über die Welt.* Akademie-Verlag, Berlin 1984, Seite 33.

6 Das reichhaltigste Dossier in deutscher Sprache zur ›Entdeckung‹ ist *Nilfieber. Der Wettlauf zu den Quellen.* Mit Beiträgen von Alan Moorehead, James Bruce, Richard Francis Burton, David Livingstone, Henry Morton Stanley und anderen. Editiert und eingeleitet von Georg Brunold. Die Andere Bibliothek, Band 107. Eichborn Verlag, Frankfurt am Main 1993.

7 Daniel Schwartz, *Metamorphoses. Greek Photographs.* Thames & Hudson, London 1986, Seite 169.

8 Kein Versehen im fremden Land, Seite 254.

9 Lukrez, *Über die Natur der Dinge.* Neu übersetzt und reich kommentiert von Klaus Binder. Mit einer Einführung von Stephen Greenblatt. Galiani Berlin, Berlin 2014.

10 Horaz, *Oden und Epoden.* Übersetzt und herausgegeben von Bernhard Kytzler. Reclam, Stuttgart 1978.

11 Das Werk wurde unter dem Titel *La Descrittione dell'Africa* vermutlich 1526 abgeschlossen. Die Erstveröffentlichung erfolgt 1550 in der Reihe *Navigationi e viaggi* durch Giovanni Battista Ramusio in Venedig.

12 Joseph Conrad, *Heart of Darkness,* 1902. Dutton, Everyman's Library, 1967, Seite 8.

13 Daniel Schwartz, *While the Fires Burn. A Glacier Odyssey.* Thames & Hudson, London 2017, Seiten 217–220.

Bilder und Geschichten aus ›Beiden Indien‹
West Papua und Cordillera Blanca.
Indonesien 2015 und Peru 2016.

Gold und Schlamm (I).
Eternity-Gletscher.
West-Papua. Indonesien 2015.

Kambodschas aquatische Lunge hat aufgehört zu pulsieren. Schon das vierte Jahr.

Die Wassermengen, die der Mekong seinen Zubringer hinaufschicken sollte, den Fluss Sap, der den gleichnamigen See Tonle Sap in den Mekong abfließen lässt, reicht nicht mehr zur Umkehrung der Strömung. Der schale See selbst stagniert oder schrumpft, statt anzuschwellen. Die chinesischen Staudämme am Oberlauf des Mekongs und an seinen Zubringern in Laos haben den hydrologischen Zyklus gestört. Jahrhundertelang, jeweils am Ende der Regenzeit, war der Wechsel der Fließrichtung des Sap-Flusses ein Beweis der Einvernehmlichkeit der Khmer-Herrscher mit den Naturkräften gewesen. Die Versechsfachung der Fläche des Tonle Sap auf fünfzehn Quadratkilometer hatte aus Reisbauern für ein paar Monate Fischer gemacht. Aber auch der Sap selbst und seine Nebenflüsse haben in den letzten Jahren dem See immer weniger Wasser aus den Kulen-Bergen zugeführt. Die tausend Lingams im Bett der Bäche, die Halbreliefs an den Felssprüngen sind immer längere Perioden unbespült geblieben. Man hat sich gefragt, ob die Verspätungen des

Monsuns gar Vorboten seines künftigen Ausbleibens sein könnten. Doch dann, nach außerordentlich heißen Trockenzeiten, hat er das Land der Khmer wieder getränkt, allerdings mit bislang unbekannter Heftigkeit.

Wohin M. und ich in den vergangenen Monaten unterwegs zu den Gletschern der Welt gekommen sind, haben die Menschen Wetteranomalien beschäftigt. Sie haben aber nicht von gestörten Ökosystemen gesprochen, nur gesagt, alles sei anders als einst und dass es der El Niño sei.

Der El Niño, genauer die El Niño/ENSO ist das Phantom der tropischen Meteorologie. Es steuert das Wetter des Planeten und enthüllt sein Gesicht dabei nur zögerlich.

Zu einem Agenten der Geopolitik wurde El Niño im Zusammenhang mit den weltweiten Dürren am Ende des 19. Jahrhunderts und der Entdeckung der kolossalen indopazifischen Luftmassenschaukel, die heute bekannt ist als Südliche Oszillation (SO). Im Unterschied zu den übrigen Regionen des Planeten speichern die Tropen, die engste Verkoppelungszone von Ozeanen und Atmosphäre – zusammen mit den Eisflächen beeinflusst das Trio das durch Sonnenenergieüberschuss in äquatorialen Breiten angetriebene Weltklima entscheidend –, die Hitze nicht gleichmäßig. Oberflächenwinde und ozeanische Strömungen verfrachten die solare Energie in mehrere äquatoriale Speichersysteme. Aus östlicher Richtung wehende Passatwinde verfrachten die warmen Oberflächenwasser des Äquatorial-Pazifik westwärts, während eine von Südamerika in den Zentral-Pazifik flutende Zunge die nach Australien und Indonesien verlagerten Massen mit Kaltwasser ersetzt, welches, verstärkt durch den Humboldt-Strom aus der Antarktis, vor Peru aufströmt *(Upwelling)*. Zum El Niño, der Verschiebung von Warmwassermassen nach Osten, beziehungsweise zur ENSO-Warmphase kommt es, wenn die Passate nachlassen oder sich umwenden. Überdacht von den zusammen mit der Indo-Australischen Konvergenzzone (IACZ), einem Tief, produzierten tropischen Gewitter-, Hagel- und Starkregenstürmen, ziehen die Warmwassermassen ostwärts zum mittleren Pazifik. Vertikale, hochreichende energiereiche Konvektionsprozesse kommen ins Spiel und das wärmste Oberflächenwasser des Planeten produziert durch Kondensation und Freisetzung der latenten Wärme von Wasserdampf Cumulonimbus-Wolkengebirge mit ambossförmigen Eisschirmen. Zwischen dem Südpazifik-Hoch und der IACZ, dem Antreiber der Passate, ändern die Störungen des Zirkulationssystems die Druckverhältnisse. Während das Barometer im östlichen Zentral-Pazifik fällt, steigt es gleichzeitig über dem maritimen Kontinent Australiens, Papuas und Indonesiens – diese Schwankungen im Druckunterschied sind die Südliche Oszillation (SO).

Die veränderten Abläufe in der atmosphärischen Werkstatt zwingen die globale Windzirkulation, sich um das unter den El-Niño-Verhältnissen leicht südwärts gewanderte Tiefdruckgebiet der IACZ herum zu reorganisieren. In den Tropen und bis hinauf in höhere Breiten verschieben sich die Niederschlagsmuster massiv. Die Jetströme drängen in Richtung Äquator und die Wettersysteme in anomale Breiten. Die Umwälzung kalter und warmer Wasser durch die Passate bleibt aus. Vor Equador und Peru erwärmt sich der Pazifik – ein Ereignis, das sich, da es jeweils um die Weihnachtszeit erfolgt, irgendwann im Gedächtnis der peruanischen Fischer festgesetzt hatte unter dem Namen ›Christuskind‹.

Alle drei bis sieben Jahre schlägt sich das Ereignis nieder im magereren Fischfang als üblich. Aber auch der El Niño hält sich längst nicht mehr an das etablierte Muster. Seine Frequenz steigt. Die bekannten Intervalle gelten nur noch eingeschränkt. Die Intensität des Ereignisses nimmt zu.

1997/1998 war ich dem El Niño in westlicher Richtung entgegengereist. Nicht getrieben von atmosphärischen Prozessen, sondern auf den Wellen des *Fallout* der asiatischen Finanzkrise. Von Indonesien, Thailand, Kambodscha über Hanoi, Kunming und die Burma Road durch Myanmar, über Peshawar, Kabul, Moskau, Frankfurt und London an die Wall Street. Wie die Erschütterung der nacheinander einstürzenden Märkte, war auch jene Episode des meteorologischen Ereignisses extrem gewesen.[1]

Jetzt, da sich Weihnachten nähert und wir uns mit dem aktuellen El Niño von Kambodscha aus nach Osten wenden werden, deuten alle auf der Reise bisher angetroffenen und kommunizierten Anomalien auf ein weiteres starkes Extrem hin. Die interaktiven Auswirkungen des natürlichen Phänomens, das aus dem Pazifik kommt, sich aber wie ein Aufrührer in das gesamte Weltklima einschleicht, sind offensichtlich.

In der Mongolei ist der Eisstrom in der Lämmergeierschlucht erstmals vor Ende des Wüstensommers verschwunden. Uganda[2] ist betroffen gewesen von den Auswirkungen des El Niño in seiner vielleicht stärksten Ausprägung seit der Periode 1951–1958. Starkniederschläge haben die Bodenerosion beschleunigt und die Wasserqualität im Viktoriasee beeinträchtigt, beides mit direkten Auswirkungen auf die Ernährungssicherheit. In Äthiopien haben die El-Niño / ENSO-Fernwirkungen mit den zwischen 1960 und 2006 um 1,3 °C angestiegenen Durchschnittstemperaturen im Land interagiert, und die aus der Hitzewelle resultierende Dürre, die schlimmste seit 1987/1988, hat fünfzehn Millionen Menschen an den Rand des Hungers gebracht.

In Marokko, der vorletzten Station unserer Reise um die Welt, würde am Horizont ein teerig dunkler Atlas liegen. Der verbliebene bekannte Gletscher des Gebirges muss irgendwann zwischen den 1980er-Jahren und der Jahrtausendwende verschwunden sein. Die Schneeschmelze zur Speisung der Wadis ist nicht länger eine Ressource, mit der man rechnen kann. Niederschlag fällt immer mehr in Form von Regen, der umgehend abfließt, statt als tauender Schnee im Lauf der Monate verteilt zur Bewässerung zur Verfügung zu stehen. Da Gottvertrauen allein bei Wasserknappheit nicht mehr genügt, braucht es zur Sicherung der Versorgung Entsalzungsanlagen, die Meerwasser nutzbar machen.

Aber noch sind wir in Kambodscha.

Das Land sei *»bitterbrennendheiß«*; ohne mehrmaliges Bad käme man hier nicht durch den Tag, berichtet Zhou Daguan im *Zhenla fengtu ji* (真臘風土記), den 1297 entstandenen *Aufzeichnungen über die Bräuche Kambodschas,* und ergänzt, Wasser sei ständig warm wie auf einer Feuerstelle; es kühle selbst bis zur fünften Wache nicht ab, wenn mit der aufgehenden Sonne die Hitze zurückkehre. Zhou Daguan war Mitglied der Mission des Yuan-Hofs in Beijing ins Tributreich der Khmer. Sein Aufenthalt in Angkor zwischen April 1296 und Juli 1297 fand in einer zunehmend wechselhaften Klimaperiode statt, die das auf künstlicher Bewässerung der Reisfelder beruhende Wirtschaftssystem des Khmer-Reichs zu destabilisieren begann. Die Veränderungen der Niederschlagsmuster und der Monsunaktivität kündigten den Übergang vom feuchten Klima der Blütezeit Angkors zu einer Trockenphase an. Sie waren Vorboten der Kleinen Eiszeit, aber Zhou Daguans Beobachtungen lassen keine Rückschlüsse auf Anomalien der Regen- zur Trockenzeit zu. Wie gewohnt dauern sie vom vierten zum neunten und vom zehnten zum dritten chinesischen Mondmonat, von etwa Mai bis Oktober und von etwa November bis April, und bestimmen die zwei Wasserstände des Tonle Sap. Entweder tauchen vor Zhou Daguans Augen hohe Bäume ab oder nur die kleinsten Boote befahren das Flachgewässer. Das ganze kambodschanische Jahr erinnert ihn an Chinas Klima im Juni und Juli. Den Khmer unbekannt seien Frost und Schnee, winterliches Los von Mensch und Tier, das er gekannt haben dürfte aufgrund der mongolischen Herkunft des von Kublai Khan gegründeten, maritim ausgerichteten Kaiserhauses der Yuan.

Die minenversehrten und leprösen Musikanten, die tätowierten Wahrsager sind endgültig fortgezogen aus Angkor Wat. Zuletzt hat man sie auch vom Damm vertrieben, der zum großen Tempel führt.

Absperrungen sind angebracht am Fuß von dessen Klettertreppen zur Plattform und ihren fünf Ecktürmen, den *prasat,* deren zentraler in hinduistischer und buddhistischer

Anonym, *Angkor Wat.* Aufgenommen ca. 1965, nach den Restaurierungen der École française d'Extrême-Orient, Paris, 1947–1950 und 1960–1972.

Kosmologie den heiligsten Gipfel des Meru symbolisiert, das Zentrum des Universums und der Ursprung der vier Ströme Asiens, darunter der Mekong.

Dieser mythische Berg steht über dem Permafrost und solange der Glaube sich an ihn hält. Sein physischer Vertreter hingegen, der vergottete Kailash im Westen Tibets, kann verwittern.

Angkors Tempelberg, der sich in die Silhouette des kosmischen Meru einschreibt, ist extremer Hitze ausgesetzt und macht es dem Kailash nach. Die Veränderungen der Luftfeuchtigkeit im tropischen Klima Kambodschas bringen die Tonminerale, welche die Quarzkörner seines Sandsteinkörpers binden, zum Quellen und Schrumpfen. Der zyklische Vorgang lockert und löst das Gefüge der Blöcke und eindringende Wassermoleküle vergrößern die Abstände dazwischen.

Ein halbes Jahrhundert lang sind um das bauliche Erbe der Zivilisation von Angkor bemühte Restauratoren der Zeit hinterhergelaufen – wie bis heute die Betreiber der Eisgrotte am Rhonegletscher, die mit UV-resistenten wärmedämmenden Geotextilien glaziale Anastilosis betreiben und dabei Jahr für Jahr beharrlich simulieren, was unwiederbringlich verloren ist (Fotografie Seite 20).

Bevor Anfang der 1990er-Jahre Konservatoren begonnen hatten, den Zerfall von Angkors Bausubstanz zu verzögern, in einer Zeit zwischen Krieg und Frieden, konnte man unter dem Kraggewölbe eines *prasat* die Schilfmatte ausrollen. Waren dann die Monsungewitter mit ihren Blitzstaffeln zum Tonle Sap weitergezogen und die Fledermäuse abends zu unbestimmbaren Zielen ausgeflogen, hatte einen eine irgendwo im nächtlichen Dschungel abgefeuerte Gewehrsalve vielleicht noch einmal aufhorchen lassen. Die abgekühlte bodennahe Luft war da bereits am Tempelberg hochgestiegen und dessen Körper hatte mit der Abstrahlung der gespeicherten Tageshitze an die Umluft begonnen.

Bis am Morgen jedoch war Restwärme im Dekor der Wände konserviert geblieben und auch in den blank geschlurften Platten, auf denen man zu schlafen versucht hatte.

Die Wiederbegegnung mit Angkor hat die damalige taktile Erinnerung an den Energiefluss im Sandstein geweckt. Sie hat mit atmosphärischer Strahlung zu tun, denn wie alles Irdische besitzt auch dieser Sakralbau eine Albedo.

Abgeleitet aus dem Lateinischen *albus* = weiß, bestimmt die Albedo das Vermögen eines selbst nicht strahlenden Objekts, solare Energie durch Reflexion und Streuung zurückzustrahlen. Im Fall eines Gletschers ist die Albedo der zerfallbestimmende Faktor. Frischer trockener Schnee hat eine Albedo von achtzig bis siebenundneunzig, aperes klares Eis eine von fünfzig Prozent.

Setzte man nun die Oberflächenbeschaffenheit des in den Kulen-Bergen gebrochenen und im Lauf der Zeit dunkel gewordenen Steins von Angkor Wat einem debrisbedeckten Gletscher gleich, hätte der Tempelberg eine Albedo von zehn bis fünfzehn Prozent. Beim Gletscher bewirkte die restliche Energie den Schmelzprozess. Was aber bewirkt sie am Tempelberg? Zermürben und verformen dauerhafte Ausdehnung und Kontraktion durch Wärme und Hitze den Sandstein, der bei nächtlicher Feuchtigkeitsaufnahme abkühlt und sich tagsüber wieder erhitzt? Korrelieren die Sprünge an Flächen und Kanten seiner Portale und Pfeiler mit extremen Sonnenständen? Messungen an exponierten Stellen des Baus haben Temperaturen von 60 °C ergeben. Kambodschas jährliche Durchschnittstemperatur ist seit der Jahrtausendwende um 0,8 °C gestiegen. Luftverschmutzung, lese ich, ist ein neuer und weiterer Faktor der Schwärzung des Sandsteins.

Am besten wissen Kunsträuber, wie licht der für Angkors Sakralbauten verwendete, je nach Abbaustelle graubräunliche, rötliche oder grünliche Sandstein eigentlich ist.

In der Dunkelheit sind wir durch eine rückwärtige Pforte in der Außenmauer in den Ta-Prohm-Tempel gelangt, haben uns im Innenhof auf eine Stufe gesetzt, den mit geraspeltem Kokosnussfleisch gespickten Klebreis aus dem aufgesplitterten Bambusrohr gefingert und der Dämmerung entgegengeblickt. Erst sind die Wurzeltentakel der Tetramel- und Würgefeigenbäume aus der Düsternis gestoßen. Als die Gänge der Galerien, deren Trümmer die verknöcherten Baumgiganten seit Jahrhunderten im Einsturz fangen, ihre Konturen und Volumen preisgegeben haben, ist vor dem inneren Lächeln, dem *Sourir Khmer,* der unversehrten Apsaras der Frevel aufgeschienen, den ich vor Jahren fotografiert hatte. Ein Kopf im Halbrelief, der sauber vom Hals getrennt und als Platte abgespalten worden war.

Im späten 12. oder frühen 13. Jahrhundert hatte ein Steinmetz das Antlitz des im Urwasser geborenen himmlischen Wesens aus dem Quader herausgeholt. Das übriggebliebene helle, salzig-krustige Rechteck ist von großer Tristesse.

Einzelne gedämpfte Stimmen, dann anschwellendes Palaver. Wir sind weg vor dem Auftauchen der ersten Gruppe.

Abends, am Ende unserer Tempelfahrten per Rad, dörfliche Feuer.

Man verbrennt Abfall und nährt die Flammen zusätzlich mit feuchtem Laub. Das geschieht gegen die Plage von Fliegen und Mücken und aus Liebe zum tragisch-stoisch im blähenden gelblichen Qualm verharrenden Wasserbüffel.

*

Die Antwort aus Phoenix, Arizona, ist eingetroffen.

Freeport-McMoRan dankt für die Einladung, an meinem *»sehr interessanten Projekt«* teilzunehmen, doch sei dieses *»nicht vereinbar mit den gegenwärtigen Zielen des Unternehmens«.* [3]

In Sichtweite der letzten ozeanischen Gletscherreste am Sudirman-Gebirge, auf fast 4000 Metern in West-Papua [4], dem indonesischen Teil der Insel Neuguinea, arbeitet Freeport-McMoRan in schwierigsten geotechnischen Kontaktzonen, unterhöhlt im untertägigen Blockbruch Erz, das in die Förderschächte nachbricht. Die Grasberg-Gold- und Kupfermine ist eine Penetration der Umwelt Papuas – man kann getrost von *Geoengineering* sprechen. Anthropogener Klimawandel geht das Monster nichts an. Es muss tiefer und tiefer in die Lagerstätten dringen, Erze extrahieren und Schlamm scheißen. Sein Halter, anders als der neolithische, in den Knochen bohrende Mensch bei seiner Übung, weiß, dass er im Konzept des Anthropozäns zum geologischen Faktor geworden ist.

Die Kontrolle des Unternehmens über den Zugang zum Sudirman-Gebirge und seinem höchsten Gipfel, dem Puncak Jaya – früher Carstensz Pyramid, mit 4884 Metern seit Abschmelzen der Firnkappe des Ngga Pulu auf der anderen Seite des Yellow Valley heute die maximale Ergebung Ozeaniens –, reicht zurück in die 1990er-Jahre. Der giftstoffbelastete Abraum im Ajkwa-Fluss, Schutzgeldzahlungen an Militär und Polizei, die Menschenrechtsverletzungen gegenüber den Amungme im Hochland und den Kamoro an der Küste, beides ethnische Gruppen innerhalb des indigenen Volkes der Papua, waren damals, unter dem repressiven Regime von Suharto, hinlänglich bekannt. Als Journalist zur Mine zu kommen, war noch unmöglicher gewesen als 1999 nach Ost-Timor.

Bei Recherchen war ich damals auf schwarz-weiße Luftaufnahmen der Gletscher aus den 1930er-Jahren gestoßen und bei der vertieften Gletscher-Recherche dann auf solche der NASA aus der Erdbahn (Illustration Seite 175).

Rezente Aufnahmen aus dem Netz, Gipfelblicke vom Puncak Jaya, aber auch eine aus dem Archiv von Freeport-McMoRan, machen alles klar. Das sind keine Gletscher mehr. Kare, kesselförmige, glazial ausgeräumte Becken, hatten sie auf der Schräge dieses Plateaus nie schaffen können. Aber jetzt sind da nicht einmal mehr Kappen. Da ist nur noch stagnierendes, nein, tauendes Eis. Wie an die Kante eines zerschrammten Holzpults gestrichener Kaugummi haften die schummrigen Flächen auf den Falten des Karbonatgesteins. Die neu entgletscherten Flächen stechen heraus, ockrig, unverwittert und leuchtend. Krass abgesetzt vom Gipfelgrat in der Tiefe dahinter blaue gespenstische Düsternis. Der Regenwald.

Es geht um Aussicht, Vergegenwärtigung und Vorstellung.

Wir sind im Tempel von Prae Vihar am Rand der Dângrêk-Sandsteinschwelle. Direkt darunter das Laubdach des brandanfälligen trockenen Monsunwalds.

Später, in Angkor Wat, vor den Szenen aus den indischen

Epen. Die Bas-Reliefs. Durchbohren, Hauen, Stechen, Versklaven. Zertrampeln. Marschieren. Grimassen. Zudringlichkeiten.

Ich zeige M. Albrecht Altdorfers *Alexanderschlacht* (1528/1529). Die ist mir nämlich in den Sinn gekommen auf Prae Vihar.

M. hat geahnt, der Ort ist mein Trost. Ist deshalb allein den Saum der Anlage entlanggewandelt, während ich sitzen geblieben bin auf der äußersten Tempelstufe. Habe mich auf dem Grat des Sudirmans in West-Papua gewähnt. Vor den weißen flirrenden kambodschanischen Himmel ist das dräuende Abend- oder ist es Morgengewölk der *Alexanderschlacht* gezogen. Altdorfers theatralisch beleuchteten Golf von Issos und die imaginierte Arafura-See ineinandergeblendet und den Schimmer der expressiv gemalten Gebirgsstaffeln als zur Erdrundung hin aufkämmende Variationen des Northwall-Firns gesehen.

Bei jedem erneuten Anklicken von Bildern im Netz scheint er an Masse verloren zu haben.

Gleichzeitig konkretisiert sich die Aufnahme, die ich am Sudirman-Massiv allenfalls machen würde und zu der mich das dramatisch Gelände- und Vegetationsstufen verdichtende Landschaftsprofil von Prae Vihar nur noch mehr anstachelt.

Anschaulich wie Humboldts am Beispiel des Chimborazo dargestellte *Verteilung der Pflanzen in Äquinoctialamerika nach der Höhe über dem Meeresspiegel* (1839, gezeichnet und gestochen von Georg Aikman) in einer Tafel abgebildet, würde das Papua-Schema Folgendes zeigen:

Zuoberst die Felsnadeln des Puncak Jaya. Auf dem Gipfelkamm von Sumantri, Ngga Pulu und Ngga Pilimsit die

Restvergletscherung des Northwall-Firns. Darunter von krautigen Vegetationsdecken zu Baumriesen absteigend zuerst der Hochgebirgswald, dann oberer und unterer Montanregenwald. Ab 1400 Meter der klimarelevante, letzte tropische, durch illegalen Holzschlag dezimierte Tieflandregenwald Australasiens bis hinab zur Küste der Arafura-See. Dort der Mangrovengürtel. Im Schelfmeer Seegraswiesen, Korallenriffe, Canyon-Systeme und gegen Ost-Timor hin ein Erdgasfeld vor der Erschließung.

Die Fotografie aus der Luft, um die ich ersucht hätte, hätte das Bühnenhafte der obersten Zone gezeigt.

Die Requisiten einer über alle Kipppunkte hinausgelaufenen Vorstellung. Verworfene glazial überschliffene Felsrücken. Glaziale Wülste des Northwall-Firns; auf Bildern im Netz erinnern sie zuweilen an eine hingeworfene Richterperücke. Vor, hinter oder neben den Eisflächen, was immer aus einem Hubschrauber möglich gewesen wäre, der staubüberwölkte Vortex. In Phoenix, Arizona, ich bin sicher, ist man davon ausgegangen, dass das am anderen Ende der Welt ausgebeutete Minenloch von zweieinhalb Kilometern Durchmesser und tausend Metern Tiefe mit in die Aufnahme geraten würde.

Vom unaufhaltbaren (unterdessen praktisch eingetretenen[5]) Ende des Eises auf Papua weiß ich aus Zeitungsberichten zur Notbergung von Eisbohrkernen im Juni 2010 durch die Forschungsgruppe um den Paläoklimatologen Lonnie Thompson vom Byrd Polar and Climate Research Center der Ohio State University.

Seit 1936, als der niederländische Geologe Jean Jacques Dozy im Rahmen der Carstensz-Expedition auffälliges

Gestein mit hoher Kupfer- und Magnetithaltigkeit entdeckt und dem Vorkommen den Namen ›Ertsberg‹ gegeben hat, sind achtzig Prozent des Papua-Eises verschwunden, zwei Drittel allein seit den 1970er-Jahren.[6]

1850, am Ende des Letzteiszeitlichen Maximums und zur Hochzeit der industriellen Revolution, waren schätzungsweise noch 20 km² Eis vorhanden gewesen.

Hätte es keine Absage gegeben, wäre mir für mein visuelles *»j'accuse«* noch eine Restfläche von geschätzten 2,5 km² übriggeblieben.[7]

Liegen jetzt, da der aktuelle El Niño die Eisschmelze am Rand des wärmsten aller Ozeane erneut verstärkt, die Resultate der Gletscherstudie von 2010 vor? Wenn so, geben die in den Luftbläschen der Eisbohrkerne eingeschlossenen Treibhausgase, Methan CH_4 und Kohlendioxid CO_2 und dessen Isotope Auskunft über frühere Sonnenaktivitäten? Über Wettermuster der tropischen Region, welche die El-Niño-Ereignisse produziert und das Klima vom Monsun in Indien bis zu den Dürren in Amazonien beeinflusst?

2010 hatte die Grasberg-Mine als vorgeschobene Basis des Bohrprojekts der Ohio State University fungiert. Deren Werkstätten hatten die Eisbohrer gebaut; die eigenen hatten den Zoll in Jakarta zu lange beschäftigt. Mit einem Hubschrauber des Unternehmens war die Ausrüstung auf das Eis und dessen Kerne an die Küste ausgeflogen worden.

Damals war es gut gelaufen für Freeport-McMoRan. Gold war auf einem Höchststand gewesen – ca. 39,6 USD/g (ca. 29,6 €/g). Aktuell, im Dezember 2015, liegt sein Preis tiefer. Nach 2010 hatte es für Freeport-McMoRan kritische Presse[8] gegeben. Strategische Akquisitionen im fossilen Bereich sollten die Firma von einer auf Bergbau fokussierten zu einem Bergbau- und Energieunternehmen machen.

Vor diesem Hintergrund überrascht nicht, dass die Grasberg-Mine keinen Fotografen braucht, der schwindende Gletscher als Klimaanzeiger dokumentiert.

Brauchen die indigenen Amungme Glaziogeologen und Paläoklimatologen auf dem Haupt einer animistischen Wesenheit? Die Wanderfeldbau betreibende ethnische Gruppe der Papua ist direkt betroffen vom Bergbau am Sudirman-Massiv. Seit urdenklicher Zeit kommunizieren die Amungme mit dem Massiv wie mit einem Geist. In ihrer Vorstellung sind seine einst von Gletschern ausgehobelten Täler Arme und Beine der Wesenheit. Vielleicht reichen ihre Erzählungen aber auch so weit zurück, dass nicht die Täler, sondern die darin fluktuierenden Gletscher die Glieder waren. Mit dem verbliebenen Rest des Northwall Firns wäre die Wesenheit nun eingliedrig – bis zur nächsten Eiszeit jedenfalls.

1972 hat man der Sudirman-Vergletscherung noch fünf Eismassen bescheinigt: Das Carstensz-System, bestehend aus Harrer-, Wollaston- und Van-de-Water-Gletscher, dem Southwall-Hanging-Gletscher, den West- und East-Northwall-Firnen und dem Meren-Gletscher. Einer nach dem andern hat im Lauf der Zeit die Berührung zum anderen verloren; sich nach Kappung der noch verbindenden Eisschläuche, wie aus dem Haus geworfene ungeliebte Kinder auf sich selbst gestellt, verdrückt. Mitte der 1990er-Jahre war von ihrer Peripetie nur noch Toteis geblieben und dieses in den Nullerjahren dann schließlich ganz unbemerkt verschwunden.

Glaziale Agonie vollzieht sich in Stückelung. Bevor ein Gletscher ganz gestorben ist, gibt es zunächst viele von ihm.

Thompson hatte versucht, die Befürchtung eines Dorfältesten, seine Eisbohrerei stehle die heiligen Erinnerungen, mit dem Hinweis auf deren Sicherung mittels Entnahme abzuschwächen. Dass doch drei Kerne herausgeholt werden konnten, hatte an jüngeren Stammesmitgliedern gelegen. Hatte die Älteren am Ende der Gedanke beruhigt, dass das Gedächtnis sich ohnehin nicht von der Wesenheit trennen lässt? Dass diese aber vielleicht ganz gern Stoffe fremder Erzählungen loswird?

Zum Beispiel die Tritiumablagerungen der sowjetischen und chinesischen Atomtests der 1960er-Jahre.[9]

Einmal ausgewertet, würden die Daten der Northwall-Firn-Kerne die Tendenz des sichtbar wahrnehmbaren dramatischen Eiszerfalls bestätigen. Bis auf den Fels würden es nur dreißig Meter sein. Dort würde man nicht auf das Erhoffte stoßen: Asche vom Ausbruch des Krakataus, der im Folgejahr 1884 die globale Temperatur um 1,3 °C sinken lässt, oder, viel besser, des auf einer anderen Verwerfung derselben Subduktionszone sitzenden Tambora. Statt bei dessen vulkanischer Explosion 1815 käme das Ende der Kerne schon um 1920.[10] [11] Auch in der Kyrosphäre Ozeaniens ist das Eis nicht mehr ewig. Es schmilzt an der Oberfläche und taut am Grund, wo sich der Niederschlag sammelt, der als Regen, nicht als Schnee, auf die Oberfläche des Gletschers trifft, in seine Spalten dringt und sich in warmen Kissen sammelt. Darauf gleitet das Eis auf dem Fels abwärts in noch wärmere Zonen.

Blicken die Amungme hoch zum Berg, könnten sie sich

sagen, dass mit der animistischen Wesenheit die ganze Natur den Kopf verliert.

Die Konstante in diesem Schwundprozess, die Thompson in den glazialen Relikten antreffen würde, werden El-Niño/ENSO-Ereignisse sein.

Alles andere – im Holozän das Verschwinden vor 7000 Jahren und die Regeneration vor 5000 Jahren, Fluktuationen im vorausgegangenen Pleistozän sowieso – hatte die Wesenheit ins (andauernde quartäre) Langzeitgedächtnis verschoben. Dorthin dringt keine Eisbohrerei. Dort, in den Mythen der Amungme, dürfte auch der Ursprung des indigenen Namens des Massivs liegen – Nemang Kawi.

Er könnte sich im Lauf der kognitiven Revolution (beginnend vor 70 000 Jahren) gebildet haben, als verbessertes Naturverständnis und eine strukturierte Sprache, das Uhunduni mit seinen Dialekten, die Vorfahren der Amungme im Hochland und der Kamoro im Ajkwa-Ästuar und an der Küste zur wachsenden Beherrschung der Umwelt befähigte. Diese war mehrfach geprägt von Kaltzeiten. Beringia erstarrte unter frostigem Schlamm. Das ermöglichte das Abhauen aus Asien nach Nord- und Südamerika (vor 48 500, 25 000 und 18 000 Jahren). Auf der Südhalbkugel war man zwischen den Sunda- und Sahul-Schelfen, zwischen Borneo und der Arafura-See, dank maximalen Meerestiefständen (vor 21 000 und 18 000 Jahren) von einhundertzwanzig Metern im inselig ausgesäten Land unterwegs. Dabei verlor man zwischen 23 000 und 16 000 Jahren vor Heute Fischhaken aus Muschel in einer Korallenbank vor Ost-Timor.[12]

Agierte bei der Migration auf der Südhalbkugel der Nemang Kawi als orographischer Richtungsweiser? Seine etymologische Bedeutung ist ›Weißer‹ oder ›Heiliger Pfeil‹, aber auch ›befriedender Pfeil‹. War er die die Orientierung gebende Nadel eines spirituellen Kompasses? Die Pfeilspitze zur Hand. Am Horizont der pyramidale Nemang Kawi. Das könnte – wie Angkors pyramidaler Tempelberg und das perfekte Dreieck des Kailash – zusammenpassen, wenn es einer energetischen kosmologischen Verbindung bedarf zwischen Erde und Himmel.

Die Sichtung des Nemang Kawi *muss* eine emotionale Sache gewesen sein. Ob über dem azurblauen Wasser, dem gleißenden Morgendunst oder der laugrünen halbdunklen Fülle des Urwalds, ob im Sprühregen oder nach dem Tosen des Monsuns in Wolken- und Himmelslöchern.

Außer man ist auf Dienstfahrt.

Am 16. Februar 1623 setzte Jan Carstensz (oder Carstenszoon), *Commodore* der Niederländischen Ostindien-Kompagnie, im Logbuch der ›Pera‹ seinen nautischen Aufzeichnungen bezüglich der Sichtung nur eine Randbemerkung hinzu. Sie erinnert an den Eindruck, welchen das Eis und der Schnee der Cordillera Blanca bei den spanischen Chronisten hinterließen.

»Am Morgen des 16. bestimmten wir die Sonnenhöhe bei Sonnenaufgang, die wir mit 5° 6' feststellten; am Abend zuvor lag sie bei 20° 30'; die Differenz, geteilt durch zwei, ergibt 7° 42' zunehmende nordöstliche Deklination. Der Wind stand aus Nord bis Nordost; wir befanden uns in etwa 1½ Meilen Entfernung vom flachen Land, in 5 bis 6 Faden Wassertiefe über lehmigem Grund. In geschätzter Entfernung von etwa 10 Meilen im Landesinneren sahen wir ein sehr hohes Gebirge, das an vielen Stellen mit Schnee bedeckt war – was

wir für einen äußerst ungewöhnlichen Anblick hielten, da wir uns so nahe am Äquator befanden. Gegen Abend hielten wir unseren Kurs Ostsüdost entlang teilweise überspülten Landes bei 5, 4, 3 und 2 Faden Wassertiefe; an letzterer Stelle warfen wir den Anker. Wir lagen dort für fünf Stunden, während deren das Wasser um etwa 4 bis 5 Fuß anstieg. In der ersten Wache, bei Nordostwind, liefen wir in tieferes Wasser und warfen dort bei 10 Faden erneut Anker, wo wir über Nacht blieben.«[13]

Ob Carstensz' Mitteilung den Rat der Niederländischen Ostindien-Kompanie in Batavia, heute Jakarta, in Erstaunen versetzt hatte? In Amsterdam jedenfalls wurde sie von Hendrik Hondius (1597–1651) in der handkolorierten Karte *India quae Orientalis dicitur, et insulae adiacentes* (1639) aufgegriffen. Die langgezogene Landmasse, weder Insel noch Halbinsel, die aus der vermuteten Nordküste Australiens in der unteren rechten Ecke in den bekannten indonesischen Archipel vorspringt, trägt die Beschreibung »Terra d'os Papous a Iacobo le Maire dicta Nova Guinea«. Darunter platziert sind ein Gebirgszug und der Vermerk »Snee bergh«. Das Werk enthält ein zum Zeitpunkt des Erscheinens geografisches Novum der Niederländischen Besitzungen in der östlichen Hemisphäre.

Doch der ›Schneeberg‹ kommt mit einer Frage. Warum ist sein Rücken dunkelbraun schraffiert?

Hätte Hondius auf einer revidierten Version der Karte den »Snee bergh« geweißt?

1641 wird Hondius den Schneeberg auf der *Nova Totius Terrarum orbis Geographica ac Hydrographica Tabula* weglassen. Auf dieser Karte geht es ums Ganze. Beginnt mit ihr das Verschwinden und Vergessen der Gletscher Papuas?

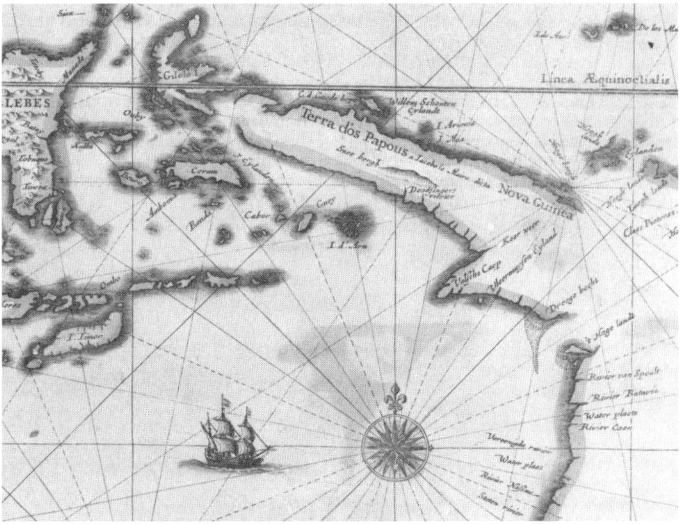

Der »Snee bergh« auf Papua. Hendrik Hondius (1597–1651), *India quae Orientalis dicitur, et insulae adiacentes,* 1639 (Detail).

Zu dem Zeitpunkt war Carstensz bereits nicht mehr auffindbar. Wo im ausbeuterischen Handelsbetrieb der ›Beiden Indien‹ war er ein letztes Mal gesehen worden? Seine Eintragungen im Logbuch der ›Pera‹ hatten mit dem Auslaufen von Ambon am 21. Januar 1623 in die Arafura-See und den australischen Carpenteria-Golf begonnen und hatten geendet mit der Rückkehr des Schiffs am 8. Juni desselben Jahres nach Ambon. Mehr weiß man von ihm nicht. Vom ersten namentlich bekannten Europäer, der schriftlich auf die Kryosphäre Ozeaniens hingewiesen hatte, kennt man weder Geburts- noch Todesjahr.

Fünf Monate Logbuch anstelle einer Biografie – nicht unähnlich der Momentaufnahme aus der Geschichte des Papua-Eises in den an beiden Enden tauversehrten Northwall-Firn-Bohrkernen von 2010.

Hätte Hendrik Hondius in seinem Werk von 1639 Jan Carstensz (oder Carstenszoon) ähnlich Referenz erwiesen wie Jacob Le Maire, 1585 in Antwerpen geboren und 1616, nach der ersten Umfahrung von Cap Hoorn an der äußersten Spitze Südamerikas und der Durchquerung des Pazifik als Gefangener der Niederländischen Ostindien-Kompanie auf See zwischen Batavia und Amsterdam verstorben, dann hätte unter »Terra d'os Papous a Iacobo le Maire dicta Nova Guinea« und dem »Snee bergh« etwa stehen können »Mons niveus a Ioanni Carstenszoonio recognitus«.

*

Angkor war, als sich das alles zugetragen hatte, bereits ein Tributstaat von Annam.

Das Reich kontrollierte das heutige zentrale Vietnam – die Landesteile, welchen der aktuelle El Niño offenbar nur unterdurchschnittliche Regenmengen beschert. Das Delta des Mekong scheint noch geringere zu erhalten. Ungehindert findet Salzwasser aus dem Südchinesischen Meer seine Wege ins absinkende Reisland.

Papua-Neuguinea erlebt derzeit die schlimmste Dürre seit achtzehn Jahren. Im Ostteil der Insel finden sich Flussläufe ohne Wasser. Frost dezimiert den dörflichen Gartenbau. Nahrungsmittelunsicherheit greift um sich. Könnte sich wiederholen, was vom Extrem 1997/1998 in Erinnerung lebendig geblieben ist? Damals suchten gleichzeitig

El Niño und La Niña, die zwischen zwei ENSO-Ereignissen liegende kühle Zwischenphase, Papua-Neuguinea heim. Ersterer brachte Dürren, Letztere durch verstärktes *Upwelling* in Peru und Passatwinde Überschwemmungen. Die Goldmine von Porgero musste schließen. Waldbrände wüteten im Westen. Hochlandfrost zwang Tausende Indigener zum Treck an die Küste, wo interethnische Gewalt eskalierte.

Wie in Südostasien und im Archipel ist man jetzt auch auf der gegenüberliegenden Seite des Pazifik in Ecuador, Kolumbien und Peru besorgt.

1802 waren Alexander von Humboldt die Meeresoberflächentemperaturen bei Lima kühl erschienen – schließlich war man nicht weit vom Äquator!

Nach seiner fünften Überquerung der Kordilleren im Lauf der *Reise in die Äquinoktialgegenden des Neuen Kontinents,* sie dauerte von Juni 1799 bis August 1804, und erstmals am Pazifik hatte Humboldt in Peru Gelegenheit zur Befassung mit der ihm aus der *Historia natural y moral de las Indias* (1590) von José de Acosta (1539/40–1599/1600) bekannten auffälligen kalten Küstenströmung, die bald unter seinem Namen in die Wissenschaft eingehen würde. Dabei war das Wasser noch verhältnismäßig warm gewesen. Oder wahrscheinlich zumindest weniger kalt als im Folgejahr 1803, da intensives *Upwelling* von nährstoffreichem, das Planktonwachstum beförderndem Tiefenwasser an die Meeresoberfläche einsetzte und die Strömung für länger reiche Erträge an Anchovis und Sardinen garantierte.

Wenn bis heute manche Unklarheiten darüber bestehen, wie wenig oder wie viel die ENSO zur Erderwärmung beiträgt, weiß man immerhin, dass sie nach dem Zyklus der Jahreszeiten die bedeutsamste Ursache globaler Klimaschwankungen ist. Sie ist das am häufigsten auftretende und wahrnehmbarste Klimasignal. Das Phänomen kann ein Viertel der Erdbevölkerung auf fünf Kontinenten bedrohen, indem es die üblichen Wetterverhältnisse in das Gegenteil verkehrt. Australiens Norden, Indonesien, die Philippinen und der indische Subkontinent trocknen, Äquatorialafrika und das südliche Nordamerika werden feuchter, während Japans Winter sich erwärmen. Amazoniens Trockenzeiten werden länger, intensiver, die Waldbrandgefahr erhöht sich. Das Becken verwandelt sich von einer klimafreundlichen CO_2-Senke in eine die Erderwärmung verstärkende CO_2-Quelle.

Auf eine erste Spur des El-Niño/ENSO-Phänomens, aber ohne es als solches erkannt zu haben, war man während dem großen El Niño 1790/1791 und der Dürren in Madras und Bengalen gestoßen. Ab 1880 begann man sich für historische Verbindungen zwischen Hunger, Nahrungsversorgung und Klima zu interessieren und die fatalen Auswirkungen der kolonialen, im Gegensatz zu ausdifferenzierten Agrarpraktiken wie auf West-Papua stehenden in Britisch-Indien und Niederländisch-Ostindien eingeführten Monokulturen als Dürreursachen zu verstehen. Dann glaubte man, Dürrevorboten zu erkennen in den variierenden Schneemengen im Hochland Tibets und in der unterschiedlichen Abkühlung und Aufheizung des Himalayas, Antreibern des Monsuns gegenüber dem Indischen Ozean.

Kein menschliches Auge kann Zeuge des Ausbruchs der El Niño/ENSO sein, nicht nur weil ihre Impulse im kaum bewohnten Stillen Ozean liegen. Aber manches Chaos, eingeschlossen Krieg, beim Aufstieg und Fall der alten Kulturen von Ägypten über China bis nach Peru bezeugt die Verheerungen des meteorologischen Ereignises.

Haben wir erst von Kambodscha in den Archipel Indonesien gewechselt, wird uns der El Niño auf dem weiteren Weg nach Peru bringen, in östlicher Richtung vom einen ›Beider Indien‹ ins andere.

Beider Regionen Geschichte verknüpft die Lasterspur der europäischen Seefahrerstaaten und die Nachwirkungen ihrer globalen Machtpolitik. Beider Regionen Klima verbinden die über Kontinente hinwegwirkenden, von ENSO-Impulsen generierten und Telekonnektionen genannten Störungen der Hoch- und Tiefdrucksysteme. Ab dem Zeitalter der Wissenschaft tragen dann die neuen technischen Errungenschaften zur Erwärmung des Klimas bei.

Anhand des Gletschersterbens lässt sich die ganze Welt erzählen, wie in den glazialen Katastrophen individuelles und kollektives Schicksal.[14]

In Indonesien gibt es einen solchen Schauplatz – den Tambora. Die Eiskerne des Northwall-Firns hatten dessen Aschepartikel schon nicht mehr enthalten.

Vor einem Jahrhundert, am 10. April 1815, veränderte die Explosion dieses Stratovulkans mit einer maximalen Eruptionssäulenhöhe von dreiundvierzig Kilometern das globale Klima für Jahre. Der Auswurf grober Asche fiel mit dem Regen auf die Erde zurück. Die in die Stratosphäre emittierten sechzig bis achtzig Megatonnen Schwefeldioxid (SO_2) umkreisten innert zwei Wochen die Erde um die Tropen. Nach acht Wochen war das Material zu Schwefelsäure (H_2SO_4) oxidiert, welche zu Sulfataerosolen kondensierte. Die Winde der äquatorialen unteren Stratosphäre trieben die Wolke feinster Tröpfchen langsam polwärts, die die Sonnenstrahlung reflektierten. 1816 trübte sie die nördliche Hemisphäre.

Das ›Jahr ohne Sommer‹ kam mit den existentiellen Herausforderungen der letzten globalen Subsistenzkrise der vorindustriellen Zeit.

In der Schweiz schnitt man Dinkel und Hafer unreif, um dem Frost vorzubeugen. Heu für das Vieh wurde knapp. Die Menschen aßen Gras. Die poetische Melancholie von Lord Byrons Held Harold[15] gedieh angesichts der Alpen *»schneeverhüllter Skalpen«* und der Lawinen *»Donnerstrahl von Schnee«*. Dem weltmüden Schildknecht alias Lord Byron ragte durch *»Dämmerflor« »des Juras finstrer Kamm«* entgegen, von wo an das Gestade des Genfersee, der sturmgepeitscht glänzte wie ein phosphoreszierendes Meer, die von den Einheimischen ›Joran‹ genannten kalten Winde niederfuhren.

62
But these recede. Above me are the Alps,
The palaces of Nature, whose vast walls
Have pinnacled in clouds their snowy scalps,
And throned Eternity in icy halls
Of cold sublimity, where forms and falls
The avalanche, – the thunderbolt of snow!
All that expands the spirit, yet appals,

Gather around these summits, as to show
How Earth may pierce to Heaven, yet leave vain man below.

86
It is the hush of night, and all between
Thy margin and the mountains, dusk, yet clear,
Mellow'd and mingling, yet distinctly seen,
Save darken'd Jura,1 whose capt heights appear
Precipitously steep; and drawing near,
There breathes a living fragrance from the shore,
Of flowers yet fresh with childhood; on the ear
Drops the light drip of the suspended oar,
Or chirps the grasshopper one good-night carol more;

George Gordon Byron, *Childe Harold's Pilgrimage* (1812–1818), Canto III (1816), 62 und 86.

In den Jurafalten selbst lagen weit ins Jahr hinein schwere Schichten Schnee. Vielleicht auch am Waldhang über Neuchâtel um den ›Pierre-à-Bot‹. Den froschförmigen Erratiker hatte das Eis der Alpen während dem Letzteiszeitlichen Maximum dort abgesetzt; in diesem vulkanischen Winter 1816 wuchs es wieder.

Der Gletschervorstoß würde der zweitletzte der Kleinen Eiszeit sein.

Es ist dann nicht der Kraterrand des Tambora auf Sumbawa, den wir in Indonesien erklimmen, sondern ein vulkanischer Höcker in einer alten Caldera auf Bali.

Die Insel wartet seit dem November auf den Monsun. Zieht er erst im Januar und mit weniger Niederschlag durch den Archipel, drückt das auf die Landwirtschaft.

Zeit, Freeport-McMoRans Absage zu beantworten. Die Frage zu stellen, ob das Recht, Fotografen Erlaubnis für Aufnahmen eines Gletschers zu erteilen oder abzusprechen, Teil der Vereinbarungen zwischen der Grasberg-Mine und der Regierung in Jakarta sei. Anzufügen, dass die Vorstellung schwerfiele, das Unternehmen könnte völlig indifferent gegenüber dem Zustand der Gletscher am Puncak Jaya sein. Abschließend die vielleicht überspitzte Erwägung anzufügen, ob Freeport-McMoRan die vorgängig ins Feld geführten *»gegenwärtigen Ziele«* losgelöst von einem lebenswerten Planeten und damit von der Zukunft der Kinder seiner Manager und Angestellten sähe. Die Rückmeldung kommt umgehend. Nein, man habe kein Recht, die fotografische Abbildung der Gletscher zu ermöglichen oder zu untersagen; es benötige dazu also keine Bewilligung des Unternehmens. Die Antwort sei nur gewesen, dass man in diesem Moment einfach kein Interesse daran habe, meinem Projekt irgendwelche Unterstützung zu gewähren. [16]

Ich lese, was ich weiß.

Die Mine versperrt den Aufstieg zum Yellow-Valley am Fuß des Puncak Jaya und seiner Nebengipfel mit dem Northwall-Firn. Unbefugten ist das Betreten des Geländes aus Gründen ihrer eigenen Sicherheit verboten.

Das Unternehmen hat sich des Sudirman-Massivs sozusagen widerrechtlich bemächtigt. Wie am ›Ertsberg‹ mit dem Kupferabbau ignoriert es seit 1990 die Rechte der Natur. Indem es das 1988 entdeckte Goldvorkommen am Grasberg als Rohstofflager, Verwertungsquelle und Abfalldeponie nutzt, missbraucht es die ökologischen Eigentumsrechte, die das Massiv als nichtmenschliche Entität (und animistische Wesenseinheit) besitzt. Denn der Nemang Kawi gehört zunächst sich selbst; er könnte gar zur juristischen Person erklärt werden.[17] Von Wertvorstellungen entkoppelt, ist er ein unantastbares Subjekt und Träger nachhaltiger Rechte an seinen Gütern. Indem Freeport-McMoRan dem Nemang Kawi seine Ressourcen stiehlt, ihn durch Flussentsorgung und andere Lasten mit irreversiblen Langzeitumweltschäden beerbt, behindert oder verunmöglicht es ihm, den aus seinen Eigentumsrechten ableitbaren Verbindlichkeiten zum Schutz und Erhalt seiner Ökosphäre nachzukommen. Eine Pflicht, bei welcher dem Gletscher als Teil des Haushaltssystems die Aufgabe zukommt, den von bedrohten Arten belebten Regenwald am Leben zu erhalten und seine Temperaturen zu regulieren.

Betriebswirtschaftlich hat Freeport-McMoRan also Interesse daran, dass der Northwall-Firn verschwindet. Rendite wirft er keine ab – im Gegenteil. Zusammen mit mehr und mehr eiszersetzendem Niederschlag trifft die Gletscherschmelze mit hohem Druck und Volumen auf die Bereiche des untertägigen Abbaus. Gegen Gebirgsschläge werden die Schächte und Stollen nur durch vor Ort hergestellten dehnbaren Spritzbeton gesichert.

Im Konflikt um den beanspruchten Berg erhalten die Amungme und Kamoro, die natürlichen Hüter seiner Gletscher, nur der Northwall-Firn ist noch übrig, statt der uralten, wie ein Pfeil vom Nemang Kawi ausgesandten Lebenskraft nur sauren Haldenabfluss, täglich zwischen hundert- und hundertfünfzigtausend Tonnen, *Tailings,* ins Ahnenland geschwemmt. Fünfzig Millionen Tonnen im Jahr. Toxischer Schlamm, der den Ajkwa-Fluss in einen trüben sandigen Brei verwandelt und einst produktive Mangroven, Ästuare und marine Habitate zerstört. Aber eben auch kostbarer Schlamm. In mobilen Camps folgen ihm die Amungme und Kamoro, unterdessen zu Tausenden Goldwäscher geworden, aus dem Hochland hinab zur Küste. In Pfannen waschen sie Grobpartikel aus dem Brei. Den feinsten Staubglanz fangen sie auf in dunkel verfärbten Teppichmatten ursprünglich religiöser Verwendung.

*

Inzwischen hat uns Lonnie Thompson mit Glaziogeologen vom Instituto Nacional de Investigación en Glaciares y Ecosistemas de Montaña (INAIGEM) in Huaraz in der Cordillera Blanca und ihren Ausrüstern bekannt gemacht. Die Peruaner haben ihn gerade im Qilian-Gebirge auf dem Tibet-Qinghai-Plateau bei Bohrungen auf der Dunde-Eiskappe unterstützt. In Peru arbeiten sie mit Thompson, seit er in den 1970er-Jahren in der Cordillera Oriental die Entnahme von Eiskernen der Quelccaya-Kappe aufgenommen hatte.

Bei Eiskernanalysen der Quelccaya-Kappe hatte man die chronologische Korrelation der erhöhten Blei- und Quecksilberkonzentration mit dem von den Spaniern im bolivianischen Potosí eingeführten Amalgamationsverfahren zur Produktionssteigerung des iberoamerikanischen Silbers festgestellt.

Anders gesagt – während ab Mitte des 16. Jahrhunderts im Vizekönigreich der rentablere Gewinnungsprozess von Silber Spurenstoffe an die Atmosphäre emittiert und Luftverfrachtung die Partikel in der Kryosphäre der Anden abgesetzt hatte, war der Export des iberoamerika-

NASA Astronaut Photograph (ID: ISSO11-E-9620), *Sudirman-Gebirge mit der Grasberg Gold- und Kupfermine,* rechts davon das Yellow Valley und die 2025 fast verschwundene Vergletscherung. West-Papua, Indonesien. 25. Juni 2005, 23:10:05 GMT. Mittelpunkt der Aufnahme: 4.1° S / 137.1° O. Höhe über Grund 354 Kilometer.

nischen Silbers in Form brotförmiger Laibe, Barren und Münzen, vor allem solche zum Nennwert von 8 *reales, reales de a ocho,* das einzige Mittel zum Ausgleich des aufgrund ungeheurer Importmengen von Seide und Tee massiven Handelsbilanzdefizits Europas gegenüber China geworden. Da Chinas Münzenwesen aber nicht auf Gold oder Silber, sondern seit den Spatenmünzen der Zhou-Dynastie, also seit fast schon 2500 Jahren, auf Bronze basiert hatte, war das auf legalen und illegalen See- und Landwegen über beide Hemisphären ins Reich der Mitte gelangte Material dort zum Objekt größter Begierde geworden. In seiner *Erörterung über das Silber* (*Arbitrio sobre la plata,* 1621) hatte der portugiesische Kaufmann Gomes Salis dafür ein sprechendes Bild gefunden – *»Das Silber irrt auf seinen Wanderungen durch die ganze Welt, um dann in China zu enden, wo es wie in seinem natürlichen Zentrum bleibt«*. Nur eben nicht als Geld im Umlauf, sondern gehandelt als Ware. Laibe und Barren hatte man einfach tranchiert, *reales de a ocho* an- oder zerschnitten, so dass die Gewichtsteile gegebenen Preisen entsprochen hatten.

Eine leidenschaftliche Fernbeziehung.

In der geografischen Reichweite vergleichbar mit den atmosphärischen Fernwirkungen, die Thompson nun wieder nach China gebracht haben.[18]

Obwohl die Dunde-Kappe nördlich des Äquators liegt und die Quelccaya-Kappe südlich davon, verzeichnen beide Eisflächen zwischen 1610 und 1980 ähnliche Zuwachsraten. Gemeinsam ist der geteilten Tendenz die Synchronizität von Wetteranomalien in China und Peru und der transpazifische Transport der in den Eiskernen beider Orte nachweisbaren und abgleichbaren Aerosole, die mit El-Niño-ENSO-Ereignissen in Verbindung stehen.

Nun sollen die fast hundertvierzig Meter langen Dunde-Kerne und die darin eingeschlossenen Staubablagerungen aus der Hochwüste des Qaidam-Beckens Einblick in Klima- und Umweltbedingungen im Spätglazial bis zum Übergang ins Holozän erbringen. Frühere Analysen von Dunde-Kernen hatten gezeigt, dass große plötzliche punktuelle Staubereignisse das Strahlungsgleichgewicht auf dem Plateaugletscher beeinflusst hatten, aber auch dass unter heutigen klimatischen Bedingungen Albedo-Änderungen infolge variierender Schneebedeckung in Eurasien das globale Klima beeinflussen, besonders das Monsunsystem des Indischen Subkontinents und die El-Niño-Südoszillation.

Eine Periode wiederum von sechs Jahrzehnten, die zu den wärmsten der letzten 40 000 Jahre gezählt und sonst nur für das Holozän-Maximum vor 6000 bis 8000 Jahren gemessen wurde, war interpretiert worden als erstes eindeutiges Signal des anthropogenen Klimawandels in Innerasien mit jeweils größter Erwärmung in den 1940er-, 1950er- und 1980er-Jahren.

Hatte ich am 20. Dezember 1987 am Ufer des Qinghai Hu, des ›Blauen Sees‹ auf dem Tibet-Qinghai-Plateau, also ohne es zu wissen auf Auswirkungen des Klimawandels geblickt?[19] War der eiserstarrte Wellenschlag, hinter dem der See als unerhört tiefblauer Strich wie jenseits einer Barriere gelegen hatte, der Beginn des normalen oder eines verzögerten Gefrier- und Auftauzyklus gewesen? Dass das Gewässer aus Ansammlungen von Gletschern des Pleistozäns – das Wasser des größten abflusslosen Sees in Hochasien ist salzig, weil im Prozess der Verdunstung Mineralien gelöst werden – zuweilen dünneres Eis bilden soll als früher, war mir zuvor in Xining gesagt worden. Ebenso, dass tauender Permafrost auf dem Plateau sowohl die Weidewirtschaft der nomadisierenden Tibeter gefährde als auch die Infrastrukturen der Raketenstreitkräfte der Volksbefreiungsarmee. Auf der Suche nach einem tibetischen Ausläufer der Großen Mauer[20] war ich an den Qinghai Hu gekommen, dort aber ohne Plan oder Absicht an den unsichtbaren Zaun des tausend Quadratkilometer umfassenden Geländes von Xihai geraten.

Kern des Geländes ist die geheime Neunte Akademie / Fabrik Nummer 221, Chinas erste Forschungsstation für

Atomwaffen. Errichtet 1958, dem Jahr, in dem Mao im Mai den ›Großen Sprung nach vorn‹ befohlen hatte. Bis 1962 würde dieser ›Sprung‹ sechsunddreißig Millionen Tote fordern, auch durch die größte Hungersnot der Geschichte – bei über längere Perioden idealem Wetter, aber auch mit der Dürre 1958/1959, ausgelöst vom selben El Niño, der im brasilianischen Sertão zur Migration einer Million Hungernder führte. Klimatische oder politische Ursachen? Der ENSO-Anteil an der Agrarkatstrophe des ›Großen Sprungs nach vorn‹ wird unterschiedlich eingeschätzt. Unbestritten jedoch ist der Frost, ideologischer, politischer und strategischer, der die Sowjetunion und die Volksrepublik voneinander entfremdet hatte. Ohne russische Experten war das chinesische Atomprogramm stecken geblieben. In der Provinz Gansu hatte man ohne die Moskauer Expertise beim Bau von Wassermagistralen hundertsechzig Millionen Kubikmeter Erde bewegt, acht Prozent des geplanten Volumens. Aber die Umleitung des Tao, der dem unweit des Qinghai Hu entspringenden Huangshui und dem Gelben Fluss zufließt, konnte nie auch nur ein einziges Mu, ca. sieben Aren, Land bewässern. Dann die Stahlproduktion. Dichte Erdhaufen, in denen man, wie in Krematorien, die Erde selbst ausräucherte. Schluchten oder Senken, die umliegenden Berge kahlgeschlagen wie Glatzköpfe, das Ganze schichtweise mit Holz und Erz gefüllt und als gewaltiges Feuer entfacht – die Kunst der Großschmelzöfen in den Worten von Yang Jisheng.

Hat die von der Academia Sinica mitunterstützte Analyse auf der Dunde-Kappe Partikel solcher Infernos festgestellt? Solcher Schuftereien, die hätten vorführen sollen, dass man *»nicht nur Herren der Gesellschaft [ist], sondern auch*

Herren über die Natur«[21] – und Veranlasser ihres nachhaltigen Umbaus.

*

Was die Datierung der Quelccaya-Kerne und ihre Abgleichung mit den Dunde-Kernen aber erst ermöglicht hatte, war das Ereignis, welches 1601 zum kältesten Jahr der Kleinen Eiszeit (1300–1850) machte – die Explosion des Huaynaputina im Süden Perus zwischen dem 16. Februar und dem 5. März 1600.

Vulkanasche fiel auf ein Gebiet von mindestens 300 000 Quadratkilometern. In den ersten vierundzwanzig Stunden zwanzig Zentimeter hoch auf die nächstgelegene Stadt Arequipa, wo die Dächer nicht standhielten.

»Die Stadt Arequipa: Der Vulkan explodierte und bedeckte die Stadt und ihr Verwaltungsgebiet mit Asche und Sand. Dreißig Tage lang konnte man weder Sonne, noch Mond, noch Sterne sehen. Mit der Hilfe Gottes und der Heiligen Jungfrau Maria hörte es auf, beruhigte sich.«[22]

Die dem Text beigefügte geradezu expressionistisch anmutende Illustration erinnert an Leonardos Apokalypsen. Nur dass die Voluten im Gegensatz zur Rosenlauischlucht[23] nicht wirbelndes Wasser darstellen, sondern Aschewellen und pyroklastische Ströme, und der Stadt keine Chance lassen.

Der Ausstoß wurde bis Grönland und an den Südpol getragen, wo er als Klimasignal in den Eislagen der Jahre 1599 bis 1604 gefroren blieb. Aufgrund der Schwefelwerte muss die in die Stratosphäre geschleuderte Sedimentmenge etwa fünfundsiebzig Prozent von der des Ausbruchs des Tambora 1815 betragen haben. Die Explosion des Huaynaputina, wahrscheinlich das heftigste schwefelproduzierende vulkanische Ereignis der Kleinen Eiszeit, verursachte mutmaßlich ein noch verwirrenderes weltweites Wetterchaos als jene des Tambora.

1601 war der Zürichsee über zehn Wochen vollständig zugefroren; ebenso 1608, wie auch der Boden- und vielleicht sogar der Vierwaldstättersee. Auf Venedigs Lagune standen Kioske. Bei der London Bridge war die Themse gefroren bis zum Grund, wo ein im Herbst gesunkenes Schiff mit seiner Ladung Äpfel sichtbar lag. Vögel vereisten im Flug und fielen wie Steine zur Erde. An die Straße gefroren Herden von Schweinen. Auf den Feldern Pflüger und Gespann erstarrt in eisigem Schock. Szenen des ›Great Frost‹, einer Episode in der dreihundertfünfzigjährigen genderfluiden Existenz von Virgina Woolfs *Orlando* (1928). Vom Baltikum bis Katalonien lag Europa unter Raureif und einer trüben Wolkendecke. 1620/1621 verband das Eis des Bosporus den Kontinent mit Asien. Im subtropischen Fujian war Schnee gefallen. Dem Klimadaten sammelnden Kaiser Kangxi war das nicht bewusst, als er in den *Wahrhaftigen Aufzeichnungen der Qing-Dynastie des weisen Ahnherrn, des erhabenen Kaisers Ren* (*Sheng zu Ren huang di shi lu* 聖祖仁皇帝實錄) für das Jahr 1717, das 56. Jahr seines ewig langen Himmlischen Mandats, eine vermeintlich erstmalige Wetteranomalie in den Worten festhielt, man *»höre ferner, dass es in einigen Regionen Fujians, in denen es zuvor nicht schneite, nach Ankunft unserer Großen Armee daselbst Schnee gab«*. Weniger als ein Jahrzehnt zuvor war man gemäß einer anonymen Malerei in der Fondazione Querini Stampalia, Venedig, 1709 auf der Lagune Schlittschuh gelaufen. Russland traf das sprunghafte Wetter zur ›Zeit der Wirren‹, der *Smuta* und der Bauernkriege (1598–1613), als der Missernten Sinn sich allein aus der Theologie ergab. Gegen Gottes Strich war die verbrecherisch überschattete Machtübernahme von Boris Godunow (1552–1605) gewesen, deshalb raufte er gleichermaßen Mensch und Natur.

Die Wahrnehmung schlimmer Vorkommnisse – Kriege, Seuchen und eben auch Hungersnöte infolge Klimaverschlechterung – konnte nicht separiert werden von Glaubens- und Vorstellungswelten. Bedrängten Halt und Sicherheiten des Alltags soziale und ökonomische Ungleichheit als Konsequenz von Umstürzen oder Teuerung, wuchs der Grad der Verwundbarkeit der Gesellschaften. Ab 1618 legten die scheußlichen Realitäten des Dreißigjährigen Kriegs das offen und absorbierten die Deutung solcher Vorkommnisse.

Gold und Schlamm (II).
Huandoy- und Pastoruri-Gletscher.
Cordillera Blanca. Peru 2016.

Unterwegs nach Peru. Hochsommer auf der Südhalbkugel und Weihnachtszeit in Christchurch.

Ein Erdbeben hatte die Stadt am 22. Februar 2011 getroffen. Am Tasman, einem der Gletscher des Aoraki, früher Mount Cook, war es zu einem Seeausbruch gekommen. Jetzt im Angebot Herumpaddeln unter Eisbergen oder mit dem Hubschrauber zum Champagnerfrühstück auf den Schnee.

Wir haben nichts verloren in Neuseeland.

*

Blaue Nacht über dem Pazifik.

Fluoreszenz über dem Wasser.

Ich sehe darin die nach Osten verschobenen Warmwasserfluten.

Jahreswechsel und internationale Datumsgrenze verwischen, wie Tag 126 und Tag 127 unserer Reise um die Welt.

Nördlich von Lima, entlang der Straße durch Perus Küstenwüste kilometerlang zerschlissenes Gewebe an schiefen Pfosten im Sand. Sperrwände. Dahinter hölzerne Miradore; irgendwelche Konzessionen.

Die Grenze zwischen Gischtsaum und grauen Dünen undeutlich im lichten Nebel und Niesel.

Das ist die *garúa.*

Über dieses Wüstenwunder – der feuchte Dunst ist der einzige Niederschlag hier und er entsteht, wenn kalte Luftmassen über dem Humboldtstrom sich unter wärmerer Festlandluft stauen – hatte Pedro Cieza de León (1518–1554) im ersten Teil seiner illustrierten *Crónica del Perú* (1553) geschrieben. 1533/1534 hatte er als Knabe in Sevilla die Ankunft der zum Transport schwerer Güter über den Atlantik eingesetzten *naos* mit Atahualpas Schatzresten miterlebt, war 1548 zum ›Cronista de las Indias‹ ernannt worden und gilt als ein den Inka gegenüber objektiver Augenzeuge der spanischen Eroberung. Seine Aufzeichnungen mündlicher Überlieferungen sind voll von Klimasignalen. Beunruhigend für ihn als Iberer war Schneefall zu ungewöhnlichen Jahreszeiten gewesen, der kalte Wind, der die Maisfelder zerstört, und, im Kapitel *›De los nevados y del agua que se hace dellos‹ (›Von den verschneiten Bergen und dem Wasser, das aus ihnen entsteht‹), »das Schmelzwasser, das, wenn [die Berge] Hitze oder Regenfälle heimsuchen, mit Erde und Geröll vermischt in die Täler stürzt«.*

Das ist eine Beschreibung, die auf Lawinen oder Fluten von Schlamm zutrifft – auf *huaycos*.

Der aus dem indigenen Quechua stammende Begriff, auch *wayq'u* oder *wayku,* bezeichnet noch im heutigen Spanisch Perus das gefürchtete Naturereignis.

Hatte Francisco Pizzaro von den *huaycos* gewusst, waren sie kein Grund gewesen, im November 1532 nicht ins andine Hochland vorzudringen, um Atahualpa zu ergreifen.

Auf die Nachricht vom Anlanden Fremder hatte der König der Inka so reagiert, wie es einer tut, dessen Weltsicht vom Gebirge geprägt ist. Wer die Anden beherrscht, kontrolliert auch die Küste und damit das dahinterliegende Meer. Blieben die Ankömmlinge in dessen Nähe, verdienten sie keine Befassung. Stiegen sie jedoch zu einem hoch, dann nur, um sich zu unterwerfen. Gutgläubig, ohne Informationen zur Alten Welt, wie zuvor Montezuma, befasst mit einem Bürgerkrieg, dessen Ursache in den von spanischen Handelsleuten nach Panama eingeschleppten Pocken lag, nahm er die Eindringlinge nicht ernst. Die Idee, dass sie nicht einen blitzhaften Beutezug im Sinn führen, sondern dauerhafte Besetzung wollten, lag außerhalb seiner Erfahrungswelt. Wäre es nicht Nacht geworden, wäre in der fiesen Falle keiner der 80 000 Inkakrieger am Leben geblieben. So aber hatten am 16. November 1532 in Cajamarca zweiundsechzig Kavalleristen, einhundertsechs Infanteristen, keiner beim Morden selbst zu Schaden kommend, ›nur‹ sechs- bis siebentausend Krieger Atahualpas abgeschlachtet, die angesichts von Pferden, Gewehren und stählernen Waffen geradezu paralysiert waren. Eine der grässlichsten Kollisionen der modernen Geschichte.

Das Lösegeld, das Atahualpa für seine Freilassung anbot, betrug rund 1,5 Millionen *pesos de a ocho,* Silbermünzen im Wert von ›acht Reales‹. Die Summe, errechnet aus geschätzten 6,7 Tonnen Gold und 12 Tonnen Silber, entspricht dem heutigen Edelmetallwert von ca. 480 Millionen Euro. Als es zusammen war, wurde der letzte souveräne Herrscher der Inka trotzdem in einem Scheinprozess wegen Götzenanbetung und Verschwörung angeklagt. Am 26. Juli 1533, nach seiner Taufe auf den Namen Cristobal, wurde das Urteil von Verbrennung umgewandelt in den erträglicheren Tod in der Garotte.

Die goldführenden Flüsse, die von den Inka auf fasergeflochtenen Seilbrücken überquert wurden, hatten die *conquistadores* zu den »cerros de nieve eterna«, Pedro Cieza de Leóns Berge des ewigen Schnees, hinaufgeführt.

Über die Kryosphäre im Einzugsgebiet des Amazonas hatte vor León bereits Gaspar de Carvajal (1500–1584) in seiner *Relación del nuevo descubrimiento del famoso río Grande que descubrió por muy gran ventura el capitán Francisco de Orellana* (1542–1543) berichtet. Wie seinen Nachfolgern war ihm, der Perus Kordilleren westwärts überquerte, solche Witterung in südlichen Regionen verwunderlich erschienen.

Die Kleine Eiszeit sollte Peru im Griff haben für die nächsten dreihundert Jahre. Die Winter waren schärfer als sonst und zwischen 1630 und 1680 erreichten die Gletscher maximale Längen, bemerkte Bernabé Cobo (1580–1657) in seiner *Historia del Nuevo Mundo* (ca. 1653). Aus der Kältephase herausfinden würde die Neue Welt erst um 1850.

*

Während der Kleinen Eiszeit hatten Niederschlagsmengen zwanzig bis dreißig Prozent über den gegenwärtigen das Eiswachstum der Cordillera Blanca begünstigt. Ab 1800 hatte trockenes Klima dafür gesorgt, dass im Unterschied zu mittleren und höheren Breiten nach der Mitte des 19. Jahrhunderts das Eis nicht weiter vorstieß und dass anders als in den gemäßigten Zonen der Schwund der Gletscher, gerade solcher unter 5400 Metern und ohne Nährgebiet, sich dann schon in den 1970er- und nicht erst in den 1990er-Jahren beschleunigte. Insgesamt würde sich bis zur Jahrtausendwende die Kryosphäre der Cordillera Blanca gegenüber der Kleinen Eiszeit schließlich von 850–900 km² auf unter 600 km² reduzieren.

Die um das Vierfache gestiegene Rückzugsrate, errechnet aus Massenbilanz- und Flächenfluktuationen, korreliert seit 2013 mit El-Niño-ENSO-Ereignissen und Abweichungen des jährlichen Niederschlags. Dürren der Jahre 1940/1941 und 1956–1958, in denen Perus Norden von ENSO-Ereignissen betroffen war und die winterliche Trockenheit zuweilen bis ins Frühjahr oder in den Sommer gedauert hatte, waren besonders ausgeprägt, trafen aber auch den Altiplano im Süden, obwohl dort die Niederschlagsabweichungen nicht so groß gewesen waren wie in den Kordilleren im Norden.

Wenn der Schwundtrend der Cordillera Blanca, dem stärksten vereisten Hochgebirge der Tropen, den Raten anderswo in Peru, wo siebzig Prozent aller Gletscherflächen zwischen den Wendekreisen liegen, entspricht, dann wusste man, dass der beschleunigte andine Eisverlust nicht allein der Erderwärmung, sondern auch der großen Höhenlage in Äquatornähe zuzuschreiben ist. Tendenziell instabil in diesen Breiten, erhöht aber die steile Geometrie der Gletscher zusätzlich die Gefahr von Eisabbruch in die *cochas,* die Lagunen an ihrem Zungenende.

Solche *cochas* sind das Ziel unserer Reise nach Peru.

Seit den 1940er-Jahren wächst ihre Zahl. Im Río-Santa-Tal bedrohen sie jede Stadt an den Ausgängen der Quebradas. Die aus dem Granit gehobelten trogförmigen Quertäler sind Hinterlassenschaften der enormen Eisströme, die beim Höchststand des Letzteiszeitlichen Maximums bis zum Mund des Cañón del Pato hinabdrängten. Dort, beim Aufeinandertreffen der parallelen Ketten der Cordillera Blanca und der Cordillera Negra, fast zwanzig Kilometer von den heutigen Eisrändern entfernt, häuften sie auf nur 1300 Metern über Meer Endmoränen an. Am Ende der Kaltzeit ab 15 000 Jahren vor Heute begann der stetige Rückzug der Eisströme, und nachdem sie auch die Quebradas freigegeben hatten, stießen dorthin präkeramische Kulturen vor. Ihre Gräber und Ruinen liegen nur wenige Kilometer vor den rezenten Gletscherzungen.

Niederlassung, Zerstörung und Umsiedlung sind wiederkehrende Ereignisse der Geschichte der Besiedlung im Río-Santa-Tal. Darin spiegeln sich seismische, glaziale, aber auch kombinierte Ereignisse und die Koexistenz der Bevölkerung mit den Lagunen, die hoch über dem Talboden die Moränenstaubecken aufgefüllt haben.

Noch sind diese Lagunen natürliche Versorgungsspeicher. Da infolge der Erderwärmung immer mehr Eis schmilzt, füllen sich die Lagunen immer mehr an. Zu erwartende längere künftige Trockenzeiten stellen die kontinuierliche Versorgung von Bewässerung, Bergbauindustrie und Hydroenergie aber in Frage. Die Gletscherschmelze bis zur Mitte des 20. Jahrhunderts gilt als eine frühe Auswirkung des anthropogen verursachten Klimawandels. In der Gegenwart gilt es, die Lagunen, ihre Zahl betrug 2014 neunhundertsechsundneunzig, kontinuierlich zu überwachen und bei anschwellenden Schmelzwassermengen kontrolliert abzusenken.

Sonst wiederholt sich im Río-Santa-Tal das Szenario von 1941, das direkt zur amtlichen Lagunenaufsicht und letztlich zur Gründung des Instituto Nacional de Investigación en Glaciares y Ecosistemas de Montaña (INAIGEM) in Huaraz geführt hatte.

Am Morgen des 13. Dezember jenes Jahres war eine Eismasse aus der Palcaruja-Pucaranra-Gipfelregion in die Laguna Palcacocha gestürzt. Die Springflut hatte das bereits aufgeweichte Gestein des Moränendamms und tiefer in der Quebrada Cojup auch die Abdämmung der Laguna Jiracocha durchbrochen. Dichter Staub hatte die Eis, Erde und Geröll transportierende Kaskade begleitet, nach Augenzeugenberichten kochende, schwarze Wellen. Um sechs Uhr fünfundvierzig, zwanzig Minuten nach dem Eisabbruch, hatte die Flut die 1574 von den Spaniern gegründete Stadt Huaraz erfasst und ein Drittel davon zerstört. Möglicherweise 5000 aus einer Bevölkerung von 25 000 Menschen waren umgekommen.

Vor dem Gletscherseeausbruch hatte das Volumen der Laguna Palcacocha acht bis zehn, danach noch fünf Millionen Kubikmeter betragen. Heute fasst sie das Vierunddreißigfache von 1974 – siebzehn Millionen Kubikmeter.

Damals hat man einen Abflusskanal gegraben, 2011 ein Syphonsystem. Beide Sicherheitsmaßnahmen müssen angepasst werden, doch im Wege steht die Politik.

Warnungen hat César Portocarrero vom INAIGEM schon 2009 ausgesprochen. Akzeptanz oder Toleranz gegenüber dem Risiko eines Gletscherseeausbruchs mit Murgang übersteige das Hinnehmbare, sagt er.

Warnungen hatte es auch schon in den 1930er-Jahren gegeben.

Jetzt lebt eine gegenüber dem Jahr der Zerstörung um das Fünffache gewachsene Bevölkerung in der Stadt, ein

Teil auf dem Schuttkegel von 1941. In der Gefahrenzone zuhause sind 45 000 Menschen.

*

In Bali, während der Monsun verspätet, aber letztlich doch eingetroffen ist, habe ich mich mit Google Earth virtuell in der Cordillera Blanca umgesehen und Screenshots potentieller Ziele gemacht.

Jetzt, in Huaraz im Büro des INAIGEM, von Benjamin Morales Arnao, Direktor des Instituts, und César Portocarrero sowie von Felix Benjamin Vicencio, dem Ausrüster, und Koky Castaneda, dem Bergführer, kommentiert, weiß ich, dass der türkis- bis milchigblaue, alles Heimtückische der glazialen Gewässer verbergende Effekt der Lagunen durch Lichtstreuung des vom Eis abgeschliffenen, im Schmelzwasser schwebenden, hochkonzentrierten kalkigen Gletschermehls zustande kommt. Etliche, die ich mir als Motiv vorgestellt hatte, sind für uns unerreichbar.

Am Ende ist ein halbes Dutzend Gletscher bestimmt, wo, in dieser Reihenfolge, glaziogeologische Besonderheit, physische Erreichbarkeit möglicher Aufnahmestandpunkte und ästhetisches Potential zusammentreffen.

Zunächst ist da der Huandoy-Gletscher.

Auf dem Satellitenbild ein riesiger Feldhockeyschläger. Die äußere Seite der Kelle staut die Laguna Parón, die größte der Cordillera Blanca. Beim Hineinzoomen erkennbar tal- und seeseitig steile Halden, dazwischen eine gleichmäßig breite planierte Bahn. Markiert der Saum am Inneren der Halden den Beginn von Seitenmoränen? Reicht der Gletscher überhaupt noch bis zur Lagune hinab, da Schutt

Linke und mittlere Tafel aus dem Triptychon *Huandoy-Gletscher*.
Cordillera Blanca. Peru. 5. Januar 2016.

nicht nur seine Oberfläche vollständig überdeckt, sondern auch seitlich komplett ummantelt? Schmilzt das darunter verborgene Eis schnell oder langsam, wenn gar überhaupt nicht? Je nach Dicke des aufliegenden Schutts – weil eine dünne Schicht eine geringere Albedo hat und mehr Sonnenenergie absorbiert, die an das Eis weitergegeben wird, während eine dicke, obwohl Schutt viel weniger Rückstrahlungsvermögen hat als Eis, diesem gegenüber isolierend wirkt.

Der Huandoy-Gletscher ist eine mächtige Schuttrampe, die nicht mehr strahlt.

Durch hohes Gras und Dickicht haben wir einen Steilhang erklommen und stehen auf einer Höhe, von der wir hinüber- und auf das untere Stockwerk dieses Körpers hinabschauen können. Er wirkt zum Greifen nahe. Hier, am Ausgang der Laguna Parón, ist die Quebrada genau das, was das Wort im Spanisch Lateinamerikas bedeutet – eher als eine Schlucht ein tiefer Gebirgseinschnitt.

Ein dunkel schimmernder vielflächiger Granitkörper ragt wie eine Kanzel über dem Abgrund.

Genau das müsste der Polyeder auch im Bildraum des Triptychons tun. Über den Abgrund hinweg fotografieren kann ich aber nur, wenn ich auf der Kanzel Fuß fasse.

M. hat es vorausgesehen.

Koky hält mich am Gürtel.

Das Triptychon kommt aus ohne Mittelgrund. Der Wall stößt aus dem gegenüberliegenden Eischaos der Nevados Huandoy, rammt die Ausschnitte des Polyeders, die ich zeigen kann, denn er gibt mir ja Halt, und schwingt daran vorbei ins Unbestimmbare.

Beide Objekte, Gletscher und Granit, jedes rätselhaft für sich allein, sind zueinander fremd. Auf meinem fotografischen Seziertisch verschmelzen sie in einer surrealen glaziogeologisch-geisterhaften Konstellation.

Schon beim ersten Anblick hat mich der versteinerte Gletscher an die Radierung *Rheinwald Gletscher* aus dem topografischen Werk *Die Eisgebirge des Schweizerlandes* (1760) von Gottlieb Sigmund Gruner[24] erinnert. Aber dass Albrecht Dürer mir den trunkierten Oktaeder aus dem Kupferstich *Melencolia* von 1514 zugeworfen hat, erkenne ich erst, als ich wieder vom Polyeder herunter bin.

Melancholisches Eis.

Der Huandoy-Gletscher ist auch ein Grübler im Schuttmantel. Als ›Schwarze-Galle-Gletscher‹ bringt er das Dilemma der Kryosphäre in der wärmer werdenden Welt zum Ausdruck.

Verbirgt sich das Eis aus Scham unter der Decke aus Geröll, Stäuben und Ruß, ob dünn oder dick abgelagert und talwärts transportiert, weil seine verminderte Albedo den möglichen Anteil an der Abkühlung des planetarischen Klimas nurmehr minimal vermindert? Denn im Unterschied zu Neuschnee oder einem sauberen Gletscher gibt das Eis statt neunundneunzig kaum vierzig Prozent von Licht und Wärme an die Atmosphäre zurück. Oder scheut das Eis das Licht, um die positive Rückkoppelung abzubremsen? Entschlüpfte es nämlich dem Schutt, würde es schmelzen. Die neu entgletscherte Fläche Fels würde mehr Licht und Wärme absorbieren, sich erhitzen und rundherum Tauen und Schmelzen beschleunigen und so fort. Bis die Cordil-

Johann Caspar Ulinger (1704–1768) / Adrian Zingg (1734–1816):
Der Rheinwald Gletscher im Paradies bey dem Ursprung des Hinter Rheins
(in G. S. Gruner, *Die Eisgebirge des Schweizerlandes,* 2. Teil), 1760.

lera Blanca braun und staubig ist wie die Cordillera Negra auf der Pazifikseite des Tals des Río Santa.

*

Bevor die Quebrada Parón bei Caraz in den Callejón de Huaylas mündet, durch den wir dann dem Río Santa entlang nach Yungay hinauf und heim nach Huaraz kommen, verengt sich die Schlucht zum Schlitz. Ein paar Schritte von der Straße, verdeckt im trockenen Gebüsch, eine unschuldige Spalte.

Der Ursprung der Verwerfung liegt tief im Innern der Erdkruste. Daraus hervor quoll vor neunzig bis dreißig

Millionen Jahren die Magma, aus welcher der granitische Batholithkörper der Cordillera Blanca emporwuchs. Nicht direkt Ursache des Áncash-Erdbeben, des stärksten in der Geschichte Perus im Jahr 1970, war diese Verwerfung jedoch mit dem seismischen Ereignis und seinen katastrophalen Folgen in Yungay und Ranrahirca am Nevado Huascarán, Nachbar der Nevados Huandoy, durch denselben Prozess verbunden. Das kontinuierliche Abtauchen der ozeanischen Nazca-Platte unter die Südamerikanische Platte macht den Callejón de Huaylas, der uns an den Eingang der besuchten Quebradas mit ihren Lagunen und Gletschern bringt, zur Erdbebenzone.

Aber anders als die Inseln des Indonesischen Archipels ist der Entwässerungs- und wichtigste Verkehrskorridor zwischen dem Norden und Süden Perus seit dem Pliozän wenigstens vulkanisch inaktiv.

Hier herrscht mildes Klima. Der Ortsname Yungay, in Quechua ›warmes Tal‹, sagt es.

Am Río Santa hat der Agrar-Export die ökologische Selbstversorgung verdrängt. Wir denken an die Heidelbeeren in den Regalen der Schweizer Großverteiler. Vor allem das Umland von Caraz dominieren vielschiffige Gewächshausprojekte. Nicht zufällig. Als einziges urbanes Zentrum im Tal ist die Stadt aufgrund ihrer geografischen Lage bis jetzt von andinen Heimsuchungen – Erdstößen, Gletscherseeausbrüchen und *huaycos* – verschont geblieben.

Anderswo haben solche Ereignisse Geröllrelikte zuhauf deponiert.

Liegen sie in der Nähe von eiszeitlichen Moränenständen, verweist das auf den Herd der latenten, aber schon von den Inka in Kauf genommenen Gefahr über ihren Köpfen –

auf die zwischen Gipfeln und Lagunen klebenden Hängegletscher.

Mehr als zweiundzwanzig aller zerstörerischen Naturereignisse der Cordillera Blanca seit dem frühesten aufgezeichneten vom 4. März 1702 waren nach Eissturz in Gletscherseen von diesen produzierte *huaycos* und *aluviónes* gewesen.[25] Huaraz war damals verwüstet worden, ebenso ein Vierteljahrhundert später am 6. Januar 1725, als ein glaziales Ereignis in den Nevados Huandoy mit Gletscherseeausbruch, mutmaßlich in die Laguna Parón, zudem den Ort Áncash, zwischen Caraz und Yungay, zerstört hatte. Beide Male war seismische Aktivität vorausgegangen.

Die ganz Peru umfassende Liste von Erdbeben[26] nennt eines im Januar 1533, das Hernando Pizarro, Halbbruder von Atahualpas Mörder Francisco, noch vor Erreichen des Heiligtums von Pachacamac südlich von Lima wahrgenommen hatte. Miguel de Astete, einer seiner Begleiter, war im Vorjahr bei der Durchquerung der Cordillera Blanca der Erste gewesen, der Gletscher in Peru notiert hatte.[27] Davor nennen die Chroniken zwischen 1513 bis 1515 Erdstöße mit gewaltigen Erdrutschen.

Zeitgleich mit Beben sahen die indigenen Bewohner der Küste Wellenschlag hinter der normalen Uferlinie.

Wie auskunftsbereit waren die Bewohner der Kordilleren gewesen, um deren selbstbestimmende Gesinnung die *conquistadores* gewusst hatten?

Und von welchen Geschehnissen in der Cordillera Blanca vor der *conquista* hätte man Kenntnis, wäre die Knotenschrift (spanisch *quipu;* Quechua *khipu*) der Inka nicht zunächst verwaltungstechnischer Zahlenspeicher, sondern auch eine geophysikalische Datenerfassung? Könnte es sein, dass die Knotenschnüre, die von der Hauptschnur abgehen wie Rutschspuren von Steinen auf einem Firnfeld, als Informationsträger andine Klimasignale enthalten? Hinweise auf paläoklimatologisch bestätigte Mega-El-Niños wie die Chimú-Flut um 1100 mit epischen Dürren und Bränden in Amazonien und Überschwemmungen an Perus Küste? Oder gar auf die mit Radiokarbonmethoden bestätigten noch früheren Ereignisse um 1500, 1000, 700 und 500 Jahren vor Heute?

Die spanischen Chroniken sind prall von politischen und militärischen Ereignissen des 16. und frühen 17. Jahrhunderts und Überlieferungen von Mythen, Genealogien und Historie. Wenden sie sich der Umwelt zu, erschwert diese immer das Leben: Erdrutsche, Eis-, Geröll- und Schlammlawinen und zerstörerische Fluten.

Wenn es heißer wird, stark regnet und der Schnee schmilzt in den ewig verschneiten Bergen, stürzen Wassermassen schnell und vermischt mit Erde und Steinen zu Tal. Diese Fluten zerstören Felder und Häuser und die Indios fürchten sie, denn sie glauben, es sind Zeichen der Götter.[28]

Bei viel Regen und starker Sonne entfesseln die weißen, ewig schneebedeckten Berge Fluten aus Wasser, Schlamm und Steinen. Diese Ströme zerstören Felder und Häuser und bringen großes Leid über die Dörfer. Die Inka brachten Opfer dar, um die Geister zu besänftigen und diese Katastrophen abzuwenden.[29]

Welche Details verbergen sich hinter solchen Passagen? Was hatten die indigenen Informanten jeweils übersetzt?

Hatten schon die Befragten Dinge zurückbehalten, verzerrt oder dazuerfunden? Zur Abschreckung? Aus Furcht? Ein bestimmtes Ritual preiszugeben, hätte den Unmut der Götter erregen können, wo doch explizit ihr Schutz gegen die Mächte der Natur erbeten worden war. Und wie hatte der aus der Heimat mitgebrachte Wissensballast die Fragen der *conquistadores* vorbestimmt und geformt?

Übersetzer, gerade übereifrige, können die Auskunft einer befragten Person auf das zuschneiden, was hören zu wollen sie dem interessierten Fremden unterstellen.

Jetzt, in der Cordillera Blanca, sprechen wir im Wesentlichen immer vom selben – von glaziologischen Prozessen –, und in der Drittsprache Englisch. M. versteht zwar Spanisch, aber mit Koky spricht sie lieber in Französisch und über die Dinge des Lebens als über das Sterben der Gletscher. Koky und Felix kennen hier jede Lagune, jede Moräne. An der Nevada Ishinca ist Felix abseits des Pfads verdächtigen Abflussrinnen nachgegangen. An einem anderen Tag hat Koky auf einen Sechstausender gezeigt, an dessen Eisgrat er mit einem Toten biwakiert hatte. Die äquatoriale Kryosphäre der Anden hat ihre Eigenheiten. Im Vergleich dazu nehmen sich schweizerische Verhältnisse bescheiden aus. Umso seltsamer, dass gerade eines der auffälligsten Merkmale, die überbordenden Firnhauben, in der Literatur auch als ›Swiss Rolls‹ bezeichnet werden, Rouladen aus weißer Schokolade und gefestigtem Schlagrahm.

Ein zusätzlicher Begleiter ist mir Alexander von Humboldt. Ohne ihn, der die spanischen Chronisten im Original las, geht es in Südamerika für mich, der ich erstmals auf diesem Kontinent bin, nicht.

Im *Versuch den Gipfel des Chimborazo zu ersteigen* (1853) stieß der mit barometrischen und trigonometrischen Höhenbestimmungen beschäftigte Humboldt in ungeheure, nebelverhüllte Zonen vor. »*[N]ur einige Steinflechten waren uns bis über die Grenze des ewigen Schnees gefolgt.*« Im andinen Niemandsland ist es »*ein eigener Charakter aller Excursionen [...], daß oberhalb der ewigen Schneegrenze weiße Menschen sich dort in den erdenklichsten Lagen stets ohne Führer, ja ohne alle Kenntniß der Oertlichkeit befinden. Man ist hier überall zuerst.*« Als Atemnot, Erbrechen und Schwindel einsetzen, bezieht Humboldt sich auf den Chronisten. Die spanischen Krieger »*kamen bei der Eroberung der Aequinoctial-Regionen von Amerika (während der Conquista) nicht über die untere Grenze des ewigen Schnees, also wenig über die Höhe des Montblanc hinaus; und doch spricht schon Acosta in seiner Historia natural y moral de las Indias [...] umständlich von ›Ueblichkeiten und Magenkrampf‹ als schmerzhaften Symptomen der Bergkrankheit, welche darin der Seekrankheit analog ist*«. [30]

Humboldt stützt sich auf José de Acosta, der die Höhenkrankheit als Erster beschrieben hatte und die nach ihm auch d'Acosta-Krankheit genannt wird. Dem Jesuiten und seinen Gefährten hatte auf dem Pass am Rand des perpetuierlichen Schnees des Nevado Pariacaca in der peruanischen Westkordillere nur noch die Beichte Hoffnung versprochen.

»*In Peru gibt es ein sehr hohes Gebirge mit dem Namen Pariacaca. Ich hatte von der Veränderung, die es verursachte, gehört und war so gut vorbereitet, wie ich nur konnte. [...] Und trotz all meiner Vorbereitung, als ich die sogenannten Treppen hinaufstieg, die höchste Stelle jenes*

Gebirges, überkam mich fast plötzlich eine so tödliche Beklemmung, dass ich daran dachte, mich von meinem Reittier auf den Boden zu werfen. Da wir zwar zu vielen waren, aber jeder in Eile ging, ohne auf die Gefährten zu warten, um möglichst schnell der misslichen Lage zu entrinnen, war ich auf einmal nur noch mit einem Indianer zusammen, den ich bat, mir beizustehen, auf dem Tier zu bleiben. Da kam sofort viel Würgereiz und Erbrechen, dass ich dachte, meine Seele würde den Körper verlassen; auf Essen und Schleim kam Übelkeit und noch mehr Übelkeit, dann gelbes und grünes Brechen, bis ich schließlich Blut spuckte, so heftig war das, was mein Magen fühlte.

Anfügen will ich, dass, hätte das Ganze länger gedauert, ich geglaubt hätte, der Tod stünde mir tatsächlich bevor; doch es dauerte nur etwa drei oder vier Stunden, bis wir weit hinabgestiegen waren und in ein gemäßigteres Klima gelangten, wo alle Gefährten, etwa vierzehn oder fünfzehn, sehr erschöpft waren. Einige baten, während sie gingen, um die Beichte, fest überzeugt, wirklich zu sterben. Andere waren im Abstieg durch Erbrechen und Magenkrämpfe völlig erschöpft; einigen erzählte man, dass sie bei dieser Begebenheit fast das Leben verloren hätten. Einen sah ich auf dem Boden liegen, schreiend vor heftigem Schmerz, den ihm der Aufstieg über den Pariacaca verursacht hatte. Gewöhnlich jedoch richtet es keinen ernsthaften Schaden an, sondern lediglich jenes quälende Unwohlsein und die peinlichen Beschwerden, die man in diesem Zustand empfindet.«[31]

*

Auf dem Hinweg zur Laguna Parón und ihrem versteinerten Gletscher haben wir in Yungay gegenüber vom Memorial des Áncash-Erdbebens angehalten und den Nevado Huascarán betrachtet.

Hatte uns die Quechua, der wir gerade begegnet waren, etwas erzählen wollen?

Felix und Koky haben ihr keine Beachtung geschenkt.

Die alte Frau ist unversehens bei der grell bemalten Zementmuttergottes aufgetaucht, hat sich, die Hände auf dem Knauf des hölzernen Stocks, kurz vor mich hingestellt, als wollte sie fotografiert werden. Die Krempe des ungeschmückten Filzhuts hat ihr Gesicht verschattet; dennoch habe ich eine Aufnahme gemacht. Sie ist dann um die hohen Feigenkakteen gehuscht und an Agaven vorbei, die noch Jahrzehnte trennen von der Jahrhundertblüte, die Böschung zur Straße abgestiegen und auf dem Staubstreifen neben der Fahrbahn weggelaufen.

In der Westflanke des Nordgipfels, mit 6768 Metern höchster Punkt der Cordillera Blanca, ist das gelblich angewitterte graue Trapez deutlich hervorgetreten. Folge eines Hiebs des schwersten bekannten Erdbebens in der Geschichte Südamerikas, als am Berg innert Sekunden geschah, was sonst Dutzende von Jahren, wenn nicht Jahrhunderte beansprucht. Sechzehn Kilometer sind es von der zwischen 5600 und 6200 Metern liegenden Zone des simultanen Abbruchs einer Fels- und Eisfläche von 600 000 Quadratmetern zur Talsohle auf 2400 Metern. Dreieinhalb Minuten vergingen vom explosionsartigen Knall unter der Firnhaube des Gipfels bis zur Zerstörung an seinem Fuß.

Eine abgesprengte Masse von fünfzig bis hundert Millionen Kubikmeter war in freiem Fall fast vertikal vier- bis neunhundert Meter auf den mit einer Neigung von zwanzig bis siebzig Grad hängenden Gletscher 511 gestürzt und hatte beim Aufprall mit einer Geschwindigkeit von fast einhundert Stundenkilometern die meiste kinetische

Energie auf diesen übertragen. Was dabei an Energie verloren gegangen war, hatten die Beschleunigung beim drei Kilometer langen Rutsch auf dem zum Ende der Nasszeit regengetränkten Gletscher, das Reibungsschmelze produzierende Eigengewicht von Eis und Schnee und die Bildung von Schmiermittel an den Flächen größten Drucks wettgemacht. Alles unterstützt von Temperaturen um 15 °C in fast 4000 Metern. Mit knapp Unterschallgeschwindigkeit waren Eis und Fels in den Trichter der letzteiszeitlichen Seitenmoränen unter der Stirn von Gletscher 511 gerast, hatten ihn auf dem Weg in die Quebrada Armapampa angefüllt und überschossen, bevor die nun mit Moränenmaterial, aufgelöstem Erdreich und entwurzelten Bäumen angereicherte Mure weiter talwärts vom Cerro de Aira zweigeteilt wurde. Diesen zweihundertdreißig Meter hohen Hügel hatte der rechte Strom übersprungen und das nun schutzlose Yungang geflutet. Der linke Hauptstrom war über Ranrahirca gekommen. Am Schattenhang der Cordillera Negra – sie liegt der Cordillera Blanca gegenüber – zuerst hinaufbrandend, hatte er im Zurückebben ins Tal den Río Santa zu einem zwei Kilometer langen Gewässer gestaut. Erst nach Tagen hatte der Fluss Kanäle durch den Schuttkegel gegraben und den Weg hinab zum Pazifik wiedergefunden.

Jahre nach unserer Reise lese ich Analysen[32] zur Kaskade der Ereignisse vom 31. Mai 1970 am Huascarán. Deren Mechanik überfordert jede Vorstellungskraft.

Aspekte des Geschehens werden anschaulich, die Formel $v = \sqrt{2gh}$ zum Bild, wenn die Scheitelhöhe der Mure, die den Cerro de Aira überrollte, in der Literatur mit einem

»zehnstöckigen Bauwerk« verglichen wird. Die dazu notwendige Geschwindigkeit musste also die vorausgesetzte von zweihundert Stundenkilometern übertroffen haben, mit der die Mure sich lediglich am natürlichen Hügelrücken aufgestockt hätte – vorausgesetzt eine transportierte Schutthöhe von siebzig Metern, reibungsfreie Strömung und vollständige Umwandlung der gesamten kinetischen Energie ($\frac{1}{2} mv^2$) in potentielle Energie (mgh).

Unerzählt bleibt hinter solchen geologischen Vorgängen die persönliche Erschütterung von Augenzeugen aus dem Häuflein der zweiundneunzig auf dem Campo Santo, dem Friedhof, Gestrandeten.

Erreichte sie, da vom Cerro de Aira abgelenkt, der Schall nicht? Ohrenzeugen anderswo im Tal hatten ihn mit Böllerdonner oder der Detonation von Dynamit verglichen; die Rekonstruktion ergab, dass das gegen das Ende der Erdstöße gewesen war, die den Fels- und Gletschersturz ausgelöst hatten. Nach fünfundvierzig Sekunden nämlich, so lange, wie der Schall gebraucht hatte zur Überwindung der Distanz, und exakt so lange, wie das Erdbeben der Stärke 7,7 auf der Richterskala gedauert hatte.

Registriert worden war das Áncash-Erbeben um 16:23:27 östlicher Tageslichtzeit mit Epizentrum hundertdreißig Kilometer westlich des Fischereihafens Chimbite vor der Küste Perus. Im betroffenen Gebiet, das anderthalb Mal so groß wie die Schweiz ist, hatte es zwischen 70 000 und 100 000 Tote gefordert und 800 000 obdachlos gemacht.

Denen, die in Yungay bei den ersten Stößen Zuflucht in der im 16. Jahrhundert aus Quadern gebauten Santo-Domingo-Kirche gesucht hatten, von der heute noch Reste sichtbar sind, war die Minute nicht gegeben, sich klar zu werden, dass nicht der Boden sich unter ihnen öffnen, sondern der Schlamm aus dem Gebirge sie begraben würde.

Augenzeugen an hohen Hängen hatten danach für amerikanische Geologen ihre Handlungen angesichts der Mure nachgespielt und diese hatten aus den gestoppten Zeiten die unterschiedlichen Fließgeschwindigkeiten des Schuttstroms ermittelt – in den Höhenlagen zwischen zweihundertsiebzig und dreihundertsechzig Stundenkilometern.

Geschwindigkeiten noch ganz anderer Dimension hatten Untersuchungen im kraterübersäten Schuttfächer ergeben. Bevor die zwischen fünf und dreißig Meter hohen Murströme zum Stillstand kamen, hatten über Moränenrampen katapultierte Felsblöcke vor ihren Zungen eingeschlagen wie Projektile. Waren solche Blöcke, der mächtigste mit einem Gewicht von fünfundsechzig Tonnen, auf einer maximal bis zu vier Kilometer langen, idealerweise reibungsfreien ballistischen Flugbahn gekommen, dann waren dafür anfängliche Geschwindigkeiten von siebenhundertfünfzig bis achthundert Stundenkilometern erforderlich gewesen. Die tatsächliche Geschwindigkeit muss aber noch deutlich höher gelegen haben. Denn kein Block kam ohne Luftwiderstand dahergeschleudert; keiner war aerodynamisch geformt gewesen.

Wie amphibische Kreaturen mussten die Blöcke mit der Zeit aus der überfluteten Talfläche aufgetaucht sein, als das letzte in den Debris verbliebene Eis geschmolzen und der absinkende Schlamm und Schlick vom Río Santa nach und nach abgeführt worden waren.

Zahlreiche dieser Blöcke, darunter ein sechs Tonnen schwerer bei Yungay, waren bereits durch vorstoßende Gletscher in der Kaltzeit, prähistorische Geröllawinen oder undatierte Muren viel größeren Ausmaßes in der Zeit vor der *conquista* ins Tal gelangt. Oder der Murgang vom 10. Januar 1962[33], der die Katastrophe von 1970 ankündigte, hatte sie verfrachtet.

An diesem Tag, um 6:13 Lokalzeit, war Ranrahirca durch eine *aluvión* von zehn bis dreizehn Millionen Kubikmetern Masse zerstört worden, die Opfer wurden bis zur Pazifikküste hinabgeschwemmt. Die Überlebenden waren anschließend wieder zum Holozän-Schuttfächer, Ranrahirca bedeutet in Quechua ›Steinhaufen‹, zurückgekehrt. Die Behörden hatten trotz der Kenntnis der vom Massachusetts Institute of Technology erstellten Prognose eines dreifach mächtigeren Absturzes am Nevado Huascarán die Warnung zu unterdrücken versucht. Man wollte Verunsicherung vermeiden.

Anders als die Katastrophe von 1970 hatte die frühere von 1962 keine seismische Aktivität ausgelöst. Firneis war unter seinem Eigengewicht kollabiert und hatte im Sturz unterhalb der acht Jahre späteren Abbruchzone die Wand destabilisiert. Seither hatte der Nevado Huascarán als eine der fragilsten Eisregionen der Cordillera Blanca gegolten und über Ranrahirca hatte am Gipfelstock ein stark zerklüftetetes überhängendes Kliff von tausend Metern Höhe, etlichen Hunderten Metern Breite und einer durchschnittlichen Mächtigkeit von sechzig bis einhundertzwanzig Metern gehangen, das dann beim Áncash-Erdbeben abgespalten wurde und auf Gletscher 511 eingeschlagen war und damit die zweiundzwanzig Quadratkilometer erfassende, schlimmste *aluvión* in der rezenten glaziogeologischen Geschichte der Cordillera Blanca ausgelöst hatte.

In den Studien zum 31. Mai 1970 lese ich von Zeugen beider Ereignisse.

War es möglich, dass sie zu den Überlebenden gehörten, die ihr Davonkommen damals den Verstorbenen verdankten? Personen aus dem Häuflein der zweiundneunzig, die das Schicksal der geschätzten fünfundzwanzigtausend Umgekommenen nur deshalb nicht geteilt hatten, weil sie an jenem verhängnisvollen Markt- und Sonntag zu den Gräbern der Ahnen gegangen waren? Wobei die *aluvión* auch die alten Gräber nur deshalb verschont hatte, weil der Campo Santo von Yungay selbst auf einer *huaca,* einem Begräbnistumulus aus der Zeit vor den Inka, angelegt worden war. Die *aluvión* hatte den künstlichen Hügel umspült und zu einer Insel in einem Fächer von Schlamm gemacht. Christus war stehen geblieben. Restauriert, breitet er bis heute die Arme über das Memorial. Auf der Karte bezeichnet ein Rechteck mit Kreuz die nationale Gedenkstätte der ›Ciudad Sepultada‹, der ›beerdigten Stadt‹ (Viejo) Yungay.

Das beklemmende Gefühl, das der Blick in die Cordillera-Blanca-Verwerfung oben in der Quebrada Parón wachgerufen hat, ist auf der Fahrt zurück nach Huaraz nicht gewichen.

Ich habe M., die auf Bali einen Erdstoß verschlafen hat, nichts gesagt vom Auftauchen der Szenen aus Indien vor meinem inneren Auge.

Es war im Oktober 1991 gewesen, wenige Tage nach dem Uttarkashi-Erdbeben im Garwhal Himalaya. Angekleidet, mit geschnürten Stiefeln, hatte ich in Uttarkashi auf dem Bett gelegen und die Risse an der Decke angestarrt, bis ich es nicht mehr ausgehalten und mich zu

Pastoruri-Gletscher.
Cordillera Blanca. Peru. 13. Januar 2016.

schutzlos Gewordenen gesellt hatte. Das Feuer aus nassem Karton war immer wieder erstorben. Wir hatten auf den Morgen gewartet und dass etwas geschähe.

*

Die Laguna des Nevado Pastoruri ist unsere letzte.

Wir können auf den 5240 Meter hohen Berg, weil er eisfrei ist. Wie beim Eistau auf West-Papua liegt der Gefrierpunkt hier über dem Gipfel. Vor einem Jahrzehnt, bei einer Schrumpfung von zwanzig Meter und mehr pro Jahr, ist es zur Vierteilung des Gletschers gekommen.

Wie Schnittwunden in einem anatomischen Weichteil klaffen Canyons in den Blockflächen des Pastoruri-Gletschers. Dringt man in sie vor, geht man über Schiefergeschirr. Das Eis, durchzogen von zerfallenden stalaktitenbesetzten Klüften, kaum noch fünfzehn Meter dick, sackt wellig in sich zusammen. Man steht unter Schmerbäuchen mit berußten Falten.

Natürlich ist M. zuerst auf dem Gipfel.

Von oben wirken die Gletscherblöcke noch einmal ganz anders. Flach wie die abgespreizten liegen gebliebenen Flügel einer verlöschten, auf verschrammtem Mosaikboden zerbröselten Motte.

Kann das Plateau, auf das wir schauen, ein ›Ort der Hirten‹ gewesen sein? Pastoruri klingt nicht nach Quechua.

Wir denken an die Nutzung der *punas,* der natürlichen Hochlandweiden, wo unter den von den *conquistadores* eingeführten Huftieren nur Schafe und Ziegen einigermaßen zurechtkamen neben den Alpakas und Lamas. Jetzt ist Dezember und mitten in der Regenzeit erhöhtes Graswachstum über 4000 Metern, also eigentlich beste Weidezeit. Wenn das Toponym aber auf Pastoralismus deutet, warum sehen wir nirgendwo Tiere, obwohl der Boden nirgends mehr gefroren ist?

Antwort gibt der Wind, vor dem wir uns am Gipfel ducken. Er verfrachtet toxische Partikel.

Der Staub rührt von der Felsdrainage im Vorland der Gletscher. Dabei löst Pyrit in den Formationen vorhandene Mineralien. Das Wasser, das die Bevölkerung als Trinkwasser, für Bewässerung und Viehzucht benutzt, enthält Spuren von Aluminium, Eisen, Magnesium, Mangan, Nickel, Kobalt und Zink. Am Pastoruri hat die Gletscherschmelze einen sauren Geruch.

In Brand gesteckter Urwald und industrielle Aktivitäten im peruanischen und brasilianischen Amazonasbecken, aber auch die erodierenden, mit schwarzen kohlehaltigen Schieferlagen durchsetzten Quarzsandsteinschichten der nächsten Umgebung sind die Quelle des Rußes.

Am Pfad zur Lagune gibt es rostig rote Tümpel.

Die Lagune, in die der Gletscher hineinvergeht, ist von sattem dunklem Blau. Ihre Wassertemperatur ist gut für kryophile Algen und Bakterien und das Phytoplankton an der Basis der Nahrungspyramide.

Beim Aufstieg entlang den Eisrändern haben wir Flechten und Moose gesehen.

Zuvor marine Fossilien. Sedimentologisch rings um uns

eine von Flüssen und Deltas geformte Übergangsumgebung, entstanden im Valanginium der Unteren Kreide, vor einhundertsiebenunddreißig bis einhundertzweiunddreißig Millionen Jahren, als Flussläufe und stehende Gewässer sich vermengten.

Verwitterte Faltungen und Überschiebungen streichen bis zum nordöstlichen Horizont.

Zu viert sitzen wir da und schweigen.

Über die quarzhaltigen Gesteinsplatten läuft eine Spinne.

Eine Landschaft – *albus an ater*.[34]

---

1 ›Burma Road to Wall Street‹, in: *Lettre International,* Heft 42, Berlin 1998.

2 An den ›Mondbergen‹. Seiten 112 f. und 129.

3 Mail vom 10. Dezember 2015.

4 ›Niederländisch-Neuguinea‹ bis zur Umbenennung in ›Irian Barat‹, ›Westirian‹, 1962. Ab 1973 und bis 1999 ›Irian Jaya‹ (›Siegreiches Irian‹). Seit 2001 ›Papua‹, in Annäherung an die von der indigenen Bevölkerung benutzte, mit Autonomiebestrebungen verknüpfte Bezeichnung ›West-Papua‹.

5 Gemäß Aussage von Dodo Gunawan, Indonesisches Institut für Meteorologie, Klimatologie und Geophysik, Jakarta, und Mitglied der Forschungsgruppe des Byrd Polar and Climate Research Center, Ohio State University, sollte der Restgletscher wahrscheinlich zwischen 2025 und 2027 verschwunden sein. *Die Zeit,* 31. August 2023. Letzter Zugriff am 26. August 2025.

6 Die Studie zum Bohrprojekt hält fest, dass sich die Eisfläche von 2010 bis 2018 um fünfundsiebzig Prozent verringert und 2016 aufgrund des fortgeschrittenen Schwunds zweigeteilt hatte. (*Ohio State News, The Ohio State University,* 9. Dezember 2019).

7 Von 2010 bis 2021 reduzierte sich die Eisdecke weiter; von zweiunddreißig auf acht Meter Dicke und die Fläche von 2,5 km^2 auf bloß noch 230 m^2. *Indonesia's tropical Eternity Glaciers could vanish within years, experts say,* in: *The Guardian,* 25. August 2023. Letzter Zugriff am 2. Juni 2024.

8 Michael J. de la Merced, ›*Freeport-McMoRan Deal Draws Investor Criticism*‹, in: *New York Times,* 5. Dezember 2012. Letzter Zugriff am 12. August 2025.

9 ›*Last remaining glaciers in the Pacific will soon melt away*‹, in: *Ohio State News, The Ohio State University,* 9. Dezember 2019; *Frozen no more: Indonesia's only tropical glacier could melt away as soon as 2025, CNA Channel News Asia,* 22. April 2022. Letzter Zugriff am 27. Juli 2025.

10 Lonnie Thompson, Mail vom 6. Juni 2016.

11 Lonnie Thompson, ›*Moving up a Melting Mountain*‹, in: *State of the Planet.* News from the Columbia Climate School, 23. Mai 2010.

12 ›*Early settlers possessed maritime skill, findings show*‹, in: *International Herald Tribune,* 30. November 2011.

13 J. E. Heeres, *The Part Borne by the Dutch in the Discovery of Australia (1601–1765),* Luzac & Co., London 1899. Project Gutenberg Australia. Übertragung durch den Autor.

14 Augenblick und Zeitlichkeit, Seiten 286 f., 292, 296–299.

15 George Byron, *Harolds Pilgerfahrt* (1812–1818). Übersetzt von Otto Gildemeister. Verlag Georg Reimer, Berlin 1866. Dritter Gesang (1816), 62 und 86.

16 Mails vom 21. Dezember 2015.

17 Am 20. März 2017 spricht der Uttarakhand High Court den Flüssen Ganges und Yamuna Persönlichkeitsrechte zu, wobei der Bescheid aufgrund Fragen der Vertretung und Haftbarkeit bei Schäden vorerst ausgesetzt bleibt. Gleichentags wird in Neuseeland der Whanganui zur juristischen Person erklärt, basierend auf der animistischen Vorstellung der Māori »Ich bin der Fluss, und der Fluss ist ich«.

18 L. G. Thompson et. al, *Glacial Stage Ice-Core Records from the Subtropical Dunde Ice Cap, China.* Published online by Cambridge University Press, 20. Januar 2017.

19 Daniel Schwartz, *The Great Wall of China,* Thames & Hudson, London 1990, Seite 165.

20 Daniel Schwartz, *Schnee in Samarkand. Ein Reisebericht aus dreitausend Jahren.* Eichborn Berlin, Berlin 2008, Seiten 755–757.

21 Yang Jisheng, *Grabstein – Mùbēi. Die Große chinesische Hungerkatastrophe 1958–1962.* S. Fischer, 2012. Seiten 157–159 und 210 f.

22 Felipe Guamán Poma de Ayala (ca. 1535 – 1615), *El primer nueva corónica y buen gobierno* (1615): *Die Stadt Arequipa.* Kapitel 33, *Das Königreich und seine Städte und Orte,* Seite 1053 [1061]. Manuskript 1615/16 (GKS 2232 4°). Digitalisat & Inhaltsangabe: *El sitio de Guamán Poma.* Digital Research Center der Königlich Dänischen Bibliothek (Kopenhagen), GKS 2232 4°.

23 Theatrum Alpinum. Seiten 62 f.

24 *Die Eisgebirge des Schweizerlandes, beschrieben von Gottlieb Sigmund Gruner.* Abraham Wagner, Sohn, Bern 1760.

25 United States Geological Survey, USGS P 1386-I – *Peru - Glacier Hazards.*

26 Enrique Silgado Ferro, *Historia de los Sismos mas notables ocurridos en el Peru (1513–1974).* Instituto de Geologia y Minera, Lima 1978.

27 United States Geological Survey, USGS P 1386-I – *Peru – Conditions.*

28 Pedro Cieza de León (1518–1554), *Crónica del Perú* (1553). Teil 1, Ausgabe Project Gutenberg: Kapitel XXVIII; Ausgabe Pontificia Universidad Católica del Perú (PUPC), 1984, Kapitel XXVII: *De los nevados y del agua que se hace dellos.* Übertragung durch den Autor.

29 Felipe Guamán Poma de Ayala (ca. 1535–1615), *El primer nueva crónica y buen gobierno.* Manuskript 1615/16 (GKS 2232 4°). Digitalisat & Inhaltsangabe: *El sitio de Guaman Poma.* Digital Research Center der Königlich Dänischen Bibliothek (Kopenhagen) GKS 2232 4°. Übertragung durch den Autor.

30 Oliver Lubrich / Ottmar Ette [Hg.], *Alexander von Humboldt, Über einen Versuch den Gipfel des Chimborazo zu ersteigen.* Eichborn Berlin, Berlin 2006. Seiten 161–163.

31 José de Acosta (1539/40–1599/1600), *Historia natural y moral de las Indias* (1590). Digitale Ausgabe: Biblioteca Virtual Miguel de Cervantes. Drittes Buch, Kapitel IX. Übertragung durch den Autor.

32 George Plafker / G. E. Ericksen (Hg.), ›*Nevados Huascarán Avalanches*‹, in: Barry Voight, *Mass Movement Phenomena: Rockslides and Avalanches. Part 1, Natural Phenomena;* Elsevier, New York 1978, Seiten 277–313. Theodor H. Erismann / Gerhard Abele (Hg.), *Dynamics of Rockslides and Rockfalls,* Springer; Berlin, Heidelberg, New York 2001; Seiten 80–101.

33 Der Berg- und Gletschersturz von Blatten, im Walliser Lötschental in der Schweiz am 28. Mai 2025, gilt als mor-

phologisch vergleichbares Ereignis. Augenblick und Zeitlichkeit, Seiten 289 f.

34 In Catulls Epigramm gegen Cäsar, über den er erst gar nicht urteilen mag, sind die Farben ›weiß‹ und ›schwarz‹ moralisch konnotiert als ›gut‹, ›unschuldig‹ oder ›rein‹ und als ›böse‹, ›düster‹ oder ›unheilvoll‹. »Nil nimium studeo, Caesar, tibi velle placere/Nec scire, utrum sis albus an ater homo.« Etwa: »Ich bemühe mich gar nicht, Cäsar, dir zu gefallen,/noch kümmert es mich zu wissen, ob du ein Weißer oder ein Schwarzer bist.« Catull, *Carmina*, 93, (zwischen 59 und 54 v. u. Z.).

Was Alexander übersah
Mir Samir Südwest-Gletscher 2. Hindukusch. Afghanistan 2018.

Das Land war im Begriff, von der Karte zu rutschen, als ich beschloss, an einem ganz bestimmten Fleck im Hindukusch Ausschau zu halten nach *pīr-yakh,* ›greisem altem Eis‹.

Der Krieg hatte sich hinausgezogen und längst mehr als ein einziges Gesicht. Die Versprechen der NATO-Koalition waren in keiner Hinsicht mehr tragbar gewesen; und überhaupt: worin, außer der Friedenserzwingung, lagen sie? Still, nach und nach, hatten sich die Europäer weggestohlen, die Chinesen sich das Kupfer von Mes Aynak gesichert. Washington, verstrickt in mäandernde Verhandlungen, parallele geheime Kommandoaktionen und Luftschläge, war trotz taktischem Rückzug in die Städte sein eigener Gefangener am Hindukusch geblieben. Drei weitere Jahre und die Afghanisierung von Amerikas längstem Krieg – bislang hat er annähernd eine Billion Dollar gekostet – würde enden wie damals die Vietnamisierung. Die Einnahme von Kabul am 15. August 2021 durch die Taliban die erwartete Konsequenz. Der Hubschrauber über der Botschaft das befürchtete *déjà-vu* von Saigon. Ansonsten ein paar Stunden geradezu entspannte unblutige, auch komische Bilder. Dann aber Panik, Belagerung und Stürmung des Flughafens. Massenevakuierung. Von den Fahrwerksklappen des Transportflugzeugs abstürzende Menschen, während die Taliban bald ihre Geschäfte wiederaufnehmen würden, zurück in Kandahar, am gottgewollten Ursprung ihrer

Bewegung. Sie hatten die Zeit besessen, die Koalition nur die Uhren.

Bis zum Herbst 2018, zweiundzwanzig Jahre nachdem die Taliban den mit dem Abzug der Roten Armee ausgebrochenen Bürgerkrieg beendet und am 27. September 1996 das Islamische Emirat erstmals ausgerufen hatten und Anfang Oktober 2001 die Amerikaner und ihre Verbündeten interveniert hatten, war die Bevölkerung der Hauptstadt von einer auf fast fünf Millionen geschnellt. Kabuls Hänge und Hausberge übertreppt jetzt ein Labyrinth aus Lehm; prekäre Heime der aus entferntesten Provinzen angespülten Landlosen und Arbeitsuchenden, zwischen die Fronten von Widerstand und Besetzer Geratenen und aus Pakistan heimgekehrten Flüchtlinge. Golfmonarchien errichteten den Zuströmenden ganze Quartiere mit Mehrfamilienblocks, aber die gingen an die urbane Oberschicht. In den Ruinen von Bala Hissar, der Zitadelle der afghanischen Emire, hängt am Himmel über der Stadt das weiße Prallluftschiff der US Army, dessen hundert Augen Terroristen identifizieren sollen und dabei den Klau von Treibstoff und die Schlafenden auf den Dächern erspähen. Entlang den Straßen sichern Sprengschutzwände aus Betonstelen und Wälle sandgefüllter Container die Kastelle der Eliten und Warlords, die Diplomatenverschläge und Residenzen ausländischer Fachkräfte. Geländewagen stehen im seifigen Rinnsal des Kabul-Flusses; unter seinen Brücken tötet das Heroin. Siebzig Prozent der Kabuli leben in illegalen Strukturen ohne Strom. Nur zwanzig Prozent erreicht das einst freie, durch die unterirdischen Kharez-Kanäle in der Shomali-Ebene zugeführte Wasser; fließt es zwei, drei Stunden am Tag, kommt es durch alte asbesthaltige Röhren. Seit Mitte der Nullerjahre versiegen einer nach dem anderen der öffentlichen Brunnen; sie trocknen saisonal aus oder müssten aufgegeben werden, tiefte man sie nicht Jahr um Jahr weiter ab. Die solarzellenbetriebenen Pumpen aus der Aufbauhilfe erleichtern den Zugang zum Wasser, erhöhen dafür dessen Verschwendung.

Drei flussgespeiste Aquifere könnten Kabul versorgen, herrschten nicht Übernutzung und verlangsamte Anreicherung aufgrund von Klimasignalen. Seit 2014 fällt weniger Regen und Schnee am Hindukusch, wo die Winter kürzer werden, wo die Ökonomie aber keine Alternative lässt zur Bewässerung durch Schmelzwasser und, bleibt dieses aus, zur Abwanderung in schon intensiv bestellte Landwirtschaftszonen oder städtische Zentren mit wachsendem Bedarf an Wasser für industrielle Zwecke. An seiner Knappheit könnten sich eingesessene Konflikte entzünden, heißt es; im schlimmsten Fall würde der Krieg sich verflechten mit der Wasserkrise und der Nahrungsmittelunsicherheit als direkte Auswirkung der Klimaveränderungen.

Zwischen 1951 und 2010 ist Afghanistans Jahresdurchschnittstemperatur um 1,8 °C gestiegen; das ist fast das Doppelte des globalen Mittelwerts. Afghanistan gilt als eines der Länder, die existentiellen Risiken am meisten ausgesetzt sind; dauernd bedroht es schlimme Trockenheit. 2001 habe ich gesehen, was sie ausrichtet. Im Murghab Canyon der Provinz Badghis, wo Familien, die alles, auch das Saatgut, verloren hatten, in Höhlen auf Hilfe harrten, die sie nur schwerlich erreichte; im Hinterland von Kandahar, im Tal des Arghandab, dessen Spiegel längst unter die Schöpfteller der Wasserräder gefallen und wo der Stausee zur salzverkrusteten Öde geworden war, bis auf die paar zur Freude der von Enten jagenden Taliban besuchten Lachen.

Ein Land auf den falschen Koordinaten.

Kein Wunder, hat es hier auch der Gletscher schwer.

Wie die militärische Planung, in die er hineinspielt.

Aber wissen die ausländischen Stäbe überhaupt, dass Gletscher vorhanden sind auf dem Klumpen Erde, der Gott nach der Schöpfung der Welt für Afghanistan noch übriggeblieben war? Wenn ja, nehmen sie Kenntnis von den sporadischen Berichten zur Kryosphäre am Hindukusch? Von den festgestellten Schwankungen, die nicht zuletzt Variablen sind im Verlauf des Kriegs, an dem sie seit bald zwei Jahrzehnten scheitern? Zumal gerade jetzt die Kartografierung mineralischer Vorkommen durch den US Geological Survey als Nebeninformation der neuen hochauflösenden Satellitenbilder endlich den tatsächlichen Zustand von Afghanistans Gletschern und die Abgleichung mit den rudimentären Aufnahmen der Siebzigerjahre die zwischenzeitliche dynamische Reaktion des Eises auf die Erderwärmung sichtbar gemacht haben.

Die frühere Verwechslung von Gletscher und Wolke ist heimtückischer im Fall von Afghanistan als anderswo; die bisherigen Fehlinterpretationen verdecken das regionalpolitische Konfliktpotential des glazialen Schwunds.

Das zwischen Iran, Pakistan und zwei zentralasiatischen Republiken liegende Wasserschloss Afghanistan müsste Anrainerrechte verteidigen, käme es zu einem bewaffneten Disput um Wasser. Ein Ressourcenkrieg am Hindukusch überlagerte sich mit der Bekämpfung des Terrorismus, genauer: mit der Ausmerzung des Islamischen Staats Provinz Khorasan, 2015 gegründeter Ableger des IS, der sich, nach Niederlagen im Irak und in Syrien bedrängt, vor amerikanischem wie vor dem Zugriff der Taliban im Nordosten Afghanistans eingenistet hat, hinter dem ›Tor zu Nuristan‹.

Dieses Tor ist mein Ziel.

Inspiriert hat mein Reportagevorhaben [1] ein Buch. Das Erscheinen von Eric Newbys *A Short Walk in the Hindu Kush* [2] jährt sich heuer zum sechzigsten Mal. Newby spielt mit englischem Understatement im Titel die physische Dreistheit des mit einem Freund ausgeführten Unternehmens und die Gefährlichkeit des Terrains herunter, um dann die knapp gescheiterte Erstbesteigung [3] des Mir Samir – bis 1966 galt er als 6059 Meter hoch, bis seine Höhe auf 5809 korrigiert wurde – in alpinistischen Dilettantismus zu kleiden. Der ironisch-verharmlosende Rechenschaftsbericht lässt indessen nicht den geringsten Zweifel an der schier unglaublichen Leistung der beiden Exzentriker.

Ähnlich donquichotesk, aber weniger dramatisch mein Unterfangen, die Erkundung des Gletschers im Kontext der Wechselwirkungen von Natur und Politik zu beleuchten und so, *en passant,* aber vielleicht einprägsamer und nachhaltiger, den regional- und geopolitischen Unfug darzustellen, der das Land nicht zur Ruhe kommen lässt.

Mein Fahrer ist wieder Shirin. Sein geschundener, einst schwarzer Toyota Corolla hatte mich über den Jahreswechsel 2009/2010 bereits nach Bamian gebracht. Damals war die klaffende Lücke, die der von den Taliban gesprengte Buddha hinterlassen hatte, zur Unternehmung Anlass gewesen sowie ein alter Bericht über den Fouladi-Gletscher. In Charikar, vor den vereisten Pässen, hatten wir damals Radketten gekauft. Jetzt bauen wir den stotternden Motor aus. Das Problem hatte draußen in der Shomali-Ebene angefangen, als der schwarze Rauch der kohlebefeuerten Ziegeleien, wo Eltern und Kinder in Versklavung ähnlicher Schuldknechtschaft gehalten werden, die sinkende Sonne zu verdunkeln begonnen hatte.

Am Eingang zum Panjshir blenden erst die Taschenlampen der Nationalen Afghanischen Armee, dann die der lokalen tadschikischen Miliz.

Das Tal ist in der afghanischen Geschichte legendär. 1997, ein Jahr nach seinem strategischen Rückzug aus Kabul und der ersten Einnahme der Stadt durch die Taliban, hatte Ahmad Shah Massoud, der letzte verbliebene Feind, an der Talpforte Felsen und Brücken sprengen lassen. Die taktische Maßnahme hatte den paschtunischen Taliban keine andere Option gelassen, als von Nordosten her über den Andjoman-Pass anzugreifen. Doch zwei Tage vor 9/11 wurde der legendäre Kommandant der Tadschiken bei einem von der al-Qaida-Führung geplanten Selbstmordattentat getötet. In den folgenden Wochen kam das Zweckbündnis der Nordallianz – Verbände rivalisierender Hazara, Tadschiken und Usbeken – das Tal hinab, drängte durch die Pforte in die Shomali-Ebene hinaus und erreichte mit amerikanischer Luftunterstützung am 12. November 2001 das von den Taliban verlassene Kabul.

Flötenspiel aus dem Dunkel begleitet das Abendessen am Panjshir-Fluss.

Morgen jährt sich die Ermordung von Ahmad Shah Massoud. Deshalb beim Restaurant die vielen Autos mit den vom bekannten Konterfei des Nationalhelden überklebten Heckfenstern und aufgesteckten, nicht offiziellen schwarz-weiß-grünen Fahnen der Tadschiken des Panjshir, die das Rot sozialistischer Brüderlichkeit auf jener der benachbarten, ethnisch verbundenen Republik Tadschikistan mit dem Schwarz des Widerstands gegen die Taliban getauscht, aber das Weiß behalten hatten. Dieses steht ja nicht nur für die Baumwolle Zentralasiens, sie gedeiht nicht im Panjshir, sondern auch für Schnee und Eis des Pamir, des ›Daches der Welt‹, dessen Ausläufer sich über Badachschan mit dem Hindukusch verknoten.

Die Nacht verbringen wir in einem kleinen Seitental über Bazarak. Auf einem Fels vor dem Ortseingang steht das überschwänglich beleuchtete Mausoleum des so lange unbeugsamen Massoud. Auch Shirins Familie stammt aus Bazarak.

Ausgangspunkt für den Spaziergang zum Mir Samir ist Geshta. Es ist das zweitletzte Dorf vor dem Andjoman-Pass.

Esel bringen Winterfutter in die Dörfer. Im Rinnsal am Straßenrand waschen wir den Staub der Shomali-Ebene von den weißen Trauben.

2012 bin ich zum letzten Mal im Panjshir gewesen. Damals hatte ich nach Olivenbäumen gesucht, aber keine gefunden. Hätte es welche gegeben, wäre dies ein Indiz dafür, dass auch schon Alexander der Große hier war; der führte auf seinen Feldzügen ungern nicht die Segnungen griechischer Kultur mit.

Im Frühjahr 327 v. u. Z. hat er wahrscheinlich den Weg weiter südlich durch Nuristan genommen, war dabei aber immer noch abseits des Haupttrosses der Armee der Makedonen unterwegs, den er den Kabul-Fluss hinab zum Indus geschickt hatte. Gerade einmal neunundzwanzig Jahre alt, war er im Begriff, als erster westlicher Eindringling am Hindukusch zu scheitern. Alexanders Vorstoß und die dabei gesammelten geografischen Daten brachten jedoch die Prognose seines Lehrers und Mentors Aristoteles zu Fall, man sähe vom Hindukusch aus das Ende der Welt.

Hätte Alexander wie wir im Panjshir die Hänge zwischen Geshta und Paz Mazar erklommen, hätte er in der Ferne hinter der anderen Talseite die perfekte Pyramide des Mir Samir erblickt und in ihm einen Hinweis, dass der Hindukusch nicht einfach eine klar definierte Barriere, sondern überaus verschachtelt war und noch erhebliches Gelände vor dem Rand der Erdenscheibe liegen musste.

Aber Alexander war zum Nawar-Pass gestrebt, hatte nur noch Indien und den Indus im Sinn.

So wie Domitian den Rhein und Germanien beim Durchzug seiner Legionen durch Helvetien, Gebirgsbastion wie Afghanistan und darum ebenso Bufferland, wo die Gletscher, in der natürlichen Warmzeit des sogenannten römischen Klimaoptimums in Hochlagen, zurückgeschrumpft und vom Julier-Pass aus unsichtbar geblieben waren.

Darum auch kommt das Wort *glacies* nicht vor in der *Germania* (datiert in das Jahr 98) des Tacitus, der für die Abfassung seines Berichts nicht nur literarische Quellen beigezogen, sondern sich auch umgehört hatte bei Reisenden in den unwirtlichen Norden. In anderen Werken kommt der lateinische Begriff *glacies* (Eis) zwar vor, aber der deutsche Begriff ›Gletscher‹ muss in Übertragungen dazuerfunden werden. So etwa im Roman *Satyrikon* des Petronius, dessen schwer greifbares Wesen Tacitus in seinen *Annalen* (XVI., 18) umkreist. Dort werden in deutlicher literarischer Überhöhung schneebedeckte Alpengipfel beschrieben, dort ist von *»steinhartem«* Eis *(glacie concreta)* die Rede; aber in meinem Exemplar des Romans[4] hat im Vers, es erwärmten *»nimmer des Frühlings Lüfte die Gletscher«*, das markante Wort ›Gletscher‹ offenbar dem Sog des Hexameters geantwortet, der eben mit Trochäus enden will.

Um vor dem Spaziergang den Mir Samir von Weitem zu sehen, haben wir also auf der gegenüberliegenden Talseite ein Plateau zwischen Geshta und Paz Mazar erstiegen; als er auftaucht, blitzt am Berg ein feiner Streifen Firn.

Vor mir liegen aber auch die Täler Samir und Chamar, durch die sich Eric Newby und Hugh Carless 1956 für ihre zwei Versuche am Mir Samir geplagt hatten.

Wir werden den zwischen diesen Tälern liegenden trockenen Hügelzug übersteigen und in gerader Linie auf den Mir Samir zugehen. So der Plan von Nashrulla, einem Vierundzwanzigjährigen aus Geshta, der einer der Führer sein wird. Shirin übersetzt, es gäbe sieben Seen am Mir Samir. Wo liegen sie? Mit Steinchen simuliere ich die Topografie; bläuliche für die Seen, weiße für die größten der insgesamt sechzehn auf einer Karte aus den 1960er-Jahren eingezeichneten Gletscher oder Teilgletscher. Das ist anschaulicher als die 3D-modellierte Ansicht von Google Earth, auf der alles Gelände aussieht wie Knetmasse. Vier Grashalme stehen für die Route einer Wanderung, die seit dem 12. Juli Aktualität erhalten hat.

Ich habe vom Ereignis nichts gewusst, bis wir vorgestern durch Peshgor gekommen sind, das heißt durch einen enormen Schuttfächer, der im Vormonat um zweihundert Häuser des Dorfs, über hundert Läden, nicht aber die von ihm miterfasste Moschee, dafür aber vierhundert Meter des Bewässerungskanals zerstört hat. Auf einer Geländeterrasse UNHCR-Zelte. Unter der Brücke, der einzigen stehen gebliebenen von drei, verklemmte Container. Überflutete Pappelbestände, Gerstenfelder und Weiden weiter aufwärts im Tal und, wo es sich verengt, gestautes Wasser. Der Murgang kam zur Mittagszeit vom Kuh-e-Kokzaro-Zaghicha-Massiv, von der nach Süden exponierten Talseite, und forderte zehn Tote. Hirten am Berg oben hätten angerufen, der Mullah durch den Lautsprecher der Moschee und mit Schüssen aus der Kalaschnikow gewarnt.

Aus dem, was Shirin in Erfahrung gebracht hat, schließe ich auf einen Gletscherseeausbruch als Ursache, vielleicht ausgelöst durch einen Eisrutsch oder das Überlaufen infolge Altschneeschmelze oder den Kollaps des erodierenden stirnseitigen Moränendamms. Wer überwacht schon Gletscher in einem Land, in dem seit vierzig Jahren Krieg herrscht? Wann hatte der World Glacier Monitoring Service (WGMS), 1986 hervorgegangen aus der 1894 in Zürich gegründeten Internationalen Gletscherkommission, seinen letzten afghanischen Korrespondenten? Die Website des Diensts hat keine Treffer gebracht für die Stichworte ›Afghanistan‹ oder ›Hindukusch‹.

Herr Jaqubi, 75, ist während des Jihads gegen die Rote Armee im Marmorgeschäft tätig gewesen; im pakistanischen Peshawar stationiert, hat er Waffen für Massoud besorgt. Die beiden Aktivitäten dürften verknüpft gewesen sein. Jetzt bereitet er eine Ausgabe seiner Dichtung vor. Am Mir Samir, wo er fast zwei Dutzend Mal gewesen war, hat er Hirsche geschossen. Zuletzt, wann war das gewesen?, habe das Eis bis an den Fluss gereicht. Spricht er von einem Gletscherbach? Welchen Gletscher meint er?

Das hellrosa getünchte Haus in Geshta, unsere Basis im Tal, hat sein Sohn mit amerikanischem Geld gebaut. Nicht erst seit 9/11 sind von allen Ethnien Afghanistans die Tadschiken Washingtons engste Freunde. Auch Herr Jaqubis Montblanc-Federhalter ist das Geschenk eines Amerikaners. Als Shirin meine Aufnahmen des Rhonegletschers, der mit zerschlissenen Vließbahnen vor dem Abtauen beschützt wird, beschreibt, sagt Herr Jaqubi, in Afghanistan hätten die meisten Menschen nicht einmal eine Decke für sich und deshalb hätten sie für Gletscher erst recht keine übrig. Dann stört der unangemeldete Besuch von zwei Vertretern der polizeilichen Sicherheit des Distrikts Paryan. Herr Jaqubi trauert der Mujaheddin-Zeit nach; heute gehöre das Land fremden Nationen. Heute sei es unmöglich zu wissen, wer der Feind sei; die Bomben träfen alle.[5]

Die Polizisten haben gefragt, ob ich stark genug sei für den Mir Samir. Ich habe geantwortet, man gäbe mir ein Pferd.

In Kayan, wo das Samir-Tal abzweigt zum Mir Samir, engagiert Shirin den neunundfünfzigjährigen Mohamed Shah als Kopf der Expedition. Er wird Pferde und Treiber, Lagerhilfen und den Koch finden. Shirin, er hat schon vor Wochen und bei tiefen Basarpreisen Zelte, Armeeschlafsäcke, Mehl, Reis und anderes besorgt, organisiert die Sicherheit. Das macht Shirin auch in Kabul, und weil tadschikische Verwandte aus dem Panjshir am sichersten sind, bestimmt er Wali, 29, vom National Directorate of Security (NDS), und Parviz, 25, der bei der Afghan National Army (ANA) dient.

Parviz' grünblaue Augen erinnern an den Zug der Makedonen. Einen, der als Knabe vor über sechzig Jahren den beiden Engländern Tee gebracht haben könnte, gibt es hier in Kayan allerdings nicht mehr. Damals erfuhren die beiden, um ein mit einer süßlich riechenden Wurzel angereichertes Pferdemistfeuer kauernd, beim Schwatz von den Alten, die Nuristani seien Heiden und große Räuber gewesen, bis König Abdur Rahman sie mit dem Schwert bekehrt hatte; das Schwert, durch das jeder umkam, der die Reise hierher gemacht hat. Anderntags waren Newby und Carless dann *»Bewässerungsgräben von einer eindrucksvollen Kompliziertheit«* entlangmarschiert zu der hinter einer Talbiegung versteckten tiefen Schlucht, von wo sie über Geröllmassen zum *aylaq,* zur Sommerweide, hochgestiegen waren.

Da wir den trockenen Hügel traversieren werden, würden wir erst beim *aylaq* auf ihren Weg stoßen.

Anderntags auf der Sommerweide angekommen, sind da keine Pathanen-Nomaden. Die Pferde werden entladen und über die weite Wiese gesprengt.

»Durch sie schlängelte sich der Bach, nicht mehr reißend, sondern friedlich zwischen grasbewachsenen Ufern, dazu ein Gewirr von stehendem Wasser, das schmale Zungen und Inseln bildet.«

Kühler Wind kräuselt es auch jetzt.

Der *»Atem des Mir Samir«* vertreibt den Krieg aus meinem Kopf.

Für die afghanischen Sicherheitskräfte wird die Woche, während der ich im Panjshir bin (10.–14. September), zur verlustreichsten ihres Kriegs.[6] Über vierhundert Soldaten und Polizeibeamte, mehr als doppelt so viele wie der ohnehin nicht tragbare Jahresdurchschnitt seit 2015, werden in Kämpfen mit den Taliban oder durch Selbstmordattentate getötet – und das am Ende der Saison, da die Kämpfe traditionellerweise enden; aber mit den steigenden Wintertemperaturen ist das längst nicht mehr der Fall.

Shirin hat die Verbindung zum Krieg schon auf dem Hügelrücken verloren. Die letzte Nachricht auf seinem iPhone hat einen Vorfall an der Straße von Kabul nach Kandahar vermeldet, die seit ihrer Instandstellung durch die Amerikaner regelmäßig zum Schauplatz von Anschlägen und Plünderungen geworden war.

dear client, kindly informing you that today we had convoy movement from gazhni towards qalat, unfortunately there was an insurgent attack on convoy in mavrah. one APPF soldier was wounded. convoy moved from incident area.

Da ist unser Trupp bereits weit über den Hügel ausgeschwärmt. Mohamed Yasin, der Koch, ist verschwunden. Schließlich haben wir ihn wiedergefunden beim Kräutersammeln am Steilhang über der Flussbiegung.

Seit dem Ausblick von dort auf Newbys *aylaq* hinüber und in das schnurgerade Hochtal, das auf den Mir Samir zuläuft, habe ich Gewissheit, dass Nashrullas sieben Seen Gletscherseen sein müssen, auch wenn er das Wort *yakhchāl,* in Farsi ›Gletscher‹, nicht benutzt hat. Sehen würde ich die Gletscherseen ohnehin erst am Fuß des Mir Samir. Der

Aufstieg zum Plateau, auf dem sich der Berg erhebt, auch das ist vom Steilhang aus klar geworden, würde rechts der Steinkaskade am Kopf des Tals vorbeiführen.

Von dort hatten Newby und Carless ihr Fernrohr auf jede Menge *»uneinsehbares Gelände«* gerichtet.

Nach dem *aylaq* habe ich das Gefühl, nicht nur ihrer Spur, sondern ihnen Schritt für Schritt zu folgen.

»Wir stiegen über kreuz und quer übereinanderliegende Steinplatten, die in der Sonne fast glühten. [...] Die Luft war erfüllt vom Geräusch der strauchelnden Pferde und von gepfefferten Flüchen.«

Die Schuttfächer, Gneis und Schiefer, sind Abgänge beider Talseiten und verschränken sich wie Finger zweier Hände. Es gibt keinen erkennbaren Durchstieg.

Zuweilen kickt einer der Treiber dem Pferd in die Flanke. Das nächste Mal nähme Shirin Esel. Die seien trittsicher.

Wie auf einen Magnet reite ich auf den Mir Samir zu, der im harten Abendlicht immer präsenter wird als alpine Erhebung an der Kreuzung zweier rechtwinklig zueinander verlaufender Gratrücken. Dann geht es plötzlich rasch. Der Talschatten klettert die bleifarbene Granitflanke hoch und treibt verblassendes Gelbgrau vor sich her; schließlich schluckt er den Gipfelstock.

An den *»Felsen, bedeckt mit orangenfarbenen Flechten«*, kommt auch unser Lager. Die Steinkaskade dahinter wirkt zugleich schützend und bedrohlich.

Mitten in der Nacht krieche ich aus dem Armeeschlafsack; er hat drei Hüllen, die äußerste fungiert auch als Leichensack. Ich stolpere über die schwarzen gefrorenen Grasbuckel. Die an den Vorderbeinen gekoppelten Pferde weichen. Man hat ihnen gesteppte, geometrisch und blumig gemusterte Decken um den Rumpf gebunden. Schamlos besternt steht der Himmel auf dem Schattenriss der Berge.

Die Eindrücke der Annäherung durchs Tal, Newbys Beschreibung und die konsultierten Satellitenbilder haben sich zusammengefügt. Bleibt der Aufstieg zur Bühne. Von unserer Gruppe hat sie außer Mohamed Shah noch keiner betreten.

Den zweiten Tag des Aufstiegs schaffe ich nur zu Pferd, nicht reitend, sondern im Sattel schaukelnd, denn der Hang ist steil. Oben, an der Kante zum Plateau, steige ich ab. Subhanulla, einer der Pferdeführer, will rasch hinab ins Lager. Der Gedanke, dass auch das Tier höhenkrank werden kann, ist mir nie gekommen.

Jetzt vor dem ›Tor zu Nuristan‹ hole ich Newbys Buch hervor. Darin die Aufnahme mit der Ansicht, die sich vor mir entfaltet. Das *»uneinsehbare Gelände«*, nun einsehbar, ist großartig.

Eine Steinwüste, nach Süden abgeschlossen durch drei vom Mir Samir abzweigende versetzte zackige Seitenkämme. Den nächstliegenden Pessaran-e-Samir-Kamm, die ›Söhne des Mir Samir‹, überragen die Gipfelzone und der von einer Bastion unterbrochene Nordgrat. Vor diesem steht ein polierter unfasslicher Überhang. Newby und Carless hatten ihm *»den tödlichen Namen gegeben, der jeden Bergsteiger mit Schrecken erfüllt – North-West Butress«*. Auf einem Satellitenbild, das ich mir vor der Reise besorgte, ist mir der ovale, sich spitz verjüngende harte Schatten des Überhangs aufgefallen. Es ist, als stützte den Mir Samir ein gigantisches Bügeleisen, die Sohle vertikal über dem verbliebenen

Nährgebiet des Westgletschers, des Yakhchāl-e-Garb, der zur Zeit Newbys und Carless über den Kamm am Horizont mit dem Ostgletscher, dem ins Chamar-Tal abfließenden Yakhchāl-e-Sherq, verbunden gewesen war. Vom Zehrgebiet des Westgletschers, er hatte auf Newby und Carless gewirkt *»wie eine [heranrollende] Flutwelle«* und liegt jetzt unter supraglazialem Schutt, ist nur eine ausgefranste Altschneeschicht und ein schüchterner Bergschrund direkt unter den verwitterten ›Söhnen des Mir Samir‹ zu sehen. Ein Moränenwall vor mir erscheint als Zeugnis der Kleinen Eiszeit (Mitte 17. bis Mitte 19. Jahrhundert); davor liegt ein grünblaues, metallisch glänzendes flaches Gewässer.

Das war der vorgeschobene Lagerplatz von Newby und Carless, Ausgangspunkt der ersten Erkundung zum Kamm zwischen West- und Ostgletscher und auch der zweiten, die rechts um die ›Söhne des Mir Samir‹ herum an die Westwand führte, wo sie bald die Unmöglichkeit der Ersteigung auf dieser Route erkennen mussten.

Den Plan, zum eisfreien Kamm aufzusteigen und dann über den Ostgletscher ins Chamar-Tal hinabzugehen, habe ich in der letzten Nacht in den Stunden der Schlaflosigkeit aufgegeben. Auch Esel würden den Übergang nicht schaffen. Jetzt, am Westgletscher, sehe ich nichts, was eine gute Fotografie ergeben würde. Der Trupp wartet auf eine Entscheidung, als Mohamed Shah von seiner Erkundung auftaucht. Dort, wo es vor vierzehn Jahren nur Steine gegeben habe, sei unter diesen nun ›altes, greises Eis‹. Sagt es, macht gleich wieder kehrt, schaut sich nicht einmal um, ob wir folgen. Seine Beobachtung deutet auf Gletscherschwund hin, auch wenn es sich nach dem Gegenteil anhört. Aber ich muss selbst sehen, was er meint.

Hinter den ›Söhnen des Mir Samir‹ schieben sich die Moränenmassen steigend übereinander. Durch eine Kluft, in der die Hitze des Tages steht, geraten wir zwischen den zweiten und dritten Ausläufer des Mir Samir. Links ein steiles Couloir am Fuß von dessen Westwand, verstellt mit rechteckigen Platten, senkrecht die Trümmer überragend, abweisend wie Schleusentore. Rechts, im Gegenlicht, schuttbedeckt, ein buckliger Gletscher. Bläulich schimmernde Stellen von Eis, wo er abgesackt ist. Seine gesamte Fläche besetzt mit Gletschertischen, dicht wie Aussatz; einer über dem anderen, bis zum Altschnee hinauf, über dem ein steiler bröckelnder Geröllsaum hängt.

Dieser sich unter Schutt hervorquälende Gletscher – gemäß der alten Karte muss es der Südwest-Gletscher 2 sein – kommt jetzt zum Vorschein, indem er absinkt; früher sah man von ihm nichts, weil er unter Geröll lag, jetzt schmilzt er sich frei. Das weniger unter den kantigen, wuchtigen, auf Eissockeln balancierenden ausladenden Platten der Gletschertische, die das Eis vor dem Abtauen schützen, als um diese herum, wo es stärker schmilzt. Die Sockel, fasrig und porös vom wiederholten Schmelzen tagsüber und nächtlichen Gefrieren, ähneln aufgestellten Markknochen.

Keiner der sechs Begleiter, die vom Lager mit auf das Plateau gekommen sind, hat das glaziale Phänomen zuvor gesehen. Bald posieren sie auf dem größten Gletschertisch weit oben.

Wir sind auf fast 5000 Metern. Mir geht der Atem aus. Die Sonne weicht vom Gletscher; im Schatten wird es sofort empfindlich kalt.

Unter uns im Gletscher ein opakes türkisfarbenes Auge. Kein Riss durchzieht das Eis des gefrorenen Sees, kein einziger Stein liegt auf der Oberfläche. Die senkrechten Wände sind blassgrün, bergseitig vielleicht zehn Meter hoch, auf der Talseite niedriger.

Ein solcher supraglazialer See kann sich innert vierundzwanzig Stunden bilden.

Über scharfkantige, geometrisch geformte Felsklötze klettern wir zur steilen Stirn des Gletschers hinab. Statt einem Tor ist da nur eine mannshohe Spalte, in die wir uns zwängen; es rinnt nur wenig Schmelzwasser über die Wände. Bildet es sich im Inneren des Gletschers? Füllt sich der See? Erhöht sich der Wasserdruck? Wann wird der Druck zu groß? Destabilisiert das zwischen Felsbett und Gletscherunterseite abfließende Wasser das Eis? So, dass es stirnseitig wegrutschen, dass der See kommen kann?

Noch ist es ein neuer See – ein achter, aber wie lange?

Schnell wird es dunkel. An der Kante des Plateaus hocke ich mich hin, will schlafen. Spüre aber sofort unter meinen Achseln harte Griffe. Werde hochgezogen, meine Arme über zwei Schultern geworfen. Es sind die Schultern der Sicherheit. So komme ich durch das Geröll den Steilhang zum Lager hinab.

Shirin stellt mir das Essen vor das Zelt, wartet, bis ich fertig bin. Ich hadere mit den kaputten Reißverschlüssen.

Geräusche des Aufbruchs wecken mich.

Dampfkochtopf, Herd, Proviant, Solarpanels, Speiseölflaschen, Teekannen, Zeltgestänge, die nicht benutzte Satellitenschüssel.

Bewaffnete auf Gletschertisch.
Mir Samir Südwest-Gletscher 2.
Panjshir. Afghanistan. 12. September 2018.

Geduldig stehen die Pferde inmitten der Gegenstände.

Flaumige Schneeflocken bleiben in den Mähnen hängen, setzen sich auf Gesichter, Mäntel und Schals.

Nasrullah streut Erde auf die Feuerstelle.

Nach sechs Stunden sind wir unten in Kayan an der geteerten Straße.

Alte erkundigen sich nach dem Gletscher; sie benutzen das Wort *Yakhchāl-e-Tabi*, ›natürlicher Kühlschrank‹. Als Kinder sahen sie ihn in der Nähe des sechsten und siebten Sees. Von einem achten See wollen sie nichts wissen. Lügner seien wir. Ein achter See – nur mit Allahs Wille!

Auch die Bewässerung ihrer Felder – ich frage nicht.

Nachtrag I

In den Tagen nach der Katastrophe von Peshgor, würde ich sieben Jahre nach dem Gletscherspaziergang in einem Papier[7] lesen, untersuchte auf Anfrage des Departements Wasserressourcen, Ministerium für Energie und Wasser, eine Mission des International Center for Integrated Mountain Development (ICIMOD) die Ursache der Katastrophe anhand von Satellitenbildern. Die Analyse zeigte die Bildung eines Gletschersees auf einer Höhe von 4500 Metern zwischen Oktober 2017 und Juni 2018, wobei das Fehlen wolken- und schneeloser Aufnahmen während der neunmonatigen Periode eine exakte Datumsbestimmung verunmöglichte. Der am 6. Juni 2018 auf dem Gletscher sichtbare See hatte sich bis zum 1. Juli 2018 täglich durchschnittlich um 0,002 km^2 vergrößert – dem Tag seiner größten Ausdehnung von 0,072 km^2. Am 11. Juli, dem Tag vor dem Ausbruch, war er 487 Meter lang gewesen mit einer

Fläche von 0,055 km^2. Die Mission kam zum Schluss, dass unter dem Gletscherrest schmelzendes Eis erst die Absenkung des natürlichen Damms und Abfließen des Wassers in losem unverfestigtem Schutt, dann der unablässige Abfluss die verstärkte Erosion des Schutts bewirkt hatte. Dabei waren subglaziale Rinnen entstanden, die sich in den Talbach ergossen. Die regressive Erosion und die Eisschmelze brachten die als natürlichen Damm wirkende Moräne schließlich zum Einsturz. Der nachfolgende Murgang erfolgte auf einer Strecke von vierzehn Kilometern. Er war also kein plötzliches Ereignis, so dass sich die allermeisten Bewohner von Peshgor in Sicherheit bringen konnten.

Nachtrag II
2019 wird der Ostgletscher im Chamar-Tal, die zweite Anmarschroute von Newby und Carless, Referenzgletscher[8] eines internationalen Überwachungsprogramms. Unterstützt vom Ministerium für Energie und Wasser (MEW) und umgesetzt vom International Center for Integrated Mountain Development (ICIMOD), sind die Ziele des Programms die Stärkung des Wassermanagements in Afghanistan und die Überwachung der Kryosphäre des Landes. Zur Bewertung der hydro-meteorologischen Variablen im Einzugsgebiet wird im August dieses Jahres auf 4528 Metern in der Nähe des Pir-Yakh-Gletschers, so die seitherige Bezeichnung des Ostgletschers, eine automatische Wetterstation (AWS) eingerichtet. Sie erfasst Niederschlag, Lufttemperatur, relative Luftfeuchtigkeit, Sonneneinstrahlung, Luftdruck, Windgeschwindigkeit, Windrichtung und Böengeschwindigkeit; im Zusammenhang mit dem Abfluss aus Schnee- und Eisschmelze verbessern die Daten das Ver-

ständnis der meteorologischen Parameter. Fünf zwischen 4400 und auf 4880 Metern in das Nähr- und in das Zehrgebiet des Gletschers eingebohrte Messpfähle ermöglichen nun jeweils im Frühjahr zum Ende der Akkumulations- und im Spätsommer zum Ende der Ablationsperiode die Bestimmung von Wasserbilanz und Abflusskoeffizienten, der Veränderungen von Oberfläche und Volumen, der glazialen Bewegungen und der Massenbilanz des Gletschers sowie des Schneewasseräquivalents.

---

1 ›Der Freund‹. Navid Kermani über Daniel Schwartz und einen gemeinsamen Spaziergang im Hindukusch, der nicht stattgefunden hat, in: *Das Magazin,* Nr. 3, Tamedia AG, Zürich, 19. Januar 2019.

2 Eric Newby, *A Short Walk in the Hindu Kush.* Secker & Warburg, London 1958. *Ein Spaziergang im Hindukusch,* Die Andere Bibliothek, Band 206, Eichborn Verlag, Frankfurt am Main 2002; aus dem Englischen von Matthias Fienbork.

3 Die Erstbesteigung gelang am 27. Juli 1959 dem Deutschen Harald Biller.

4 Petronius, *Satyrikon.* Übersetzt von Carl Fischer (1918–1999), mit den Ergänzungen von Nodot in der Übersetzung von Wilhelm Heinse und einem Nachwort von Bernhard Kytzler. Mit 10 Bildtafeln der Ausgabe von 1694/95. Winkler Verlag, München 1962.

5 Mit 3804 Toten wurden 2018 mehr Zivilisten getötet als in den vorangegangenen neun Jahren des Kriegs; hinzu kamen 7189 Verwundete. 63 Prozent waren Opfer von Aktionen des Widerstands (37 Prozent solcher der Taliban, 20 Prozent des Islamischen Staats und 6 Prozent anderer regierungsfeindlicher Gruppen) und 24 Prozent von Luftschlägen

der NATO und, hauptsächlich, der US-Streitkräfte, welche 6823 Bombardierungen durchführten, mehr als in den sechs vorangegangenen Jahren. Quelle: Kathy Gannon, *AP News,* 24. Februar 2019.

6 Rod Nordland und Fahim Abed, ›Afghan Military Deaths Since 2015: More Than 28 000‹, in: *The New York Times,* November 15, 2018.

7 *The Panjshir Flood in Afghanistan.* International Center for Integrated Mountain Development (ICIMOD), Kathmandu, Nepal, 2019. Letzter Zugriff 14. Juli 2025.

8 *Establishing Pir-Yakh Glacier as a benchmark glacier in Kabul basin, Afghanistan.* International Center for Integrated Mountain Development (ICIMOD), Kathmandu, Nepal, 2019. Letzter Zugriff 2. Juli 2025.

Kein Versehen im fremden Land
Lewis-Gletscher. Kirinyaga. Kenia 2021.

Wäre nachts kein nasser Tropenschnee auf das Haupt des alten Feuerbergs gefallen und hätte die fünf Furchen nachgezeichnet, hätten wir sie kaum beachtet. Die aschigen Ränder, im Stracciatellaschutt eingeprägt, schlängeln sich aus dem Vordergrund durch Brekzien über das wellige Gelände zu einer Kante mit Trümmern im Nebel. Sonst ist da nichts. Jede Maßstäblichkeit fehlt, auch jedes bestimmbare Licht.

R. liebt die Fotografie davon. Ich habe ihr den kleinformatigen Gelatinsilberabzug geschenkt. Ob die Zeichnung im aufgeweichten Grund sie schon an jenem Dezembermorgen, Tag 6, am Kirinyaga, an ihr eigenes Werk *mistaken for alien land* (2019) [1] erinnert hat? Jedenfalls hängen die *Hyrax Highways* in Passepartout und schwarz lasiertem Holzrahmen jetzt rechts neben ihrer Temperamalerei, eine Leinwand von der Bodenleiste bis knapp unter die Zimmerdecke.

Auch auf ihrem Werk könnte einer der *Heterohyrax brucei* oder Klippenschliefer, die die Erzeuger der fotografierten Furchen waren, die fedrige geschwungene Linie hinterlassen haben, welche auf die dunkle Leerstelle im Zentrum der blau-violetten Malerei zuläuft.

Hyrax Highways.
Kirinyaga (Mt. Kenya). Kenia. 19. Dezember 2021.

Dorthin auch hätte das schwanzlose Kleintier verschwinden können, um in der Vorstellung durch Gänge und Brüche eines Felskörpers schließlich die Wand des tatsächlich existierenden Bergs zu finden, von wo es, auf dem vorkragenden überfrosteten Sims hockend, uns beäugt hatte an Tag 5 bei der Rast nach dem frühen verregneten Aufstieg durch die stygische Klamm über Camp Lake Michaelson.

*

Zum Lake Michaelson waren wir an Tag 4 über die Chogoria-Route gelangt.

Während des Aufstiegs regelmäßig der Blick in die ferne Höhe. Batian (5199 Meter), Nelion (5189 Meter) und Point Lenana (4985 Meter) abwechselnd umwölkt, verschattet, dann wieder von zerrissenem Sonnenschein aus dem tiefen Nordhimmel gehauen.

Ich hatte mir vorgenommen, beim Gehen das Angelesene aufzurufen und die subglaziale letzte Eruption des Stratovulkans vor 2,71 Millionen Jahren vor dem inneren Auge als Diorama ablaufen zu lassen.

Im Verlauf der sieben, acht Stunden war es dann aber schon Aufgabe genug gewesen, das Höhenprofil vor einer Million Jahren über das heutige Relikt des Feuerbergs zu ziehen – dieses ragt 2000 Meter weniger hoch als jenes – und mir die wesentlichen Vorgänge *nach* der Explosion in der phreatomagmatischen Phase vorzustellen, als es im thermischen Schockereignis des Kontakts von Magma und Eis zu Verdampfung, Verglasung und Zerstäubung kam – kurz, Vorgänge wie das Herunterschwimmen des

Rebekka Steiger (*1993), *mistaken for alien land,* 2019.
Tempera auf Leinwand (240 x 180 cm).

Gletschers auf Schmelzwasserfluten, Herausschleudern von pyroklastischem Gestein, Ausströmen der Lava, Verwittern der Lockermassen während Jahrhunderttausenden, am Ende der letzten Eiszeit, zirka 18 000 Jahre vor Heute, Ans-Licht-Treten des kristallisierten Schlotgesteins, dessen Abtragung und Herausbildung der Gipfelzone, deren drei höchste Spitzen Sir Halford Mackinder 1899 nach drei Massai-Häuptlingen benannte.

Die Sonne hatte nahe dem Zenit gestanden, als wir, den Hang über dem Road Head Camp (3300 Meter) hinter uns, auf der krass abfallenden Schulter des Gorges Valley angelangt waren. Das Trogtal von Lauterbrunnen im Berner Oberland[2], pubertierende, in Ausgestaltung befindliche alpine Landschaft, passte mehrfach in dieses ungeheure glaziogeologische Werk im gefestigten Lebenslauf des Kirinyaga.

An dessen Ostflanke, unserer Aufstiegseite, ist gemäß einer konsultierten Publikation[3] die glaziologische Entwicklung im Einzugsgebiet des Nithi-Bachs erkennbar.

Nur, die von Passatwinden bestrichenen leeseitigen Hänge werden von der typischen Vegetation der afromontanen Heide- und Moorzone verhüllt – stacheliges Tussock-Gras, Polsterpflanzen-, Horst- und Heidegräserdecken. Schließlich hatte ich den Blick vom staubigen gleichförmigen Grün abgewandt und auf den Pfad geheftet. Das Pochen hinter der Stirn war immer stärker geworden. Die Schritte zählend war ich ins Selbstgespräch verfallen; der Versuch, die Formen der glazialen Überprägungen herbeizuzitieren.

An den Abhängen selbst waren die typischen Merkmale

der Dynamik der alt-quartären Vereisung weit zurückgefallen. Die glaziale Serie, deren Formensequenzen zwei Vereisungsphasen unterschiedlicher Ausdehnung im Einzugsgebiet des Nithi-Bachs repräsentieren, liegen nämlich knapp über der Bergwald-Zone auf einer Höhe von 3000 Metern, in der weiteren Umgebung des Road Head Camp.

Was wegen der Hangvegetation nicht zu sehen gewesen war:

In Schmelzwasserrückständen über verwitterten Tuffen abgesetztes Moränenmaterial. Verfestigte, einst die Eisspalten füllende Sedimente. Windverfrachtete Ablagerungen. Verborgen ohnehin die tief unter all diesem ruhende Endmoräne der ältesten, am Mount Kenya nachweisbaren Gorges-Vereisung im Frühpleistozän (ca. 780 000 Jahre vor Heute) – ihre Datierung vor dem Eintreten der Matuyama-Brunhes-Grenze, ein Zeitmarker der Erdmagnetfeldgeschichte, stützt sich auf im Vulkangestein erhaltene Spuren der Drehung der Polarität von der sogenannten umgekehrten am Südpol zur normalen Polarität der Gegenwart.

Gleichzeitig im überforderten Kopf vulkanische Aktivität, paläoklimatische und glazialmorphologische Wechselwirkungen. Am besten ein Bild machen kann ich mir von der Kristallisation des vulkanischen Pfropfens irgendwann im Lauf des Pleistozäns, weil sich seine Reste in den drei erodierenden Gipfeln erhalten haben.

*

Wenn es stimmt, dass es »*ein Merkmal der Schweizer Berge ist […], sie nach oben und nicht nach unten zu betrachten, den Gipfel und nicht den Fuß*«[4], dann hatte mich im fremden Land beim Aufstieg die in der Heimat angewöhnte Perspektive angeleitet.

Weit weg gewesen vom geologischen Ambiente des Kirinyaga war die Pandemie.

Ebenso der Diskurs zum Dualismus von Natur und Kultur, welcher manche Auffassung der zeitgenössischen Kunst befeuert. Aber um das Dilemma der Mensch-Umwelt-Beziehung produktiv aufzulösen, hatten R. und ich den Kirinyaga nicht erstiegen.

Seit ich die Darstellung von Gletschern aus terrestrischer und aviatischer Perspektive betreibe und verfolge, wie mit diesem und anderen Anzeigern der Klimakrise künstlerisch verfahren wird, hege ich ein ambivalentes Verhältnis gegenüber mancher Repräsentation; darunter Edward Burtynskys hyperscharfe vereinheitlichende Wiedergabe petrochemischer Geografien, Montanindustrien, Recyclinglandschaften und landwirtschaftlicher Großsysteme.[5] Es sind faktische rigide, auch gefällige Analysen des Anthropozäns. Eine Art porenlose fotografische Firnis scheint den Rezipienten vor dem Anmaßenden, Monströsen und Toxischen der Motive zu schützen. Wenn ich diese Bilder studiere, dann nicht aufgrund ihrer Ästhetik, sondern weil sie einen ganz anders erlebten und bildlich umgesetzten Zugang auf die umgestaltete oder versehrte Umwelt als meinen repräsentieren. Degradieren sie nicht, frage ich mich, deren Wirklichkeiten innerhalb einer rhetorisch-konzeptuell abgesicherten Praxis zum künstlerisch angeeigneten Natur/Kultur-Spiegel? Machen es Burtynskys distanzierte farbige, gar suprematistisch anmutende Geometrien dem Betrachter nicht schwer, sich selbst als mannigfach in die unter den abgebildeten Oberflächen stattfindenden Prozesse verstrickten, immerfort begehrenden Konsumenten wahrzunehmen? In diesen Repräsentationen nehme ich immer die Überlagerung zweier Ebenen von Gestaltung wahr. Da ist zum einen die formale, aus den funktionalen Gegebenheiten (oder der Natur) des Motivs resultierende und zweitens die deren fotografischer Organisation auf der Bildfläche. Auf mich wirken manche dieser Bilder im Betrieb befindlicher Anlagen oder aufgelassener Stätten wie zweidimensionale ›Gipsabgüsse‹. In ihrem Anblick ergeht es mir plötzlich wie Hegel bei jenem der *»ewig toten Massen«* des Grindelwaldgletschers – es bleibt *»nichts als die einförmige und in die Länge langweilige Vorstellung: es ist so«.* [6]

Was ist zu tun, habe ich mich im Lauf der Jahre regelmäßig gefragt, um die Neugier des Rezipienten an meinen Gletscherlandschaften zu entzünden. Wie viel muss ich selbst, da ich mich nicht als von meiner ›Glaziologie in Bildern‹ abgekoppelter aufgeklärter Urheber verstehe, über die Eigenschaften der Kryosphäre und ihre Reaktionen auf die Erderwärmung wissen, um entgrenzende, nicht begrenzende Fotografien herzustellen? Welche künstlerische Haltung, wenn nicht Demut, sorgt vor, dass ich mich nicht über den Gegenstand erhebe, sondern bei ihm bleibe?

Zugegeben, bei den zuvor aufgesuchten Ölfeldern und Goldminen Zentralasiens war dieses Bedürfnis entfallen.[7]

Die Idee, die eigene erlebbare Zeit nach der im Gletschereis gefrorenen Zeit zu bemessen, hat als Motivation bis jetzt getaugt. Sie ist mir zuweilen vermessen erschienen, hat aber auch immer wieder einen Schub erhalten.

Als ich der gefrorenen Zeit endlich auf Augenhöhe und im Abstand von fünfundvierzig Zentimetern – die minimale Naheinstellgrenze des Zeiss-Objektives mit 50 mm Brennweite – begegnete, wurde mir bewusst, dass meine Bedenken eigentlich lässlich waren. Es hatte auch nichts Kränkendes, dass sich die vom Gletscher verkörperte Zeitlichkeit meiner Verständnisfähigkeit entzog. Es genügte die dokumentarische Aufnahme von dem, was sie überhaupt sichtbar machte.

Wie Gerard Manley Hopkins am 15. Juli 1868 beim Grindelwaldgletscher unter *»Reihen von Hundezähnen [...] in die absurde Grotte [ging]«*[8], verfügte ich mich am 3. September 2014 in den bretterbefestigten Stollen des Rhonegletschers.

Auf dem bucklig ausgeaperten Eis des Gletscherzungenendes lag eine große Fläche gesteppter UV-resistenter Geotextilien[9] wie eine vom Sturm flachgelegte zerzauste Zeltstadt. Jahr um Jahr ausgebreitet zur Sicherung der Grotte, nicht zur Entschleunigung des Eistaues. Solange sich für die Familie, welche alte Alprechte zur Sömmerung von Vieh besitzt und damit auch den Gletscher bewirtschaften darf[10], der Aufwand, in den kryologischen Leichnam eine Grotte zu fräsen und mit Strom zu versorgen, *»noch lohnt«*.[11]

In der Grotte dieses Gletschers sah Hopkins *»eine verästelte Drahtstruktur«*.[12]

So ist es.

Ich will diese Struktur beschreiben, denn meine fotografische Wiedergabe bleibt auch als treue Abbildung der Zeitlichkeit im Eis trügerisch.[13]

Eiskerne. Rhonegletscher.
Urner Alpen, Schweiz. 3. September 2014.

Unregelmäßiges Mosaik plattiger Formen mit fantastischem Liniennetz. Deutlich sichtbar hindurchsetzende Haarsprünge als Auslösungen von Temperaturspannungen oder Folgen des Überdrucks in eingeschlossenen Luftblasen. Im Zungenbereich des Rhonegletschers, dort, wo sein ältestes Eis ist, mit größeren Körnern als im jungen Eis weiter oben, haben die an den Berührungsstellen der Körner liegenden unterschiedlichen Kraftfelder zusammen mit der Schwingung der Moleküle bewirkt, dass die Moleküle schwächerer Körner in stärkere Körner übergehen und diese auf Kosten jener in sie hineinwachsen.

Ein ephemeres Schnittbild der Kornbildung durch die Stratigrafie des Gletschers. Fünfhundert Jahre glaziales Fließen und Einsinken, Verdichtung, Verschmelzung und Verfestigung – die Eiskristallränder verklammert in gegenseitiger Kannibalisierung.

Ist die Fotografie der Drahtstruktur mit ihren Bläschen (und den eingeschlossenen, nur in einem Bohrkern erfassbaren Partikeln) eine Ästhetisierung anthropogen verursachter Toxizität? Ist das Triptychon der Abdeckung auf dem Gletscher, aus dem die Grotte seit 1870 gehauen wird, eine visuelle Schuldzuweisung (Fotografie Seite 20)?

Beide Arbeiten verstehen sich nicht so.

Ich meine, dass es im Rahmen der Herstellung fotografischer Bildzeugnisse anthropogener Erdbeschädigung und allenfalls darin zum Ausdruck gebrachter Zuweisung von Verantwortlichkeit zunächst darum geht, zu unterscheiden zwischen dem globalen Kollektiv ›der Mensch‹ und einem Interessengeflecht politischer, staatlicher und wirtschaftlicher Akteure[14], das einer gegenseitigen Kannibalisierung unterworfen ist, wenn auch einer weniger ästhetisch wirksamen als die Eiskörner im Gletscher. Kämen diese Eliten ihren Verbindlichkeiten gegenüber dem Gemeinwohl nach, würden Millionen kleiner Feuer nicht mehr entfacht.

Weil aber auch mein eigenes Feld, die Fotografie als Industrie und ihre Kunst als Markt, in herrschende Machtverhältnisse gebettet ist, mein Vorsatz, der Natur nicht als Objekt, sondern als Subjekt und verletzlicher Größe zu begegnen.

Zuweilen sehe ich dabei im eigentlich Schlimmen auch unerwartet Schönes. Vielleicht geht es mir dabei wie den Blättern des Baumes, die nicht wissen, ob sie den Wind bloß wahrnehmen oder ihm antworten.[15]

Die Malerei von R. hat mich mit einem befreiterem Umgang mit der Natur bekannt gemacht – im Betonkörper der umgenutzten Verbrennungsanlage.

Direktes Licht fällt nur durch ein klobiges kleines Quadrat hoch oben in der Wand. In diesem kruden Rahmen nimmt man von einer bestimmten Stelle im Atelier aus die Spitze des Pilatus anders wahr als von J. M. W. Turner dargestellt auf seinen Alpenreisen 1841–1844.

Ein ganz bestimmtes Werk von R. und der dazugehörige Text haben mir eine nie bedachte Tatsache vermittelt: Vereisung ist etwas anderes als eine fotografische Langzeitbelichtung.

In der Fähigkeit, schreibt R., Spuren des eigentlich Flüchtigen festzuhalten und vorzuführen, besitzt Vereisung malerische oder skulpturale Qualitäten und bezieht sich im Satz auf einen in Reaktion auf ›Eiswind‹ entstandenen und zur Malerei gewordenen Ausschnitt im überfrorenen

Bach des Val Lumnezia. *»Es ist, als ob das Eis den Wind sichtbar machen würde. Als ob der Wind die Äste in Stellung gebracht hätte, damit sie in dieser so unübertrefflichen ästhetischen Anordnung vom Eis versiegelt und im gekrümmten Schwung beschwert würden. Die Wassertropfen bis in die Spitze der sich aufbauenden, gläsernen Fischflosse gedrängt, wo sie, getragen vom hölzernen Skelett, von der Kälte erstarrten.«* [16]

*

R. hatte den Lake Ellis – als Zungenendsee markiert er das maximale Herabreichen der Mount-Kenya-Gletscher in der Prä-Brunhes-Periode zwischen 0,73 und 0,79 Millionen Jahren vor Heute – gleich nach Ankunft im Road Head Camp am Tag 2 besucht.

Ich war beim Zelt geblieben mit dem gespenstischen Wissen aus meiner Bibliothek und um die nasse Kleidung zu trocknen.

Den ganzen Morgen hatte es geregnet. Kaum einen Steinwurf über den Nithi Falls hatten wir den reißenden Bach gequert – R. ohne Wahinyas ausgestreckte Hand. Davor, noch im Nebelwald, nah der zerstörten Urumandi Hut, hatte R. unter Epiphyten einen Baumschaft in der Form eines archaischen Hakenpflugs fotografiert. Windbruch, oder war es Wild, hatte ihn geknickt.

*

Ich hatte R. aus den Augen verloren, während sie auf der Chogoria-Route, Tag 4, zum Lake Michaelson unterwegs gewesen war, durch eine Max-Ernst-Landschaft.

Eine Phantasmagorie nach der anderen. Beidseits des

krustigen Pfads die Kunstformen der Natur des Feuerbergs. Meterhoch ragende Blütenstände der Lobelien, silberfasrig verhüllt. Stummeltürmchen und phallische Schäfte als letzte Ausrufezeichen sonst abgetragener Moränen. Überhängende Kolonnaden erodierter Basaltsäulen. Dann die Wiederbegegnung mit Kohorten hundertjähriger Dendrosenezien; regelrechte Schopfbäume mit verholzten Stämmen und leuchtenden Kronen, deren dicht und korbig gepackte Blätter das Pflanzenherz schützen vor nächtlichen Temperaturen. [17]

Am Vortag, Tag 3 und mein Geburtstag, hatte mich R. überrascht mit sechs monotypierten Miniaturen, vier davon versehen mit Reitergestalten. Gewidmet hatte sie die Reihe ihrem *travelling man.* [18]

*

Ohne Pandemie gäbe es unsere Liebe nicht.

R. hätte gemalt in Caochangdi, dem Kunstdistrikt im östlichen Beijing.

Ich hätte erneut in Myanmar den Dämmer der Mangroven im Delta des Irrawaddy aufgesucht, es sei denn, die Rhododendren in dessen vergletschertem Quellgebiet im Minderheitsstaat Kachin an der Grenze zu China hätten mich verschluckt.

Entrinnt man nach wochenlangem Aufstieg dem unberührten Tropenwald, würde sich, das der Ansporn, einem dort oben vielleicht die Aussicht eröffnen auf einen der heimlichen Hängegletscher dieses südasiatischen Landes. Es entsendet sie der Hkakabo Razi (5883 Meter, vermutet)[19], ein Karling größter Schönheit. Sein rasierklingenscharfer Gipfelgrat ist glazial skulpturiert; aus ihm stechen, wie die *Nga-htat-gyi* oder *Tha-hti,* die Flammen- oder Diamantspitze, aus dem Schirm auf der vergoldeten Kuppel einer Stupa, Granitnadeln als unüberwindliche Hindernisse.

Der Letzte, der etwas Weniges über die Gletscher des Hkakabo Razi geschrieben hatte, war ausgerechnet ein Pflanzenjäger.[20]

Heute sind das Einzige, was spärliche Auskunft über Gletscherstände vermittelt, die Fernaufnahmen aus dem Orbit. Nicht einmal das ICIMOD[21], Myanmar gehört dessen Länderverbund an, unternimmt Erkundungen nördlich von Putao.

Zudem überzieht seit dem Putsch vom 1. Februar 2021 eine neue alte Junta das Land mit Krieg gegen ethnische und religiöse Minderheiten und zerschlägt die Freiheiten der aufgekeimten Zivilgesellschaft. Die seit den 1960er-Jahren kultivierte Xenophobie gehört zur DNA des burmesischen Machtapparats. In den 1990er-Jahren drangsalierte und indoktrinierte das Vorgängerregime die Bevölkerung mit Slogans wie »Beware of Aboveground and Underground Destructive Elements« oder »Crush all Internal and External Destructive Elements as the Common Enemy«.

Als ›außer-ländischer‹ Fotograf wusste ich jederzeit, ich bin Träger alles Abstoßenden und Verhassten, und die systematische Dämonisierung und ›Fremdmachung‹ galt somit auch mir. Spott über SLORC, das orwellianische Akronym des State Law and Order Restoration Council, verging mir am ersten meiner *Burmese Days*[22], nicht aufgrund des Klangs wie INGSOC in *1984*, sondern weil es mich an die in diesem Buch gezeichneten Kältebilder erinnerte in der größten Hitze der Trockenzeit.[23]

*

Die Katze an ihrer Schulter, sitzt R. im Sessel vor *mistaken for alien land.* Im Fenster ein Morgenleuchten, als hätte es irrtümlich geschneit.

Der Kirschbaum ist der nächste, der erblühen wird.

Auf dem frisch abgelaugten kleinen Tisch die ersten Blätter des Manuskripts dieses Buches.

*

Unterwegs auf der Chogoria-Route hatte mein Auge nebst den drei Gipfeln des Kirinyaga immer wieder die Klamm über dem Lake Michaelson angepeilt. Von unwiderstehlicher Anziehungskraft, steilwandig titanisch; vom Eisstrom zwischen geschichteten vulkanischen Klippen und einem magmatischen Trachytstock gefurcht und überprägt. Die ungeheure Symmetrie dieser geologischen Oberflächenform, die bedrohliche Mächtigkeit des Portals hatte sich aber erst anderntags, Tag 5, gezeigt.

Nach der Begegnung mit dem Hyrax, dem Klippenschliefer, hatte ich beim Weitergehen, nun in der afroalpinen Zone, der Versuchung, mich regelmäßig umzublicken, nicht widerstehen können. Die besonnten Wände des Gorges Valley hatten grell durch das Portal in die diesseitige Düsternis des Morgens hineingestrahlt, ihr Widerschein wie von einer optischen Blende gebündelt. Schwere Regenwolken hatten es überdacht. Flanken und Fuß des klaffenden U waren von Nebelbändern im thermischen Aufwind umflort.

Stunden später, auf dem Grat, in welchem der Point Lenana ausläuft und an dessen abgekehrter Seite der Lewis-Gletscher schmilzt, hatte ich das Portal über die mit Senezien gesprenkelte moorige Senke hinweg, wo die Spur des Pfads gerade noch lesbar gewesen war, ein letztes Mal sehen können. Auf dem Felsbalkon darüber eingebettet und bleimatt schimmernd das Wasser der Hanging Tarns.

Ich hatte Kammeis gekostet, mich abgewendet und weiterhin durstig zusammengerafft für das letzte Stück zur Austrian Hut.

*

R. ist auswärts beschäftigt mit Sprachaufnahmen ihrer *Titelgeschichten,* Andrucken der Bildtafeln des Buches und anderem zur baldigen Ausstellung, während mich die Leinwand *mistaken for alien land* nicht loslässt.

Von so nah betrachte ich sie zuweilen, dass die Stirn fast das Gewebe berührt. Gerade den zentralen Bereich der Malerei, wo diese nichts zeigt, oder wo ich nichts erkenne außer die beim Aufwärtsfließen eingetrockneten dunklen blaupurpurnen Farbströme, wo aber auch keine Lücke ist. Mit jedem erneuten Hinschauen etabliert sich an dieser Stelle der Kirinyaga. Immer deutlicher, bis sich der Eindruck, er erhebe sich dort in seinem ursprünglichen äußeren geologischen Mantel, als nicht mehr wegdenkbar verfestigt. Sogar eine Firnhaube ist plötzlich da – lasierende, in hohem Weiß sich verdichtende breite Pinselspuren.

Für den Missionar Johann Ludwig Krapf, der am 3. Dezember 1849 als erster Weißer vom äquatorialen Eisklima am Kirinyaa – ›Berg‹ in der Sprache der Kamba, oder Kirinyaga, ›leuchtender Berg‹ in jener der Kikuyu – berichtet hatte, waren die aus der Ferne gesehenen Schimmerspitzen schicksalhaft gewesen; Sinnestäuschung wurde ihm vorgehalten. Was undenkbar war, durfte nicht sein. Konnte es gar nicht – obwohl: In Wirklichkeit übersteigt der afrikanische Kontinent hypsometrisch tatsächlich manchen Berg nördlicher Breiten. Den Mont Blanc etwa, an dessen Kuppel die Firnhaube erinnert, die jetzt auf der Leinwand *mistaken for alien land,* in raschem Pinselduktus gemalt, deutlich scheint.

Doch jetzt, da etwas Benennbares den eingebildeten Feuerberg überdacht, kommt die Frage auf, ob meine Vorstellung nicht etwa ein montanes Gebilde überlagert, das R. bereits in die Komposition von *mistaken for alien land* eingebracht hatte. Der nicht leere Bereich unter der Firnhaube dieses ungemalt gebliebenen, aber mitbedachten Bergs wird nämlich je länger, je mehr zur eigentlichen Kraftstelle dieser Malerei.

Diese Aussparung ist der Zutritt zu *mistaken for alien land.* Das, was Burtynskys statisch austarierte Pflasterung mir nicht gönnt. Das auch, worin mit ein Grund liegen mochte sowohl des zeitgenössischen Unverständnisses als auch der Wertschätzung von Caspar Wolfs Malerei. Erneut bei ihm vorbeischauend[24], bringt mich diese Aussparung zum *Infinito;* maßgeblich für die ästhetische Erfahrung der auf den Schweizer Alpenmaler folgenden Romantik. Sie wird die horizontvernebelnde Gebirgslandschaft hervorbringen, über die hinweg Caspar David Friedrichs romantischer Wanderer ins Unendliche staunt.

Die direkte nachbarschaftliche Hängung von *mistaken for alien land* und *Hyrax Highways* im Zimmer legt es nahe, Friedrichs Rückenfigur kontrapostisch den Klippenschliefer zuzugesellen. Durch die nicht leere Lücke, die strategische Aussparung in der Malerei, habe ich den Hyrax, dessen Fell am Kopf mit Tasthaaren besetzt ist, zu Beginn meiner Betrachtung von *mistaken for alien land* in das vorgestellte Gebirge geschickt; ihm bin ich gefolgt bei der Augen- und Gedankenreise durch die Rätsel dieser Leinwand.

*

Der letzte kolossale Geröllhang vor dem Gipfelbereich, nachdem das nun verschattete Portal hinter Tooth und benachbarten Zacken außer Sicht war, hatte mich gefordert. Nach den acht Stunden Aufstieg von Tag 5 waren die Holztafeln mit den abnehmenden Distanzangaben zur Austrian Hut, die den Weg durch das Chaos der nassen glatten Platten markieren, mehr Pein denn Erlösung.

Schließlich hatte ich das Vorfeld des Gletschers doch erreicht.

Die Träger hatten die Zelte aufgeschlagen.

Wetterwendisch wie er begonnen hatte, mit Schneegeruch in der Luft, war der lange Tag zu Ende gegangen. Dunkles Gewölk hatte über Batian und Nelion gehangen; allein über der Einsattelung rechts des Gipfelstocks fahle Helle.

Der Koch war herbeigelaufen mit frisch gebackenen Samosa. Ich hatte abgewinkt.

Der *travelling man* war in die Knie gegangen, um seine Waden von albernen zerschlissenen Behelfsgamaschen zu

Lewis-Gletscher. Kirinyaga (Mt. Kenya).
Kenia. 18. Dezember 2021.

befreien – mit Gaffer-Klebeband befestigte Wäschebeutel des ›Chinggis-Khaan‹-Hotels in Ulaanbaatar und des ›Victoria-Jungfrau‹-Hotels in Grindelwald, seit Jahren in der Reisetasche.

Mattes Aufscheinen des im Gletschervorfeld liegenden Curling Pond, nurmehr eine Träne, hatte unverhofft einen Hauch von Beleuchtung angekündigt. Der Nebel hatte sich nach und nach gehoben, bis der Gletscher wie ein vergessen gegangenes zum Dreieck gefaltetes Einstecktuch auf der Flanke des Point Lenana gelegen hatte. Letztes Licht war über den rötlichen Hangschutt an den Gletscherschrund gekrochen, zuletzt auf einen Flecken Eis gehuscht. Der Perlmuttglanz hatte gedauert, gerade so lange wie die Aufnahme.

R. hatte sich entfernt, um mich die Aufnahme machen zu lassen, wegen der ich zum Kirinyaga gekommen war.

Am höchsten Punkt der Route, auf 4800 Meter, nun keine Atemnot, Benommenheit und Halluzination, keine Übelkeit und Schwindel – Ursachen meiner Erschöpfung am Mir Samir im Hindukusch[25] –, welche die Heftigkeit des geteilten Naturerlebnis beeinträchtigt hätte.

Davor, am letzten Hangstück, kein Versehen im fremden Land, hatte ich im Hidden Tarn einen der von R. gemalten Karseen des Val Lumnezia erkannt, dann, nachdem ich sie auf den abschüssigen magmatischen Platten am Rand des Plateaus wiedergefunden hatte, die im Gewölk verschwimmenden gestaffelten Gratkonturen gesehen und darin die Trocknungsränder, die sich entlang der mit aufgesprühtem Wasser gesteuerten Farbzonen ausbilden, wenn R. eine Leinwand in unterschiedliche Richtungen kippt.

*

Aber da ist in *mistaken for alien land* noch diese Kringellinie im Vordergrund, die im Duktus so stark kontrastiert mit dem leuchtenden, die Aussparung im Zentrum der Malerei umwirkenden Formengerank.

Es gibt dieses aus dem Gestus der Arbeit entstehende Formelement in zahlreichen von R.s Malereien.

Vielleicht weil die Schlaufen mit der Pinselzwinge nachgeritzt sind, denke ich an verlegten NATO-Draht – als ginge es R. bei dieser Leinwand um Krieg. Oder auch? *Alien*-Land – fremdes Land, das mit historischen oder sonstigen Vorwänden, aus ideologischen oder sonstigen Ressentiments in feindseliger Absicht angegriffen werden darf? Kalter Krieg? Neuer Frost – während der Erdball sich erwärmt.

Da ich die malerische Verlegung der mit gestanzten Klingen besetzten Edelstahlrolle imaginiere, stellt sich weniger als die Frage nach deren Überwindung die ihres Zwecks. Wen oder was könnte eine solche Anlage abhalten vom Zutritt in das violett-purpurne *Alien*-Land? Wem oder was könnte sich das Hindernis entgegenstellen? Imagination wird Interpretation; Fantasiertes begegnet Beabsichtigtem. Im Titel der Leinwand jedoch ein unmissverständliches Signal – *mistaken for alien land* verhandelt Begriffe wie ›fremd‹ und ›ausländisch‹.

Diese Malerei ist auch politisch.

Zahlreich sind die Berittenen in R.s Malerei. In Öl, Tempera, Gouache und Kreide tauchen sie auf in blumigen dräuenden flammenden staubverwühlten Landschaften, in samtigem Talgrund, zwischen angekohltem Unterholz, hinter blütenbesetzten Wandschirmen, versprengt in Stürmen, tänzelnd als Vortrab, oder ganz allein auf der Bastion der Großen Mauer Chinas. Unter diesen fliegenden, das Schwert führenden Figuren, nie Spazierreiter und merkwürdigerweise nur selten mit Schatten, ist der zweite Reiter der Apokalypse nie ganz absent – in Landschaften jeder Art.

Indem die Malerei *mistaken for alien land* den Krieg nicht vorführt, vergegenwärtigt sie ihn.

Thukydides sagt, *»daß im menschlichen Verhältnis Recht bei Gleichheit der Kräfte [gilt], doch das Mögliche der Überlegene durchsetzt, der Schwache hinnimmt«*.[26]

Dieser Schwache erleidet, was er muss im Krieg – in dem des Attischen Seebundes gegen das neutrale Milos 416 v. u. Z. und heute am Rand der NATO in der Ukraine; im Sudan, in Myanmar und an jedem von ihm heimgesuchten Ort, wo die Gleichheit der Kräfte ein unbekannter Zustand ist oder bestenfalls eine Erinnerung.

mistaken for alien land ist eine hintergründige Malerei. Sie ist Ausdruck von Ungemach angesichts der Weltlage, aber auch ein Gegenentwurf zu planetarischen Dystopien und klimaphobischer Ohnmacht.

Keines der Wesen oder Objekte, welches ich bildlich in das *Alien*-Land projiziere, müsste zwingend Fremdartiges sein; es könnte ganz einfach seinen taxonomischen Platz noch nicht gefunden haben.

Am Kirinyaga war der Imagination erdgeschichtlicher Vorgänge manches Bild versagt geblieben. Vor der Leinwand herrscht der subjektive Raum der Bildwahrnehmung. Alles ist vorstellbar. Alles ist auch denkbar und besitzt so hypothetische Existenz.

Die um den im nicht leeren Zentrum der Leinwand vorgestellten Feuerberg herum gemalten, an luminiszierende Mikroorganismen erinnernden arabesken Gebilde müssten weder einer fernen Galaxie entborgt noch bloße kreative Erfindungen, sondern könnten planetarische Arten sein, aus angestammten Ökosystemen gedrängt und zur Migration genötigt durch Veränderungen der gekippten Umwelt. Unter dem überfirnten Vulkan, den R., wie ich unterdessen weiß, tatsächlich in die Komposition der Leinwand hineingedacht hat, tauten dann tiefenvereiste Böden, denen Methan entweicht. Und wenn sich im leeren Zentrum der Leinwand statt dem Vulkan ein Seeberg erheben würde, wären seine Hänge statt mit erratischen Blöcken mit polymetallischen Knollen übersät.

*

Im Abstieg, Tag 6, waren wir noch an weiteren, in verschatteten Karen des Kirinyaga liegenden Gletscherresten vorbeigekommen.

Der Eisbalkon des Tyndal-Gletschers unter dem Batian.

Während Stunden hatten wir am Two Tarn Col ausgeharrt. Die fünf weit oben am Gegenhang fotografierten schneegefüllten Hyrax-Furchen mussten längst geschmolzen sein, als er endlich ins Licht gestoßen war. Vom Eisbalkon abgehend durch den schmalen Kamin eine stalaktitische Nabelschnur zum Toteis an der Basis der Felsstufe. Die ausgetauten Debris innerhalb des Kranzes der Endmoräne heller als das Festgestein, welches die Zunge bei der größten Ausdehnung des Gletschers nicht überlagert hatte.

Im Jahr nach der Reise zum Kirinyaga hatte R. in Tempera und Tusche ein mittleres Hochformat in hellem Rostorange gemalt. An die Leere eines diffusen lasurblauen Himmels stoßende Landschaft. Im Vordergrund vier Senezien. Dazwischen mit weißer Ölkreide skizziert eine Antilope, ein Mischwesen mit gegabeltem Gehörn, dessen unmodellierter Schatten als dritte Figur. Der Horizont, von links nach rechts oben angeschnittener spitzzackiger Dreiergipfel, Einsattelung und Pultberg. Am Fuß der weiß gehöhten Kar hängend der Lewis-Gletscher als den Hang hinabspannendes bleichrosa gläsernes Dreieck (Abbildung im Nachsatz).

Kommt *kirinyaga* aus einer sinnlichen und intellektuellen Anschauung der Natur, dann lässt diese Malerei offen, ob sie eine romantische Empfindung der Einigkeit der Motive ausdrückt oder deren Entzweiung und Auseinanderfallen. Aber auch wenn R. den Gletscher reduziert hat auf seinen bloßen blassen Schein, bleibt er auf der Leinwand erhalten als vergängliche Impression, eingebettet in die Geologie.

Meine Fotografie hingegen löst den Gletscher aus dem Berg wie das Skalpell einen Fetzen verbrannte Haut vom Körper eines Kriegsversehrten. Die fotografische Aufnahme ist, was sie immer ist – eine Aufzeichnung von Verlust.

Zwei Paar Augen.

Zwei Wahrnehmungen.

Darum waren wir auf dem Feuerberg und zu seinen Gletscherresten gegangen.

Der Kirinyaga hatte seine moribunde Eiszone[27] nur zögerlich preisgegeben. Aber er war ein bewillkommnender Fremder gewesen gegenüber uns zwei Fremden, die sein

Erscheinen und seine Präsenz überwältigt hatten, wie ein noch unbekanntes Kunstwerk Betrachtende dessen unvermittelte Gegenwart und Wirkung – sein Mysterium.

---

1 Rebekka Steiger, *Bīngfēng*. Hatje Cantz, Berlin 2025, Seite 150.

2 Theatrum Alpinum. Seite 61.

3 William C. Mahaney, ›*Geomorphologic and Lithologic Evidence for an expanded Mountain Ice Sheet in Mount Kenya during the Early Quaternary*‹, in: *Eiszeitalter und Gegenwart,* 41, Seiten 132–140. Hannover 1991.

4 Jean Paulhan, *Leitfaden einer kleinen Reise durch die Schweiz.* Verlag Gachnang & Springer. Bern-Berlin 2001, Seite 59. Französische Erstausgabe unter dem Titel *Guide d'un petit voyage en Suisse.* Éditions Gallimard, Paris 1947.

5 Edward Burtynsky, *Oil.* Steidl, Göttingen 2009; *Extraction/ Abstraction.* Steidl, Göttingen 2024.

6 G. W. F. Hegel, aus dem *Tagebuch der Reise in die Berner Oberalpen, 25. Juli bis August 1796;* in: *Frühe Schriften, Werke I.* Suhrkamp Taschenbuch Wissenschaft, Band 601, 2016, Seite 618. Theatrum Alpinum. Seite 61.

7 Daniel Schwartz, *Travelling through the Eye of History.* Thames & Hudson, London 2009. Seiten 49, 76–79, 82 f.

8 Gerard Manley Hopkins, *Journal.* Residenz Verlag, Salzburg und Wien 1994. Seite 77.

9 Daniel Schwartz, *While the Fires Burn. A Glacier Odyssey,* Thames & Hudson, 2017, Seiten 106–108.

10 Seit 1907 untersagt das Schweizerische Zivilgesetzbuch den Erwerb privaten Eigentumsrechts an Gletschern.

11 ›*Geliebt, verschmäht, verlottert: Das Erbe der Belle-Époque-Hotels*‹, in: *Neue Zürcher Zeitung,* Zürich. 16. Juli 2022.

12 Gerard Manley Hopkins, *Journal.* Residenz Verlag, Salzburg und Wien 1994. Seite 83.

13 Daniel Schwartz, *While the Fires Burn. A Glacier Odyssey,* Thames & Hudson, 2017, Seite 104 f.

14 Bilder und Geschichten aus ›Beiden Indien‹. Seiten 155 f. und 159 f.

15 Das Bild stammt von Francis Ponge, *Texte zur Kunst.* Suhrkamp, Frankfurt a. M. 1990, Seite 9.

16 *bīngfēng – blue streak,* in: Rebekka Steiger, *Bīngfēng.* Hatje Cantz, Berlin 2025, Tafel Seite 100 und Text Seiten 189 f.

17 An den ›Mondbergen‹, Seite 133.

18 Rebekka Steiger, *Bīngfēng.* Hatje Cantz, Berlin 2025, Seite 172.

19 Der Name setzt sich zusammen aus der tibetischen Wortkombination ka/kang = Schnee/weiß und ri = Berg/Mauer, wenn er nicht der tibetisch beeinflussten Sprache einer der indigenen Kachin-Gruppen im obersten Norden des Minderheitsstaats Kachin entspringt.

20 Frank Kingdon-Ward, *Burma's Icy Mountains.* Jonathan Cape Ltd, London 1949.

21 Zum International Center for Integrated Mountain Development siehe zwei Nachträge in: Was Alexander übersah. Seiten 233–235.

22 George Orwell, *Burmese Days.* Victor Gollancz, London 1935.

23 *Burma 1992. Eine Reportage, du,* Heft Nr. 11, November 1992 (Nr. 620). Conzett + Huber Zeitschriften AG, Zürich. Die Fortschreibung erfolgt mit *Burma 2012. Eine Reportage* als *du,*

Heft Nr. 12/01, Dezember 2012/Januar 2013 (Nr. 832) fotografiert von Philip Blenkinsop, Gary Knight und Daniel Schwartz. Du-Kulturmedien AG, Zürich.

24 Theatrum Alpinum, Seiten 53 f., 57 f., 71 und 76–79.

25 Was Alexander übersah, Seite 231.

26 *Der Peloponnesische Krieg,* Buch V, 89.

27 2010 hatte der Lewis-Gletscher neunzig Prozent seines Volumens und neunundsiebzig Prozent seiner Fläche von 1934 verloren, allein von 2004 bis 2016 sechsundvierzig Prozent der Fläche und siebenundfünfzig Prozent des Volumens eingebüßt. 2030 dürfte die längste Gletschermessung in den Tropen enden.

Augenblick und Zeitlichkeit
Kanderfirn, Aletsch-, Birch- und Langgletscher. Berner und Walliser Alpen. Schweiz 1971/72, 2009–2013, 2025.

Gedächtnisgeschichte (I). Kanderfirn und Langgletscher. Berner und Walliser Alpen. Schweiz 1971/1972.

Am 27. Mai 2022 wird die 1952 errichtete Hütte am Mutthorn als erste des Schweizerischen Alpen-Clubs SAC wegen Geländeverschiebungen mit einem regierungsstatthalterlichen Nutzungsverbot belegt und für immer geschlossen. Ein Paket von 100 000 Kubikmeter Fels des Mutthorns drückt den Steinbau immer rascher talwärts zum Kanderfirn, dessen Rückzug gleichzeitig die Aussichtsterrasse destabilisiert.

Ein Schicksal, das die Hütte teilt mit zahlreichen in Österreich. Kein Zufall deshalb, dass alpine Dendrochronologie am Institut für Geografie der Universität Innsbruck ein Schwerpunkt ist. Auch Schweizer Gletscherhölzer[1] werden dort nach Jahrringen datiert.

*

Mein Tourenbüchlein ist ein Notizheft, etwas schmaler als DIN B6, mit blauem Umschlag und karierten Seiten. Es ist zum Vorschein gekommen nach Vaters Tod. Er hatte es aufbewahrt zusammen mit meinem Gletscherpickel, Negativen und ein paar Kodacolor-Abzügen – meine frühesten erhaltenen Fotografien.

25. 7. 72
Gasterntal (Heimritz) – Mutthornhütte 2901
05.15 – 11.30
Wetter: Bedeckt, günstig. Nachmittag Regen, Gewitter.
Aufstieg über den endlosen Kanderfirn.

26. 7. 72 (vormittags)
Mutthornhütte – Wätterhoren (h. Punkt 3241 Grat)
08.45 – 10.15
Wetter: Sonnig. Gute Aussicht.
Kletterei in erodiertem Fels (leicht) bei Punkt 3165.
Tschingelfirn mit gewaltigen Spalten. Schneegrat.

26. 7. 72 (nachmittags)
Mutthornhütte – Mutthorn 3034
Klettern, Abseilen.
Wetter: Neblig. Regen. Kalter Wind.
Zerschneide mir beim Abseilen die Hand. Schlechter Fels, brüchig.

27. 7. 72
Mutthornhütte – Petersgrat – Blatten
06.00 – 14.00
Nebelmeer im Lauterbrunnental.
Petersgrat. Innerer Talgletscher. Wegsuche ins Inn. Faflertal. Abseilen.

Was auf den erhaltenen Kodacolor-Abzügen zu sehen ist:

Eine tiefe gewundene, stark überwächtete Gletscherspalte des Kanderfirns.

Vater auf dem Gletscher unter dem Tschingelhoren.

Der Kanderfirn. Weit unten die Piper eines Gletscherpiloten. Drei Personen. Etwas Schlittenförmiges. Am verschleierten Himmel ein Hubschrauber.

Das Tschingelhoren von der Mutthornhütte aus (zwei übereinandergeklebte Aufnahmen, eine vertikal, eine horizontal).

Das Tschingelhoren von der Mutthornhütte aus (drei übereinandergeklebte Aufnahmen, zwei davon Detailaufnahmen des Gletscherrands vor dem Terrassenfels).

Vater auf der Bank an der Hüttenwand. Gehäufte massive Holzscheite. Ein Spaltklotz.

Vom Wätterhoren aus die Wätterlicka.

Vom Wätterhoren aus das Panorama Rottalgletscher–Gletscherhorn–Äbni Flue–Breithorn.

Ein Siebzehnjähriger.

Am Seil, vor leichtem Gewölk, blickt er vom Petersgrat ins Lötschental und hockt auf dem Steinsockel einer Routenmarkierung oder eines Holzkreuzes. Die Gläserfassung seiner Gletscherbrille ist aus legiertem Metall. Die Haare berühren den Kragen. Er trägt ein lichtblaues Hemd und beige Knickerbockerhose, einen roten Brustgurt und dunkelblaue Gamaschen.

Was der Siebzehnjährige im Lötschental in den darauffolgenden Tagen sagen gehört hat:

Dass von dort vor ein paar Hundert Jahren eine Glocke über den Gletscher der Wätterlicka – also oberhalb der

Stelle, die er vom Petersgrat kommend traversiert hat – in das Lauterbrunnental hinübergetragen wurde. Dass während des Kriegs der Prior von Kippel, Vater ist mit ihm bekannt, auf dem Bietschhorn eine Messe feierte und man am Lötschenpass einen jahrtausendealten Pfeilbogen fand. Dass die geschliffenen Blöcke in den Matten ›Geisberger‹ heißen, nicht ›Erratiker‹ wie bei ihm am Jura. Dass es in den Gletschern seufzt und sühnt, aber auch mit erstarrtem Antlitz unverwesen schläft, und dass der talhinterste der Gletscher Langer Gletscher heißt.

Was in einem Buch aus Vaters Nachlass an Wettersignalen im Lötschental nachzulesen ist[2]:

Dass im Jahr 1782 Schnee in ungeheuren Mengen fällt, im Tal 1,25 Klafter, über der Waldgrenze ganze zwei Klafter[3], und die Lawine aus dem Inneren Tal die Scheunen auf der Fafleralp durchbricht
– am 9. Hornung (Februar) anno 1793 ein Vierzehnjähriger vom Staub und Druck einer Lawine in den gegenüberliegenden Wald getragen wird und erst am Aschermittwoch (20. Februar) vom Tod seiner drei Gefährten berichten kann
– 1806 in Kippel auf den Gemeinen Matten der Schnee über das ganze Jahr liegen bleibt
– 1808 im Heumonat (Mitte Juli/Anfang August) gewaltiger Raureif den Roggen nimmt, Schnee den zweiten Schnitt des Heus (Ende August/Anfang September) bedeckt und das fürchterliche Lauwitier (Lawine) vom Tämbachhorn (Tennbachhorn, oberhalb von Wiler und Blatten) kommt – welches losgetreten zu haben eine später in Frankreich verbrannte Hexe noch als brennende Fackel eingestehen würde
– am 12. Dezember 1808 abends um sechs Uhr ein

Lawinen- und Murgang das ganze Thenmatten-Dorf (Tennmatten, zwischen Ried und Wiler) mit seinen dreihundert Jahre alten Häusern und gleichzeitig große Lawinen vom Nest- und Birchchinn in Ried zwanzig Häuser verschütten

– 1816 der 11. April, Gründonnerstag, in Wiler ein Schreckenstag ist, weil die Wilära nach Regentagen und bis dato unbekanntem schrecklichem Schneefall von Mittag bis abends gegen neun Uhr fünfmal kommt und die Bätzla Tausende von Bäumen ausreißt, nebst anderem Merkwürdigen, das noch niemandem gehört hat bis zu diesem Jahr, dass es mit Recht als ›immerwährender Winter benamst‹ werden kann, weil auch Schnee den Talgrund bis in den Brachmonat Mai bedeckt.

Dass im ›Jahr ohne Sommer‹ aber auch noch Folgendes ist:

»In jenem Jahr konnte man den ersten Raub, das Heu, erst um Sankt Jakob (Jakobus d. Ältere, 25. Juli) *und Zänt Annun* (Heilige Anna, 26. Juli) *herum in die Scheunen bringen, den Roggen, das Winterkorn, aber schnitt man halbreif in der ersten Woche des Herbstmonats. Die Alpengüter mähte man auch in der ersten Hälfte des Herbstmonats und dies bei einer so kalten Witterung, dass man im Rock und mit Handschuhen mähen und die Burdinen* (Burdi von Bürde = Heuballen) *tragen musste. Den Herbstsamen säte man erst um Sankt Mathey* (Apostel Matthäus, 21. September) *und Sankt Moritz* (Heiliger Mauritius, 22. September) *in die Erden, also zu spät und mit schlechter Hoffnung fürs kommende Jahr. Das ganze Sommergetreide gefror noch auf dem Felde. Die Kälte war so gross, dass sogar die Erdäpfel in der Erde steinhart gefroren waren. Auch jene Hoffnung schlug fehl, das Sommergetreide wenigstens halbreif sammeln zu können, denn der Winter hielt endgültig Einzug. Alle*

Erdfrüchte blieben unter Schnee, und es blieb nur die traurige Aussicht auf Hunger im Winter.«

Was dem Siebzehnjährigen in Erinnerung geblieben ist vom Lötschental:

Das Lärchenharz. Das ›Chriis‹ der Tannennadeln. Vom Luftstoß der Lawinen wie Zündhölzchen umgelegte Lärchenwaldungen an der Sonnen- und an der Schattenseite des Tals. Bilderstöckchen an den Bergpfaden und *Ex Votos* in den Kapellen zum Gedenken an die vom Lauwitier unter Schneemassen Verschütteten. An den Häusern Kerbzeichen in den Bändern und tolle Masken am sonnenverbrannten Holz.

In das Tourenbüchlein eingelegt ist ein Kodacolor-Abzug. Auf der Rückseite in Vaters Schrift mit Kugelschreiber die Jahreszahl ›1971‹.

Die Fotografie zeigt die Lötschenlücke, vor allem aber das Vorfeld des Langgletschers und seine schuttbedeckte Zunge. Des schlechten Wetters wegen waren wir nicht zur Hollandia-Hütte oben in der Lücke hochgestiegen. Als Biwak hatte der hinter der Fafleralp am Rand des Lärchenwalds geparkte braune Renault 5 mit Hecktür gedient. Zelten war nicht die Sache meines Vaters. Am Morgen wusste ich, dass man im Auto kälter schläft als außerhalb. Trotz der großen Aufnahmedistanz entdeckt man in der sedimentbedeckten Eisfläche der Gletscherstirn ein kleines Stück Gletschertor. Nachdem Vater den Bogensturz lange beobachtet hatte, waren wir von Stein zu Stein im Schmelzwasserbach unter rieselndem kiesigem Eis hindurch in den Tunnel gelangt und darin vorgestoßen, solange das Tropfen und Herabtriefen auf allen Seiten nicht zu heftig war für die Betrachtung des eigenartigen Gewölbes. Heute wüsste ich, dass seine Struktur das Resultat der Ablation ist, sähe aber nicht mehr muschelförmige Dellen, sondern gefältelte maulbeerartige Rippel.

Gedächtnisgeschichte (II). Langgletscher und Aletschgletscher. Berner und Walliser Alpen. Schweiz 2009, 2011–2013.

Was ich über den Langgletscher in Erfahrung bringe, jetzt, da ich mit den Gletscher-Recherchen beginne.

Von 1971 bis 1973 zog er sich um 32 Meter zurück.

1972 wurde der Gletscherrand laut Factsheet des Schweizerischen Gletschermessnetzes GLAMOS (Glacier Monitoring Switzerland), das Onlineportal langfristiger Gletscherveränderung der Alpen, nicht vermessen.

Die kumulative Längenänderung, Vorstöße und Rückzüge addiert, von Beginn der Messreihe 1888 bis 1971 beträgt minus 298 Meter und minus 686 Meter bis 2009.

Seit meinem ersten Besuch 1971 mit Vater und 2009 sind es minus 388 Meter. Unberücksichtigt dabei ist die 1972 nicht gemessene Änderung. Da die Angabe aber jeweils ein Mittel über einen Bereich der Zunge ist, hat sich die Differenz verlaufen im Eistau.

Blatten, 24. Juli 2011
In der Nacht viel Regen. Wolken sägen an den Gipfeln. Dampf in den Schründen. Die Lötschenlücke, Verbindung des Langgletschers mit dem Grossen Aletschfirn, überstrahlende Helle, nach oben scharf, sichelig der Übergang selbst. Wanderung von der Fafleralp an den Schuttfächern vorbei …

[Danach die hier nicht abgedruckte Abschrift eines Abschnitts zur Geologie des Lötschentals aus Christoph Käsermann / Andreas Wipf, *Gletscher der Schweiz,* 2011]

… Nachts gefallener Schnee vermischt die Ränder der Eisfelder. Liegt wie Asche auf den Grashalmen. Das jüngste Gletschervorfeld markiert die Endmoräne des Rückzugs von 1933. In Berlin stieß Hitler vor. Die hinterste Ufermoräne der 1850er Jahre scharf wie ein Messer. Über das Tor hinab ständiges Geriesel, manchmal auch ein größerer Stein. Der Langgletscher verliert pro Jahr zwölf Meter Länge[4]*. Zum letzten Mal stieß er vor im Jahr 1989. In Berlin fiel die Mauer. Der Schutt stammt von den Hängen des Schin- und Sattelhorns. Links des Gletschertors ein Gletscherbogen. Beide Öffnungen zusammen ein Augenpaar. Die Eisfront von schwärzlichen Furchen durchzogen. Eher der Eindruck von zerschabtem Karton als von Eis. Tristesse. Wäre nicht oben ab und zu eine Lichtsituation à la Wüest*[5] *oder C. Wolf*[6]*.*

(Aus Journal XIII, 17. 07. – 31. 12. 2011, Seiten 1725–1729)

Einen Monat zuvor hatte ich M. kennengelernt. Nun hatte sie den Rucksack gepackt für die Ferien in Italien. Wo sonst die Empfindungen der neuen, noch unsicheren Liebe nähren als am Gletscher. Sehen, wo *er* steht nach vierzig Jahren. Weiter als einen Steinwurf vor die Zunge mit dem Doppeltor war ich nicht gegangen.

Fafleralp, 26. Juni 2012
Ein Jahr später mit M. in strömendem Regen durch die Wiesen und das Vorfeld zum Langgletscher. Hinauf auf eine Moräne, vielleicht so alt wie ich selbst. Der Gletscherbogen des Vorjahrs ist weggeschmolzen, das übriggebliebene Portal verwaist. Seit dem vergangenen Jahr hat sich die Zunge um zwölf Meter zurückgezogen. Nach dem Abstieg von der Anenhütte, sie liegt auf halber Strecke zur Lötschenlücke, stopfen wir Zeitungen in die Schuhe und stellen sie in den Heizungsraum des ›Hotels Fafleralp‹.

Fafleralp, 27. Juni 2012
Die Lama fliegt von der Basis der ›Air Zermatt‹ in Raron direkt zum Rhonegletscher, von dort über das Oberaarjoch zum Fieschergletscher, diesen hinab und hinüber zum Portal des Grossen Aletschgletschers, diesen hinauf zum Konkordia-Platz und über die Lötschenlücke den Langgletscher hinab.

Vor der Landung auf der Fafleralp schiebt sich der Hubschrauber für eine Aufnahme des Portals nah an die Gletscherstirn; sein Schatten über dem turbulenten Quell aus weißer Schmelze und gestrigem Niederschlag.

6. Juli 2012
Die Filme sind entwickelt.

Ich weiß, dass ich den Gletscherfund auf dem Grossen Aletschgletscher nicht fotografiert haben kann. Meine Aufmerksamkeit hat einer pfeilartigen Spur von Verwitterungsschutt gegolten. Trotzdem schiebe ich die Lupe immer wieder über den Kontaktabzug. Selbstverständlich denke ich an Antonionis Film *Blow-Up*.

Bekannte aus dem Saastal haben Vater auf einen Artikel hingewiesen, der am 3. Juli im *Walliser Boten* erschienen ist.[7]

In der vergangenen Woche sei ein englisches Alpinistenpaar auf der wenig begangenen rechten Seite des Grossen Aletschgletschers unter dem südlichen Ausläufer des Dreickhorns, auf halbem Weg zwischen Konkordia-Platz und Märjelensee, auf drei menschliche Skelette, ein Fernglas, Bergstöcke und anderes gestoßen. Auch auf einen Geldbeutel mit ein paar Münzen. Die neuste Prägung sei 1921, das Geburtsjahr meiner Mutter, ergänzt Vater am Telefon.

Der Online-Artikel mit der Oberzeile ›Bergdrama. Bei den Skeletten dürfte es sich um seit 86 Jahren verschollene Lötschentaler handeln‹ hält zurück, an welchem Tag *»letzter Woche«* der Fund gemacht, wann er in Fiesch gemeldet und wann die Hubschrauber-Bergung auf Anordnung der Staatsanwaltschaft durchgeführt worden ist. Nachfolgende Berichte übernehmen die Informationen des *Walliser Boten.*

Thomas Rieder, der Verfasser des Artikels und Chefredaktor des *Walliser Boten,* ist ein Neffe des vierten Verschollenen, Max Rieder (*1904), einem Nachbarn von Johann (*1895), Cletus (*1897) und Fidelis Ebener (*1903) – die Lötschentaler Gebrüder, um deren sterbliche Überreste es sich bei den Skelettfunden aller Wahrscheinlichkeit nach handelt. Zusammen waren sie am 4. März 1926 von Kippel über den Langgletscher zur Hollandia-Hütte aufgestiegen. Um 10:00 Uhr hatte man die Gruppe aus dem Tal durch das Fernglas dort oben ankommen sehen. Es war die letzte Sichtung geblieben.

Zum damaligen Geschehnis heißt es im Artikel:

Dass gleichentags von der Lötschenlücke kommende Tourengänger einen plötzlichen Wetterumsturz im Gebiet der Äbni Flue vermeldet hatten

– eine in der Hollandia-Hütte vorgefundene Notiz von Cletus Ebener besagte habe, man dürfe das abgekochte Wasser benutzen, solle aber das Holz belassen – *Wir nächtigen am Donnerstag, den 4., in dieser Hütte*

– anhaltendes Schlechtwetter die Suche im Tiefschnee bis Montag verzögert habe

– man bis zur Äbni Flue hinauf- und den Aletschfirn hinuntergegangen sei zum Konkordia-Platz, jedoch einzig

die in der Hütte zurückgelassenen Rucksäcke gefunden habe
– die vier jungen Männer sich offenbar am Nachmittag auf eine Erkundungstour oder Abfahrt begeben hätten, die ihnen nach dem Wetterumschlag zum Verhängnis werden sollte, und sie im Sturm nicht mehr zur Hütte zurückgefunden hätten
– noch viele Jahre später der Absturz in eine Gletscherspalte vermutet worden sei oder eine Lawine am Nordfuß des Aletschhorns
– die Fließgeschwindigkeit des Gletschers jährlich hundertfünfzig Meter betrage und folglich der genaue Unglücksort für immer ein Geheimnis bleiben wird

9. Oktober 2012
Der Chefredaktor des *Walliser Boten,* informiert über mein Ausstellungsprojekt und das auf Aufnahmen des Fotoflugs vom 27. Juni basierende geplante mehrteilige Werk *Embedded Movement, Aletschgletscher* (2012). Er hat mir die Datei der in seinem Artikel mit dem Nachweiskürzel ZVG publizierten Aufnahme des Fundorts für einen kleinformatigen Farbtintenstrahldruck zur Verfügung gestellt. Nordwärts zum Konkordia-Platz orientiert und den Trugberg im Hintergrund, zeigt die Aufnahme das von mäandrierenden Schmelzwasserrinnen durchzogene Fundfeld aus der Distanz. An seinen Rändern erkennt man dreieckige Tatortmarker. Der Urheber, lässt der Chefredaktor mich am Telefon wissen, möchte anonym bleiben. Ich vermute, es könnte sie der für die Bergung aufgebotene Pilot gemacht haben. Unser Pilot, teile ich dem Chefredaktor meinerseits mit, hätte mir inzwischen telefonisch bestätigt, dass meine

Fotosequenz des Verwitterungsschutts vierundzwanzig Stunden vor dem Fund mehr oder weniger über demselben Areal des Gletschers entstanden sei, aus einer Flughöhe von fünfzehn Metern über Grund.

17. Oktober 2012
Der Oberstaatsanwalt der Staatsanwaltschaft des Kantons Wallis, Amt der Region Oberwallis, teilt auf Anfrage hin mit, dass die *»Angelegenheit zur Zeit noch Gegenstand näherer Abklärung ist [...] und weder die Fotos noch andere Unterlagen der Polizei zur Einsichtnahme an Dritte freigegeben werden [können].«* Er verweist mich *»daher auf die Berichterstattung im* Walliser Boten *zu diesem Fall, was für meine Ausstellung für einmal genügen mag«.*

Der Sachstand, das heißt was ich in Erfahrung bringen kann, lässt den Schluss zu, dass der Fund am 28. Juni, dem Tag nach unserem Überflug, gemacht worden ist oder dass an dem Tag Dritte davon erfahren haben.

Februar 2013
Vater hat entschieden, dreiundneunzig Jahre seien genug, und beschlossen, nichts mehr zu essen.

Er betrachtet seine Super-8-Filme von Saas Fee. An den Projektor auf der Kommode erinnere ich mich, aber nicht, die Filme vor deren kürzlicher Digitalisierung gesehen zu haben.

Ungeheure, hoch überwächtete Spalten des Feegletschers. Eine in der Form eines Gebeinkopfs. Vater schwenkt darüber hinweg, kehrt dann aber noch einmal zurück und verharrt auf der Einstellung. Dann auf der Abfahrt, vom Seilgefährten in Krawatte aufgenommen, Vater im Christiana-Schwung. Der nächste Streifen von 1957 am Gletscher bei der Längfluh-Terrasse. Hinter besetzten Liegestühlen an der Holzwand der Schriftzug *Parisiennes.* Ich bin zwei. Trage ein senfgelbes Häkeljäcken und ein weißes Häubchen mit Kinnbändel. Auf dem Gesicht eine übergroße Gletscherbrille. Ein verwegenes, mephistophelisch anmutendes Modell, fast Maske. Die facettierten Augen mit dicker roter Fassung, die dunkel getönten Kunststoffgläser in der Form korrumpierter, überkopf stehender Spitzbögen mit seitlichem Blendschutz. Am hochgestreckten Arm von der Mutter durch den zertretenen Schnee geführt, blicke ich in die Kamera. Die Lippen sagen »Papa«. An Mutters weißer Bluse glänzt die Kettenbrosche – Geschenk einer Spielgefährtin am Hof von Siam.

Der Glanz der Seehundhaut auf den Schneeschüeli hat erschreckend an den harten Gegenstrich der Felle erinnert, die ich Jahre später, am 5. Oktober 1972, mitten in der Nacht für die gemeinsame Tour von der Längfluh auf dem Feegletscher zum Allalinhorn über die Skier gespannt hatte.

Wie der Langgletscher würde der Feegletscher für Vater ein Referenzpunkt seiner privaten Klimaforschung bleiben. Die Vliesabdeckung, welche ab den Nullerjahren den Sommerskibetrieb auf dem Letzteren sichern sollte, könne man nicht ernst nehmen, kommentierte er, aber sie deprimiere. Die jeweils fotografierten Zustände druckte er auf einem portablen Printer im Auto aus und schickte sie mir als Postkarten.

2009 hat Vater dann darauf gedrängt, dass wir noch einmal zusammen zum Feegletscher gehen. Seither läuft die gemeinsame Lebenszeit aus, parallel zum Gletscherschwund.

März 2013
Der *GLAMOS-Gletscherbericht 2012* ist veröffentlicht. Er führt die Feldmessungen vom Spätsommer oder Frühherbst zum Zeitpunkt des jährlichen glazialen Minimums von Masse und Länge mit den Daten der Fernerkundungen, darunter Fotogrammetrie und Luftbild, zusammen.

Die kumulative Längenänderung des Langgletschers zwischen meinem ersten Besuch mit Vater 1971 und 2012 mit M. beträgt minus 434 Meter; jene seit 1955, meinem Geburtsjahr, und 2012 minus 686 Meter.

26. April 2013
Ich habe Vater gesagt, dass die Objekte des Ebener-Fundes unterdessen ins Lötschentaler Museum verbracht worden sind und dass die Kuratoren von den Nachfahren die Einwilligung zum Fotografieren erhalten haben. Er nickt. Es wäre gut, die Aufnahmen bald hinter mich zu bringen.

Mit seinem Sterben ist es nicht so einfach, wie Vater es sich vorgestellt hat. Der Gegenstand der Untersuchung, sein eigener Körper, gerät ihm beim selbstgewählten letzten Prüfverfahren immer mehr außer Kontrolle. Zum Prüfer geworden, macht er die Socken größer als die Füße, die sie wärmen. Nimmt dem Bier, in der Dorfbeiz kennt man die Marke, die Vater zum Riechtest haben will, den vertrauten Geschmack. Weckt das Bild, als er mit neun Jahren, 1929, bei der Beerdigung meines Großvaters, den ich wie den Vater meiner Mutter[8] nie kennengelernt habe, in Kniehosen, ein Kreuz tragend und der Leichenkutsche voran, im Nacken das Schnauben der zwei schwarzen Rosse, dem Zug von der Kirche zum Friedhof voranschreiten muss – ein Weg, den er

Feldstecher aus dem Gletscherfundset »Johann, Fidelis und Cletus Ebener«.
Grosser Aletschgletscher (1926/2012).
Lötschtaler Museum. Kippel, Wallis, Schweiz 26. April 2013.

auf einer Google-Ansicht von Balsthal auch von oben sehen will vor dem Tod, der, wie Vater glaubt, anklopft, ohne dann aber sein Büro, in dem er auf der selbstgebauten Couch sterben will, zu betreten, und uns so mehrmals vergeblich das Whiskey-Glas heben lässt. So, dass es schließlich der Freund und Arzt sein wird, mit dem ich anstoßen werde auf Vater und das Vollbrachte.

Die Kuratoren des Lötschentaler Museums haben die Objekte des Ebener-Fundes bereitgelegt.

Ich wähle aus:

Lederschuh, Sohle mit Nägeln verstärkt

Wollfäustling für die linke Hand, gestrickt

Weste, Brustteil

Ledergürtel

Fernglas

Pfeife, beschädigt

Taschenuhr, Marke BOREL
(auf die Öffnung der rückseitigen Abdeckung wurde
bei den Konservierungsarbeiten verzichtet)

Portemonnaie, schwarzes Leder

Fragment einer 20-Franken-Note

Skistock-Handgriff mit Schnurschlaufe

Skistock-Schichtholzteller, mit Lederbänder-Resten

Das 1982 eröffnete Lötschentaler Museum ist kein Museumsbau, sondern, zumindest von außen, ein Talhaus im

Stil der Zeit. Das Nordfenster spendet weiches Licht. Das ist gut. Die feine Struktur des Rives-Papiers tritt gerade genug hervor, dass sie im weichen Schatten der platzierten Objekte gerade noch sichtbar ist.

Ich möchte nicht, dass die Hinterlassenschaften der bei verfließenden Konturen von Firn und Himmel, in Nebel, Schnee und beim Verlust sämtlicher topografischer Referenzpunkte orientierungslos gewordenen Brüder fast neun Jahrzehnte später ein fotografisches *White-out* schluckt, sie nicht wie freigestellt auf dem als Hintergrund benutzten Papier schweben.

Die Berührung der Gegenstände macht etwas mit einem.

19. Oktober 2014

Es ist der vierte und längste Fotoflug dieses Jahres und zum zweiten Mal mit der Écureuil von ›Air Zermatt‹ über dem Konkordia-Platz.

Der Plan ist, das Werk *Embedded Movement,* 2012 entworfen für das Vorläuferprojekt, das Buch und die kommende Ausstellung zu einem Triptychon zu erweitern, dessen drei Tafeln je ein Fundobjekt mit einer Aufnahme des Konkordia-Platzes kombinieren.[9] Auf dem vorgängigen Flug ist die mittlere talwärts gerichtete Aufnahme entstanden. Ziel des heutigen Flugs sind zwei Aufnahmen des Zusammenstoßes der orographisch linken Aletschfirn-Lateralmoräne und der orographisch rechten Jungfraufirn-Lateralmoräne unter Einschluss der am Sporn des Trugbergs ansetzenden orographisch rechten Lateralmoräne des Ewigschneefelds. Für die Objektaufnahmen habe ich Gürtel, Schuh, Feldstecher ausgewählt.

Dead Men Telling Tales, so der Titel des Triptychons, wird ein typografisch-kartografisches Werk ergänzen.

Basierend auf dem Swisstopo-Kartenfenster mit den Koordinaten Ecke Ausschnitt oben links 2'638'000 E/ 1'155'000 N, Ecke Ausschnitt unten rechts 2'650'000 E/ 1'143'000 N des (rechtwinkligen) Schweizer Landeskoordinatensystems LV95 stellt es die Raum/Zeit-Bewegungsbahn des Aletschgletscher-Fundsets unter der Gletscheroberfläche dar. Die Modellierung ist im Fachbereich Mathematik und Informatik, Freie Universität Berlin, und an der Versuchsanstalt für Wasserbau, Hydrologie und Glaziologie (VAW) der ETH Zürich errechnet worden.[10] Berücksichtigt sind dabei alle Komponenten, die bei der Strömung von viskosem Material wie Gletschereis auftreten, also Spannungen und dreidimensionale Effekte wie Deformation. Das vom bekannten Fundort ausgehend rückwärts in die Zeitachse integrierte Eisgeschwindigkeitsfeld hat als ursprüngliche Eintrittsstelle ins Eis ein Rechteck von 1600 mal 3000 Metern (ungefähr 0,6 Prozent der Gesamtfläche des Grossen Aletschgletschers) unter der Äbni Flue ergeben, ungefähr 10,5 Kilometer oberhalb der Fundstelle bei einem Höhenunterschied von ungefähr achthundert Metern. Als Todesursache sind eine Lawine oder ein Gletschersturz ausgeschlossen worden. Elf Jahreszahlen zwischen 1926 und 2012 punktieren den rekonstruierten Linienverlauf. Im Abschnitt 1980–1990 am Konkordia-Platz war das Fundset dem größten Stress ausgesetzt gewesen. In einer Maximaltiefe von zweihundertfünfzig Metern bei einer Eisgesamtstärke von ungefähr sechshundert Metern (im Jahr 1980), gleichzeitiger Rechtswendung und einer jährlichen Beschleunigung von einhundert auf zweihundert Meter hatten auf Skelette und Objekte zwanzig Bar Druck eingewirkt, das Zwanzigfache des normalen Luftdrucks auf Meereshöhe.

Gedächtnisgeschichte (III).
Birchgletscher. Walliser Alpen. Schweiz 2025.

Ist es nur Gewohnheit, oder ist es die fatale Zuversicht, im Dasein, wenn überhaupt, nur einmal mit einem Symptom planetarischer Veränderungen konfrontiert zu werden, die trotz Bewusstsein der erhöhten Taktung extremer Ereignisse – Bergstürze, Gletscherabbrüche, Hitzewellen, Muren, Starkniederschläge oder Wirbelstürme – weiterzimmern lässt am ›Jahrhundertereignis‹ als Vorstellung? Ein solches ereignet sich, hat man den Eindruck, doch bald täglich irgendwo. Dabei spielen die meteorologischen sowie die von solchen ausgelösten oder durch sie verstärkten ökologischen Veränderungen immer häufiger eine mitverursachende Rolle. Geht es dann um die Einordnung im individuellen wie im kollektiven Erfahrungshorizont und schließlich darum, ob auf ein entsprechendes Ereignis das nachdrückliche, mit dem Nimbus geradezu unumstößlicher Eigengesetzlichkeit verhaftete Etikett zutrifft, sind die Referenz aber erst einmal lokale Geschichte und zwei, drei Generationen weitergereichte Erinnerung.

Johannes Josefus Roth zu Willer in Letschen hält in seiner nunmehr verschollenen sogenannten Roth Chronik von 1791 fest: »*Anno 1808 den 12. Christenmonat am Abend um 6 Uhr ist die Lauinen des Thenbach mit so gewaltigem Schlag gekommen, daß [...] Lärchen, die bei tausend Jahren gestanden, samt den Wurzeln ausgerissen [...]; das ganze Thenmatten Dorf ohne Ausnahme auf den*

Grund weggeschlissen, in welchem doch Häuser so über dreihundert Jahre gestanden.«

Der Chronist beschließt die Aufzeichnungen zum Tag mit dem Satz, dass *»gerade am nämlichen Abend auch das Nest- und das Birchkinn sehr groß gekommen [sei]«*, und bezeichnet damit Staub- oder Grundlawinen aus den steilen Gräben unter dem Nest- und dem Birchgletscher.

Das erwähnte Tennmatten, die heutige Schreibweise des Gebiets zwischen Blatten und Wiler, ist 2025 schon lange keine richtige Siedlung mehr, sondern ein Stalldorf; es befindet sich außerhalb der Evakuierungszone, welche die Behörden am 19. Mai angesichts des imminenten Risikos der Konstellation eines kombinierten Berg- und Gletschersturzes mit nachfolgendem Murgang durch das Birchchinn angeordnet haben.

Bei diesen Stallungen, hervorgegangen aus den 1808 durch die große Lawine zerstörten Stadeltennen (von da der Ortsname), findet am 28. Mai der Schafzüchter Toni Henzen den Tod. Als einziges Opfer eines Ereignisses, dem im Nachhinein eine deutlich geringere Eintrittswahrscheinlichkeit beschieden wurde als das einmalige Eintreten innert einer Spanne von dreihundert Jahren. Bei einer solchen Einschätzung wären auf der Gefahrenkarte des Kantons Wallis Blatten und Umgebung als Risikogebiet eingestuft gewesen. Dem aktuellen Befund, das an jenem Nachmittag Eingetretene sei eigentlich unberechenbar gewesen, wird die Rekonstruktion des Hergangs und die glaziale Modellierung folgen. Die Nachhersage des Ereignisses unter Integration geologischer, klimatischer und seismischer Daten sowie die Beobachtung der weiteren Verläufe im Freilichtlabor des Bergs werden die Simulation künftiger Katastrophenszenarien befördern. Radar, Satellitenbild, zeitraffende Kamera – sicherlich auch das Wärmebild der Drohne, das bei der Suche nach dem Vermissten eingesetzt worden ist – haben die Prozesskette der Katastrophe von Blatten registriert, die auch Auskunft geben müsste zur potentiellen Energie, welche der Absturz der Geröll-Eis-Lawine über eintausend Höhenmeter freigesetzt hat. Nach ersten Analysen dürfte sie genügend hoch gewesen sein, um Hunderttausende Tonnen Eis zu schmelzen, vielleicht zehn Prozent des involvierten Volumens.[11]

27. Mai 2025
Der Einsatzleiter von ›Air Zermatt‹ hatte für Donnerstag, den 29. Mai, besseres Flugwetter als für den Dienstag vorausgesagt.

Zur Mittagszeit am Dienstag sind wir in Wiler eingetroffen, wo man die Straße nach Blatten und zur Fafleralp gesperrt hat.

Um 14:40 hat der Hubschrauber, eine Écureuil H125, nach einer Rechtsschleife über Eisten direkten Kurs auf den Birchgletscher genommen. Das zur Decke verfestigte Gewölk hatte sich bereits über die Restspitze des Kleinen Nesthorns abgesenkt.

Was ich im Sucher sehe, ist kein Gletscher. Eher eine Schnauze oder Fratze. An der Karschwelle zerklatschte Volumen eines Gehirns. Beidseits der Masse abgehend wie Lefzen gelbweiße viskose Muren. Unterhalb einer steilen Rippe vereinigen sie sich zum Erdstrom, den die Verbauung bei Blatten gerade noch dämmt.

Über die Karschwelle gewölbter Birchgletscher mit aufgehäuften Fels- und Schuttmassen vom Westgrat des zerfallenen Kleinen Nesthorns, am Tag vor der Eis- und Geröllawine am 28. Mai.
Lötschental, Wallis, Schweiz. 27. Mai 2025.

Aber wo bleibt das Wasser?

Die Karschwelle erscheint trocken, wo der Birchgletscher doch kein kalter, sondern ein temperierter Gletscher ist; einer nah am Schmelzpunkt, mit Wasser in Poren, Spalten und Tunneln. Gesättigt von der tauenden Frühjahrsschneefracht des Kleinen Nesthorns und vom kürzlichen Niederschlag. Vom Nestgletscher abgekoppelt die Akkumulationszone, das Nährgebiet; torlos im Zerfall die Ablationszone, das Zehrgebiet. Der dazwischenliegende Rumpf, erdrückt von den Massen der Felsabstürze, unter deren Last das Eis schon seit fast zwei Wochen im Inneren sogenannte Druckschmelze produziert, während der Gleitdruck an der Unterseite, erzeugt durch die Wärme infolge Eisdeformationen in verschiedene Richtungen die Fließgeschwindigkeit beschleunigt – vom anfänglichen Kriechen eines halben zum jetzigen schnellen Gleiten von zehn Metern am Tag. So dass der Gletscher, der offensichtlich kein oder kaum Wasser ablässt, nicht anders kann als rutschen auf dem Wasserfilm, dem kritischen Schwellenwert entgegen, bei dessen Überschreitung der von Reibung und der Beschaffenheit des Felsbetts gestützte relativ stabile Zustand kippen, die Karschwelle überfahren und die lineare zur dynamischen katastrophalen Bewegung wird, die Eismasse auseinanderbricht und die Trümmer haltlos stürzen.

Nach der Beobachtung erster Abbrüche am Gipfel des Kleinen Nesthorns (ursprünglich 3341 Meter) am 14. Mai, der Teilevakuation von Blatten am 17. Mai und deren Ausweitung am 19. Mai, als sich Risse öffnen, ein Teil des Gipfels respektive des Westgrats einstürzt, verbunden mit der horizontalen Verschiebung des Bergs um siebzehn Meter sowie dessen Absacken um acht Meter am Abend desselben Tages und der Befürchtung eines massiven Bergsturzes innert Stunden – jedoch spätestens nach dem Fall des zuvor höchsten Punkts am 23. Mai, als das Großereignis immer wahrscheinlicher geworden ist, hat das Land es kaum noch ausgehalten ohne einfache Antwort auf die Frage nach dem Schuldigen. Ob der Berg der Täter sei und der Gletscher das Opfer? Wie viel, wenn dieser zum Täter würde, von seinen geschätzten drei Millionen Kubikmetern der unteren Masse abfahren oder ob noch zusätzliche Mengen Toteis mitgerissen würden, ob der Sturz in Schüben käme und ohne Schaden im Tal bliebe, oder ob Blatten verschüttet würde bei einer elementaren kombinierten Entladung von Fels und Eis?

Absetzen auf der Moränenbastion.

Aschbrauner Geröllstaub auf dem Restschnee. Rauchige Fahnen auf den Debris. Die springenden Brocken sieht man nicht.

Wie der Anflug vermittelt auch die Position auf der Moräne unter dem Roten Galn, wo gerade ein Überwachungssystem aufgebaut wird, keine Vorstellung der an Schutt auf dem Gletscher aufgehäuften Masse – geschätzte drei Millionen Kubikmeter oder neun Million Tonnen sollen es jetzt sein.

Bin unschlüssig, was zu tun ist, im fahlen Licht unter der Wolkendecke mit diesem Angebot, das daliegt wie ein zum Greifen verlockendes verbotenes Objekt auf dem Tischtuch, das im Moment des Zulangens dann von der Platte reißt. Filmkassetten laden. Ruhig die Filme nummerieren und in die Westentasche stecken, als sei nichts. Auf die Decke aschgrauen Gerölls starren, das eben noch Berg gewesen ist.

Schauen, ob sich etwas bewegt, was, wie man weiß, der Fall ist. Nur dass man es nicht wahrnehmen kann von der Moräne aus. Aber von ganz vorn vielleicht? Also hineinschauen in den Prozess, in die mechanische Auflösung von Eis und Gestein, und dann weg vom Ort nach der Übertretung.

Die hochdeformierte Gletscherstirn kommt näher, als ich es mir vorgestellt habe.

So nah, dass R. im rutschenden Bruch das Bläuliche erspäht, das sie, obwohl Malerin und mit den unwahrscheinlichsten Farben vertraut, später auf der Fotografie den Ton nicht bestimmen kann. Weil das Wort noch nicht erfunden ist, das Eis in einer solchen Misere beschreibt? Weil dieses Bläuliche vielleicht gar keine existierende Farbe ist, sondern (hätte es sich nicht doch abgebildet) eine Interferenzerscheinung – wie der Schimmer auf dem polierten Silber einer Daguerreotypie.

Ein ums andere Mal schiebt der Pilot die Écureuil seitlich sinkend über die Abbruchzone, gerade nicht so tief, dass ein plötzlicher kinetischer Einschlag auf ein Rotorblatt möglich ist. Bis eine innere Stimme sich meldet und ich weitermelde, es ist gut, wir können zurück, so dass wir tatsächlich landen auf der Graskuppe über dem Getränkedepot am oberen Dorfausgang von Wiler, dreiundvierzig Minuten nach Start, um 15:23 – wie sich herausstellen würde, vierundzwanzig Stunden vor dem Absturz des Birchgletschers am Mittwoch um ca. 15:30. Ein Zeitfenster so gut wie mittendrin bei einem Ereignis mit Eintrittswahrscheinlichkeit von hundert, dreihundert oder tausend Jahren.

Nichts hat R. und mich ahnen lassen, dass unser Weg jemals solches streifen würde, so nah der Unzeit.

28. Mai
In der Dunkelkammer die Filme entwickelnd habe ich nicht mitbekommen, dass der Kanton Wallis am Morgen die »Besondere Lage« ausgerufen hat.

Hat das Gewölk das Ereignis verhüllt? Weshalb es auf dem Video der Druckwelle so wirkt, als ob aus diesem der Himmel sich ergösse, dann wieder, als ob neblige Kaskaden aufstiegen.

Eingesaugt vom Birchchinn-Trichter verdichten sich die Staubmassen zu einem schimmelgrauen Blumenkohl, aus dem Fontänen ins Tal hinausschießen und als sintrige Wülste niederstürzen auf den Schuttkegel, der für einen Augenschlag sichtbar wird am unteren Bildrand, bevor die verregnete Landschaft Brecher überrollen, aus denen der Staub hochbrodelt und expandiert und nach zweiundvierzig Sekunden, da ein Grabkreuz und Lärchen in den zurückzoomenden Bildausschnitt rücken, den gegenüberliegenden Hang von Weissenried, von wo das Video eines Nachrichtendiensts aufgenommen ist, hochkommt.

Dort, knapp über dem Brandungsrand der Mure, hat Vadim ein Chalet – und es ist unbeschadet stehen geblieben. Von dort aus hatte er in den Ferien jeweils den Birchgletscher direkt vor Augen. Deswegen hatten wir ihn gefragt, ob er mitfliegen wolle. Bereits gestern nach der Rückfahrt aus dem Lötschental hat Vadim als Erster von uns vom größeren Abgang am Birchgletscher wenige Stunden nach der Landung gewusst und einen Videolink geschickt. Wer weiß, wann wir drei, zusammen mit M. und Jonas, seine Sequenzen vom Flug sehen werden. Ein Postscriptum zum bislang unbenutzt gebliebenen pakistanischen Filmmaterial von 2016.[12]

29. Mai

Die Absturzmasse beträgt über neun Millionen Kubikmeter Material. Bestehend aus rund drei Millionen Kubikmeter Eis (des Gesamtvolumens von ungefähr 5 Millionen per 2023) und rund sechs Millionen Kubikmeter Gestein, Erde, Schlamm und Debris. Die prognostizierte Volumenberechnung ist damit um fast das Doppelte zu gering gewesen. Der unterhalb Blatten liegende Weiler Ried ist vollständig verschüttet, das Dorf zum großen Teil, seine Kirche verschwunden. Der Ablagerungskegel ist am Gegenhang fast zweihundert Metern emporgebrandet. Mit dem Schweif talabwärts Richtung Wiler misst er zweieinhalb Kilometer. Seine Breite beträgt zweihundert, seine Mächtigkeit zwischen fünfzig und zweihundert Meter. Hinter diesem Bergsturzdamm beginnt die Lonza einen See zu bilden. Ihre Quelle ist der Langgletscher; jetzt fließt sie nicht mehr ab zur Rhone. Die Armee stellt fest, dass das verlegte schwere Gerät auf dem instabilen Ablagerungskegel nicht zum Einsatz kommen kann. Bis das Eis geschmolzen ist, wird es Jahre dauern, heißt es; für den Moment befürchten die Behörden die Fortsetzung der Kettenreaktion – das Einschneiden des gestauten Wassers ins Geröll-Eis-Gemisch, einen Seeausbruch, eine Flutwelle und einen Murgang hinab durch das Lötschental in Richtung Rhone.

Die Experten ziehen Vergleiche zum Kolka-Karmadon-Ereignis von 2002 im russischen Kaukasus. Die Katastrophe von 1962 am Huascarán in der peruanischen Cordillera Blanca, bleibt unerwähnt.[13]

30. Mai
Die Lonza überfließt den Ablagerungskegel. Talabwärts über Wiler und Kippel bis Gampel und Steg Anweisung zur Vorbereitung flussnaher Evakuierung. Errichtungen von Dämmen. Sperrung oder Demontage von Brücken.

31. Mai
Die Lonza erschließt sich Rinnen durch den Ablagerungskegel und fließt ab Richtung Stausee Ferden. Die Kantonsregierung ordnet Schleusenöffnung und Pegelstandsenkung an. Der Stausee soll bereit sein als Rückhaltebecken.

Wenn in der Schweiz ein zu Tal fahrender Gletscher ein solches Ereignis auslösen konnte, dann hat man es dem Birchgletscher (Swiss Glacier Inventory ID B32–06) zugetraut. Seit den Eislawinen von 1993 und 1999 nämlich steht der Kargletscher auf der orographisch linken Seite des Lötschentals oberhalb von Blatten aufgrund seines auffälligen Verhaltens und seiner Talbewegung unter Beobachtung.

Zwischen 1973 und 2023 auf zwei Drittel oder eine Fläche von ungefähr 0,34 Quadratkilometer zurückgeschmolzen (wovon das Ereignis ca. 0,14 Quadratkilometer betroffen hat), ist er als Ausnahme in den Schweizer Alpen infolge einer Woge mit rascherer Fließgeschwindigkeit bei gleichzeitiger dynamischer Ausdünnung im oberen Teil ab 2019 um fünfzig Meter vorgestoßen. Dabei hat er eine gegenüber 2017 um fünfzehn Meter mächtigere, die Karschwelle überwölbende Wulst aufgebaut, vielleicht auch, weil dort Geröll vom Kleinen Nesthorn die Oberflächenschmelze reduziert hat.

Dieser Trabant des Bietschhorns ist für den Birchgletscher ein vulnerabler Partner in einer geologisch prekären Beziehung.

Der zum Aaremassiv gehörende Gesteinskörper ist altkristallin, Gneise und Schiefer, mit steil nach Süden einfallenden Schichten im Hakenwurf. Diese geologische Anordung am Westgrat des Kleinen Nesthorns hat das Abtauen des Gletschers mit der Zeit destabilisiert; so, dass die bis mehrere Meter dicken Gesteinspakete aufgrund des weggefallenen Gegendrucks des verschwundenen Eises zuerst kippen, dann übereinander abgleiten und schließlich simultan abrutschen konnten – vergleichbar den gekrümmten Fingern einer auf dem Tisch liegenden, sich nach vorn öffnenden Faust.

Dass der Rückgang der sommerlichen Abdeckung des Kleinen Nesthorns mit Eis, Firn und Schnee das Eindringen von Wasser in das Gestein befördert hat, ist möglich, auch dass der tauende Permafrost beim Zerfall des Gipfels mitgewirkt haben könnte. Das Gestein könnte zunehmend dem saisonalen Zyklus aus Frost und Schmelze ausgesetzt gewesen sein, was Abbrüche begünstigen würde. Umgekehrt lässt sich über den in der medialen Erregung erstverdächtigten Permafrost, den ›Leim der Alpen‹, zunächst sagen, dass in der betroffenen Höhen- und Schattenlage mit ihm zu rechnen sei, mit Sicherheit aber nur, dass er von allein keinen Bergsturz bewirkt, wenn dazu die geologischen Voraussetzungen fehlen.

Den Schattenhang des Lötschentals zerfurchen tiefe Erosionsrinnen wie das Nest- oder das Birchchinn; Material, das durch diese Korridore niederging, hat in den Talboden ausgreifende Ablagerungskegel geschaffen. Am Sonnenhang rechts vom Fluss, auf wenigen schmalen Streifen, liegen die Siedlungen, deren Ränder sich im Lauf der Jahrhunderte aus Notwendigkeit, im Gottvertrauen und unter Abwägungen der Risiken herangetastet haben an das Vorher- oder Unvorhersehbare.

Jetzt, da Letzteres eingetreten ist im Anthropozän und das an Masse und Reichweite Berechnete übertroffen hat, erwägt man, ob der Mensch Zerfallsprozesse im Inneren des Bergs beschleunigt haben könnte, die sonst vielleicht Jahrhunderte gedauert hätten oder womöglich gar nie eingetreten wären.

Stimmen aus dem Flachland empfehlen, sie ignorieren dabei das Recht auf kulturelle Identität, das Tal sei besser zu räumen, alpine Bergstürze häuften sich, Investitionen im Alpenraum für eine Minderheit lohnten sich nicht. Die in den Nullerjahren aufgekommene Idee der ›alpinen Brache‹ ist provokant. Die monetäre Bewertung des Alpenraums im Schema Stadt-Land wie auch das *»Aufwägen vom Glück der grössten Zahl versus das Glück weniger, das immer gegen die Peripherie geht«* [14], Schweizer Eigenheiten.

Der Lötschentaler entgegnet, der Gletscher stürze nur einmal. Er weiß aus der Überlieferung, dass nebst dem nun weiter zerfallenden Nesthornrest ohnehin noch anderes droht. Zum Beispiel die schlammigen, Moränen aufwühlenden Gletscherbäche, die ›Horloiwinen‹, die sich, nicht nur wenn im Sommer der Schnee schmilzt wie Wachs, und nicht allein durchs Birchchinn herunterwälzen.

»Plötzlich wird ein Bach von Wasser überfüllt, durch Schmelzwasser oder durch jähen Abbruch seines Gletschers oder durch plötzliche Regenflut; dann tosen die Wasser schuttvoll durch die Gräben nie-

der und begraben das Land unter Steinlagern und Sand und unter Schlamm. Im Jahr 1900 z. B. ist der Stampbach urplötzlich niedergefahren; der Grund dort, links von der Lonza, hieß damals ›Schönmatten‹; jetzt ist er eine Steinwüste. Ein Blattner hatte dort kurz zuvor für ein paar hundert Franken Mattland gekauft; das liegt heute unter Hügeln von Steinen und Blöcken.«[15]

Was den Lötschentaler aber künftig beschäftigen muss, ist die sogenannte ›Alpine Verstärkung‹. Der seit den 1980er-Jahren gegenüber dem globalen Durchschnitt etwa doppelt so hohe Temperaturanstieg von 2 °C und mehr in der Schweiz (Stand 2023) ist Resultat der Veränderung atmosphärischer Zirkulationsmuster und des Rückgangs von Eis und Schnee mit Auswirkungen auf die Albedo. Fällt weniger Schnee, verliert der Lötschentaler zudem ›Kuh‹ und ›Kalb‹ – zwei Felsen oben am Gletscher, natürliche Schneemesser, von denen die Alten sagten, sei Erstere nicht mehr zu sehen, sei ins obere Dorf zu fliehen, sei auch Letzteres eingeschneit, lebe im unteren Dorf keiner mehr sicher.

Dislokation als Überlebensstrategie hat der Lötschentaler in früheren Epochen des Blockbaus auch am eigenen Heim angewandt. Vorgängig standen in Wiler Häuser aus Tennmatten, solche aus Eisten in Blatten. Nur wohin, wenn immer weniger Siedlungsraum immer mehr verkoppelte Gefahren drohen? Wenn das Ereignis, wofür es keine Sicherheit gibt, einer der Einzelfälle ist, die eigentlich ausschließbar sind, aber doch eintreffen können, warum dann Blatten nicht wieder aufbauen an derselben Stelle, begrenzt jedoch auf den alten Siedlungskern. Den überschritt man im Alpenraum erst, als ab Mitte der Fünfzigerjahre Technik die Traditionen der Täler verdrängte.

12. Juni
Voranschreiten der Aufräumarbeiten im Schadengebiet und der Forst- und Straßenbauarbeiten am Westrand des Staugewässers zur Entleerung des Sees. Nächste Woche beginnt die Armee unter Einsatz von Booten, Hubschraubern und Seilwinden mit dem Einsammeln von schwimmenden Dächern und anderen Spuren der Zerstörung, um den Abfluss der Lonza durch den Ablagerungskegel offen zu halten. Die Truppen haben Anweisung für den korrekten Umgang mit persönlichen Fundsachen.

Am Kleinen Nesthorn permanent Felsabgänge.

Ist das Stemmeisen des Berggeists nicht heiß? Nach der Sage müsste er durch den Gipfelabbruch kleiner geworden sein, denn seine Größe entspricht immer dem Sitz.

5. Juli
Die Aufnahmen des Birchgletschers vom 27. Mai sind erschienen. [16]

R. und ich sitzen mit dem Kurator im Büro des Lötschentaler Museum, in Kippel. Das Haus ist seit einer Stunde geschlossen.

Zuvor, aus dem Lötschbergtunnel und Goppensteins Schattenfalle heraus, an einem Rank bei Ferden im Busfenster der gelbe Streifen des Ablagerungskegels.

Am Morgen hat es Hubschrauber-Flüge gegeben für die Betroffenen von Blatten.

Blatten, das auf Felsen gebaute, wie der Name sagt, hat auf zwei kahlen ausgeprägten Felsterrassen gestanden. Im Schirliboden, bei der Ruhestätte der Toten, hat ein Besucher seinen Fuß auf die untere Stufe gestellt. Danach ist er durch Gisentell hinauf zur Höhe mit Kirche und Pfarrhaus gestiegen. Rechts hat er den Tschuggen gesehen. Der fällt zur Lonza ab, die am Felsenfuß des Dorfs nagt mit ihren Wogen, den *»Weissen Schnecken«*, die nach einer Weissagung das Blattendorf einmal untergraben – so steht es im Führer aus dem Nachlass meines Vaters.[17]

Der Blick auf das mitsamt der Kirche begrabene Dorf, die überschwemmten Häuser und Matten sei für manche nicht leicht gewesen. Man merke das auch auf der Straße. Da hieße es zwar schon, es gehe. Aber sprechen? Und was dann zuhause sei? Man helfe sich gegenseitig in der Lage, die für jede und jeden anders sei. Wessen Haus begraben, der habe alles verloren, was die Sache mit der Versicherung vielleicht vereinfache. Wie umgehen jedoch mit den überschwemmten, aber noch stehenden Häusern, mit Blick auf den Schuttkegel jetzt, wie mit neu erstandenem, noch brachem verschüttetem Bauland? Das Unglück habe irgendwie das ganze Tal betroffen. Ob Familien, die im Rhonetal untergekommen seien, am Ende zurückkehrten? Weniger Kinder heiße vielleicht die Schule schließen. Auch wenn das Dorf wiederaufgebaut würde, ließe sich eine über Generationen gewachsene Gemeinschaft nicht einfach so wieder zusammenfügen. Heimat ist kein planbares Konstrukt. Für das Gefühl der Zusammengehörigkeit sei es deshalb ganz wichtig, dass die zerrissenen Gemeindefahnen sofort aus dem zerstörten Burgerhaus geborgen wurden. Vielleicht fänden sich auch noch die Reste. Man sei dankbar für die Solidarität der Abegg-Stiftung Riggisberg; diese kümmere sich kostenlos um die Restaurierung.

Natürlich würde das Museum als kulturelles Talgedächtnis auf das Ereignis reagieren. Man sei zuversichtlich, dass das Haus in dieser dramatischen Lage mehr leisten könne als die Aufbewahrung materieller Zeugnisse, gewiss bald auch solcher der Katastrophe.

Wir tauschen Gedanken. Aufzeichnen, was die Menschen mit sich herumtragen, aber auf der Straße nicht sagen wollen?

Für den 31. Mai, drei Tage nach dem Gletschersturz, war die Eröffnung der Sonderausstellung zur Fotografie im Lötschental vorgesehen gewesen. Man hat das Haus geöffnet, den Anlass aber verschoben.

Die bis in das späte 19. Jahrhundert zurückreichenden Bestände umfassen handkolorierte Glasplatten, Farb- und Schwarz-Weiß-Glasdiapositive, Negative und Abzüge. Ethnografisch ausgerichtet und eingebettet in Landschaft und Dorfbild, dokumentieren die Aufnahmen Szenen des agropastoralen Systems, des Brauchtums und der Religiosität – den Quatembersamstag und die Segensonntagsprozession, den Versehensgang zu einer sterbenden Person und den Begräbniszug im Tiefschnee, das Herrichten der Gräber nach der Winterruhe und die Alpsegnung, das Hochtragen von Bauholz zu den in kollektivem Besitz befindlichen Alpstafeln, den Maultiertransport, dessen Ende die 1954 bis Blatten geführte Straße brachte.

Im Sanctum des Untergeschosses die elf historischen, geschnitzten bemalten Fasnachts-Masken aus Arvenholz. Häupter mit Pelz, Leder- und Tuchfetzen, tierischen Zähnen, an Stirn und Wangen eingetriebene pockenfleckige Nägel. Die älteste noch existierende ›Tschäggättä‹ dendrochronologisch auf die Zeit um 1800 bestimmt; asymmetrische Nase und verzogener Mund. Richtungsverschieden orientierte Blicke bei einer aus der Zeit um 1930. Anlässlich der Weltausstellung 1937 dürfte Paris, ein anderes als das, welches 1780 die Präsentation der *Vues Remarquables* des Alpenmalers Caspar Wolf ignoriert hatte, exaltiert gewesen sein ob der heidnischen Physiognomie aus dem schneeigen Arkadien. 2024 hat man die von der Lonza an die Seine gereichte Maske – ihr hätte als Plastik, nicht als ethnografisches Objekt, ein Platz zugestanden in Malraux' *Musée Imaginaire de la Sculpture mondiale* (1952) – wieder antreffen können in der Ausstellung *Le Retour du masque,* neben Meret Oppenheim.

Wieder ist der stündliche Bus weg nach Goppenstein und damit ein Zug nach Brig.

Ich habe das kommen sehen, da ich am Tisch sitze mit zwei Menschen in ganz unterschiedlicher Verfassung.

Der Kurator, dem der Schock der Kollegin, die in Blatten das Zuhause verloren hat, schmerzlich nahgeht, der den Affront der Medien in den Tagen nach dem Ereignis noch nicht verdaut hat und als selbst nicht Betroffener, je länger er berichtet und spricht, desto aufgewühlter ist. Zusammen mit der Kollegin hat er die Ausstellung *Bīngfēng* der Malereien von R. im Kunstmuseum Thun gesehen. Dort hat R. am Nachmittag noch einen Anlass gehabt. Die sozialen Batterien leer, erschöpft nach Messen und Vernissagen der letzten Wochen, beschränkt sie sich auf das Nachfüllen der Gläser. Den Fendant hat der Kurator aus dem Büroschrank geholt.

Vor uns die Fotografien vom 27. Mai. Jene von R. in monochromem Braunweiß. Auch den Kurator verwundert dieses geheimnisvolle Blau unter den Staub- und Schuttlagen im Inneren des Eises, wo es beim Überfahren der Karschwelle zerbricht, sich spaltet und gleichzeitig im Wölben nach außen türmt.

Das Gespräch kommt auf den Aletschfund von 2012.

In der aktuellen Ausstellung hängt auch die modifizierte Version von *Embedded Movement,* die ich dem Museum 2013 geschenkt hatte.

Nun erfahre ich mehr zu den Umständen des Fundes.

Nach Abschluss der Identifikation von Johann, Fidelis und Cletus Ebener hätten die Nichten und Neffen Anfang Dezember 2012 das Museum in das Bestattungsinstitut in Raron eingeladen; eine für die Kuratoren museums-ethisch herausfordernde Situation. Die Skelette lagen in Folien gepackt, die Funde, mit Ausnahme der zuvor aussortierten Kleidungsstücke mit Körperresten, auf mehreren Tischen. Sie hätten auswählen dürfen, was für das Museum interessant wäre, im Wissen, dass aufgrund des Erhaltungszustands konservatorisch Ungeeignetes in die Särge käme zur Kremation.

Zwei Tage später seien die Urnen der drei Onkel in Kippel beigesetzt worden.

Kein leichter Tag für die Nachkommen von Max Rieder.

Einer von ihnen, Pius Rieder, Bruder von Thomas Rieder, dem er als Chefredaktor des *Walliser Boten* vorausgegangen war, hatte am 9. Dezember 2012 in der *Berner Zeitung* den Artikel ›Immer noch keine Spur von Onkel Max‹ publiziert, dessen Erscheinen ich damals verpasst hatte.

Ergänzend zum Resumee der Ereignisse von 1926 ist darin zu lesen, dass

– sich damals nach Eintreffen der Hiobsbotschaft das ganze Tal zum Gedenkgottesdienst ohne Leichname getroffen hat
– nun erst die monatelange Auswertung der Funde durch das Walliser Institut für Rechtsmedizin (IRM) und die Kriminaltechnische Abteilung (KTA) sowie eine DNA-Speichelanalyse Klarheit geschaffen hat
– die drei aufgefundenen Personen derselben mütterlichen Abstammungslinie angehören und Max Rieder nicht unter den Gefundenen ist
– dessen Familienstamm im kommenden Sommer auf dem Grossen Aletschgletscher seiner gedenken wird, im Ungewissen, ob er die sterblichen Überreste des Onkels früher an einer unentdeckt gebliebenen Stelle freigegeben hat, wo sie sich aufgelöst hätten, oder ob er sie immer noch mit sich führt.

Der Kurator gibt Einblick in die Protokolle der Gespräche vom 6. März 2013 mit Marianne Bellwald-Ebener, einer Nichte der Gebrüder Ebener, und vom 26. April 2013 mit Paul Murmann, dessen Mutter Nathalie Rieder die Tochter von Eligius Rieder war und Max Rieder ihr Bruder.

Marianne Bellwald-Ebener erinnert sich, dass sie mit den gerahmten großformatigen retuschierten Porträtfotografien der drei Brüder in der Stube aufgewachsen sei. Bei Fragen habe es einfach geheißen, die seien in die Lücke gegangen und nie mehr zurückgekommen. Messen seien sehr viele gewesen, lange, lange, sie würde sagen fünfzig, fünfundfünfzig Jahre, immer Anfang März. Nachdem der

Max Rieder plötzlich eine Stiftmesse erhalten habe, hätte Tante Angelika (die Schwester der drei Brüder) sich geweigert, eine zu halten, obwohl man es nun vermocht hätte, während zuvor nur Messen und nicht mehr drin gewesen wären. Aber anders als der Vater, der nie darüber gesprochen habe, habe Tante Angelika (als letztes der Geschwister, das die Tragödie miterlebt hat, 1991 verstorben) gern davon erzählt. Nur als dann der letzte Bruder von Max Rieder verstorben sei, habe sie gesagt: Jetzt sollen sie dann nicht mehr zum Vorschein kommen, solange sie lebe, das halte sie dann nicht aus.

Die Erinnerungen von Paul Murmann gehen vor allem auf das von seiner Mutter Erzählte zurück.

Beim Gang ins östliche Dorfquartier (von Kippel) sei man über den Friedhof gelaufen und dabei am blauen Holzkreuz mit Initialen und ovalem Porträt von Max Rieder an der Ostseite des Chors der Kirche vorbeigekommen. Früher habe man von der Stelle aus einen direkten Blick zur Lötschenlücke gehabt. Im Frühling, bei der Herrichtung der Gräber, habe man das Kreuz zurückgehängt.

Er, Paul Murmann, gibt an, dass er sich immer, wenn er an der Stelle vorbeigeht, Gedanken mache zu Max Rieder und ihn dessen Verschwinden beschäftige. Von Beruf Steinmetz, soll er die Säulen der Kirche gemacht haben, und zwar mitten im Winter und ohne Handschuhe. Weil sehr abgehärtet, sei er vielleicht bei der Suche nach der Hütte noch weiter gegangen als die Gebrüder Ebener. Die Großmutter soll in der Unglücksnacht um drei Uhr in der Früh gesagt haben »Jetzt stirbt Max«.

Der Kurator fügt hinzu, dass

– Eligius Rieder, der Vater von Max, sich aus München ein Steinheil-Fernrohr mit Stativ kommen ließ, es im Balkonkämmerchen auf dem Stativ fest einrichtete und für lange Zeit regelmäßig die Lötschenlücke beobachtete
– er ein Paar Skifelle kaufte zur Suche nach seinem Sohn auf dem Langgletscher

Schließlich der Polizeirapport, abgeschlossen am 5. Juli 2012.

Betrifft: Bergung und Sicherstellung von menschlichen Skeletten

Ort: 3984 Fieschertal, Grosser Aletschgletscher, Koordinaten 648 218/146 353

Datum/Zeit: Donnerstag, 28. 06. 2012, 11:45–14:30

Anzeige bei der Polizei: 27. 06. 2012, 17:00

Organisation: [Unter den Namen der des Piloten. Jetzt weiß ich mit Sicherheit, dass er die mir damals vom *Walliser Boten* zur Verfügung gestellte Aufnahme des Fundfeldes gemacht hat.]

Der Pilot ist aber auch derselbe, der am 27. Juni M. und mich geflogen hatte – am Tag des Fundes, zu dem es, was ich aufgrund der bislang zugänglichen Informationen bis zum jetzigen Tag angenommen habe, nicht erst am 28. Juni gekommen war.

Weil der Pilot anderntags die Bergungsequipe geflogen hatte, konnte er mir später auch meine Annahmen bestätigen, die zur Idee des Textbilds *Embedded Movement* führen würden.

AS LOW AS FIFTEEN METERS ABOVE THE GLACIER / AS LIKELY AS NOT FLYING OVER THE PLACE / WHERE / THE MORTAL REMAINS OF THREE OF FOUR ALPINISTS FROM THE LÖTSCHENTAL / THE BROTHERS / JOHANN, FIEDELIS AND CLETUS EBENER / ACCOMPANIED BY THEIR NEIGHBOUR MAX RIEDER / LAST SEEN AT DAWN ON 4 MARCH 1926 / WILL BE FOUND ACCIDENTALLY / TOGETHER WITH SCATTERED PERSONAL BELONGINGS / THE NEXT DAY / AFTER BEING MISSING FOR EIGHTY-SIX YEARS / FOUR-FIFTHS OF THE RESIDENCE TIME TO ELAPSE / BETWEEN THE MOMENT / THE ICE CRYSTAL MELTS ONTO THE SURFACE OF THE GLACIER / AND ITS DISCHARGE AT THE FRONT

6. Juli

Von der ›Air Zermatt‹-Basis in Raron ans Schwarzhorn. Auf 15:00 Uhr abdrehen. Entlang der Begrenzung des gesperrten Luftraums zum Schafbärg in den Schwebeflug über dem Nestgletscher. Gestein rutscht auch an dieser Seite des verstümmelten Kleinen Nesthorns hinab und zeichnet Spuren mit dunklen Rändern ins Eis. Unter der Staubfracht wirkt der Gletscher wie ein Laken; Zungen staubbedeckter Schneeabgänge und frischer vom Firn, die, vom Bietschhorn gekommen, zum Teil den Bogen des Bergschrunds übersprungen haben. Auf der anderen Seite des eingesackten Grats das ausgeschwemmte Birchchinn und am Fuß des Schattenhangs der Bannwald, zerrissen von der Murbresche. Aus dieser quillt in das vom axialen Morgenstrahl geflutete Tal – in mythischer eisfreier fettmatten- und weinreicher Zeit das »*Lichttal*« – der rinnenzerfurchte Ablagerungskegel. Rechts der unförmigen Masse milchig und trümmerbefrachtet der Lonzastau. Streulicht flimmert an der freigelegten übersteilten Rückwand der Karwanne, die der Birchgletscher geschaffen und am Ende seiner Vorstellung, da er nicht mehr darin festgefroren gewesen war, ohne Rückhalt und Mitleid aufgegeben hat.

In die Karwanne fliegen, um zu sehen, ob nach dem Absturz da noch Eis liegt, geht nicht. Sie ist bereits innerhalb der Flugsperrzone.

Wo ist die Moränenbastion geblieben?

Ein kubischer Sporn ragt schroff und prekär aus dem eingerissenen Westgrat. Bleibt grell angestrahlt auch beim zweiten und dritten Anfliegen. Gewinnt die Form eines turm- und spukhaften Reduits über dem mobilisierten *No-go*-Land – die Festung Bastiani, welche die *Tatarenwüste* observiert. In Buzzatis[18] Buch Metapher für Blindheit gegenüber realen Gefahren eines totalitären Systems. In der Fotografie der Karwanne dann vielleicht deutbar als Signal des demokratischen Diktats der Geologie, die sagengestützte, generationenlang geübte Arrangements abrupt neu zur Verhandlung gestellt hat.

Am Äusseren Baltschiedergletscher dann Formen für R. Absteigende Felsbänder, Lawinenrutsche, Säume ausgeaperter Randspalten, von der Druckwelle des Absturzes um das Bietschhorn geworfener Ockerflor.

Im Norden der weiße Strich des Petersgrats, über den 1829 mit acht Trägern Franz Joseph Hugi ins Lötschental gestiegen ist.

Nach der Katastrophe vom 28. Mai 2025.
Blick über den Nestgletscher, das dezimierte Kleine Nesthorn, die nach dem Absturz des Birchgletschers leere, weiter zerfallende Kar und die Murgangschneise, auf den Schuttfächer im Tal, den von der Lonza gestauten See und das zum Grossteil darin ertrunkene Dorf Blatten. Lötschental, Wallis, Schweiz, 6. Juli 2025.

Unter uns der Langgletscher auf der Rückwanderung zur Lücke, woher ihn die Sage aus sieben zusammengelegten Gletschern durch Menschenschuld hervorgetrieben hat und hinter den aus dem Tal Fliehenden dessen Herrlichkeiten begraben lässt.

Nach der Lötschenlücke den Grossen Aletschfirn hinab in der Trajektorie der ins Eis gegangenen Brüder.

Am Konkordia-Platz geradeaus durch die Grünhornlücke auf den Walliser Fiescherfirn und von dort um das Finsteraarhorn im Uhrzeigersinn:

Am Fiescherjoch links das Obere Ischmeer. Vorbei an der Nassen Strahlegg durchs Finsteraarjoch zur Akkumulationszone des Finsteraargletschers mit Blick hinab zum ›Abschwung‹ – Beginn des Unteraargletschers, Wolf'sches Pleinair-Atelier, Hugi-Laboratorium[19] –, weiter über das Obere Studerjoch, westwärts durch die Gemschlicke und hinüber zum Fiescher- und Grossen Aletschgletscher – anstelle des 2014 fotografierten Tors jetzt ein Zungensee.

Davor Schwebeflug in der Karwand des Finsteraarhorns.

Am Fuß der Vertikalen versetzte Spaltenränge, gestaucht an einer Schwelle, aus der das Eis durch die Séracs-Zone fällt. Dem Bruch entspringend und ausgedünnt der schuttbesäte Gletscher. Am Aarbiwak vorbei, das von allen anderen menschlichen Behausungen weit entfernteste, künstlich ins Relief der Natur geheftete einsamste Dach der Schweiz, stottern die annuellen Ogiven des Gletschers zur Konfluenz mit dem Lauteraargletscher am ›Abschwung‹ hin – abwechselnd helle und dunkle bogige Eisbänder, Letztere Anzeiger der Sommerlagen, Erstere dazugehörig dahinterliegend die des Winters.

Oberhalb der Séracs-Zone rechts ein Abgang vom Studerhorn.

Sauber und sichelförmig hat das Eis in die felsseitige Hangmulde gekalbt und dabei asch-, grau- und sepiabraune, pelzig anmutende Lasuren, vielleicht Saharastaub des Frühjahrs, in das lichtschwache Weiß gegossen zum Augenglück von R., die den Hubschrauber über beige- und olivgrauen flüchtigen Schatten steuern lässt, bis Schnee und Firn, aktives, stagnantes, totes Eis, Klüfte, Risse und Spalten sich auflösen in der Abstraktion.

---

1 Theatrum Alpinum, Seiten 64–66.

2 Hans Bloetzer, *Der Kanton Lötschen,* Eigenverlag, Langnau o. J. Die darin enthaltenen Wetterbeobachtungen sind der sog. ›Roth Chronik‹ von 1791 entnommen, den Aufzeichnungen von Johannes Josefus Roth zu Willer in Letschen.

3 Bei Einführung der schweizerischen Maßeinheit über das metrische System 1835 entspricht 1 Klafter (zu 6 Fuß à 0,30 Meter) exakt 1,80 Meter. 1,25 Klafter sind 2,25 Meter, 2 Klafter 3,60 Meter.

4 Von 2012 bis 2013 sind es dann neunzehn Meter.

5 Heinrich Wüest (1741–1821), Schweizer Maler, bekannt für sein Gemälde *Der Rhonegletscher,* um 1775.

6 Caspar Wolf (1735–1783), Schweizer Maler, Pionier der Alpenmalerei zwischen Aufklärung und Romantik, bekannt v. a. durch das ›Alpenprojekt‹ (1773–1778/9). Theatrum Alpinum, Seiten 55–57.

7 Thomas Rieder, ›Der Grosse Aletschgletscher gab drei Tote frei‹, in: *Walliser Bote,* Dienstag, 3. Juli 2012.

8 Ausblick vom Delta: Seiten 315 f.

9 Das Vorläuferprojekt *Ice Age Our Age. Ballads and Enquiries Concerning the Last Glacial Maximum* wurde vom 29. November 2012 bis zum 27. Januar 2013 im Kunsthaus Langenthal gezeigt. *While the Fires Burn. A Glacier Odyssey* erschien 2017 im Verlag Thames & Hudson, London. Die Ausstellung *Gletscher-Odyssee* wurde vom 10. November 2018 bis zum 17. Februar 2019 im Bündner Kunstmuseum, Chur, gezeigt.

10 Guillaume Jouvet, Martin Funk, ›Modelling the trajectory of the corpses of mountaineers who disappeared in 1926 on Aletschgletscher, Switzerland‹, in: *Journal of Glaciology*. Vol. 60, No. 220, 2014, Seiten 255–261. Abbildung der Modellierung und Fotografien *Dead Men Telling Tales* in: Daniel Schwartz, *White the Fires Burn. A Glacier Odyssee,* Seiten 132–161.

11 Daniel Farinotti et al, *Fact Sheet for the now-collapsed Birchgletscher, Switzerland.* VAW Laboratory of Hydraulics, Hydrology and Glaciology, ETH Swiss Federal Institute of Technology, Zurich. 4. Juni 2025.

12 Gletscherfunde (I + II), Seiten 102, 104–107.

13 Bilder und Geschichten aus ›Beiden Indien‹, Seite 204.

14 ›Wenn wir uns bloss auf Stadt und Agglo konzentrieren, werden wir heimatlos‹, in: *Tages-Anzeiger,* Zürich, 4. Juni 2025, Interview mit dem Kulturgeografen Werner Bätzing, Autor mehrerer Bücher zum Alpenraum und von *Homo Destructor. Eine Mensch-Umwelt Geschichte,* C. H. Beck, München 2023.

15 *Lötschen, das ist: Landes- und Volkskunde des Loetschenthales.* Text von Dr. phil. Hedwig Anneler; Bilder von Kunstmaler Karl Anneler. Akademische Buchhandlung von Max Drechsel, Bern 1917.

16 ›Der Gletscher ist eine Metapher für eine geschundene, versehrte Welt‹, in: *Das Magazin* Nr. 27, Tamedia Publikationen Deutschschweiz AG, Zürich, 5. Juli 2025.

17 J. Siegen, *Das Lötschental.* Editions des Terreaux – E. Ruckstuhl S. A. Lausanne, o. J.

18 Dino Buzzati, *Il deserto die Tartari.* Rizzoli Editore, Mailand 1940. *Die Tatarenwüste.* Übersetzung aus dem Italienischen von Percy Eckstein und Wendla Lipsius, bearbeitet von Julika Brandestini. Mit einem Nachwort von Maike Albath. Die Andere Bibliothek, Band 333. Berlin 2012.

19 Theatrum Alpinum, Seiten 70 f., 78 f. und 88.

Ausblick vom Delta – Missionen am Mekong

Die Tracht der Heimat – den *Áo dài* – solle man ihr anziehen und fortwerfen die Asche, hatte Großmutter gewünscht.

In der fremden schweizerdeutschen Sprache gebrochen aufgeschrieben hatte sie das anderthalb Jahrzehnte vor meiner Geburt.

Warum aber lag das Löschblatt auf diesem vorletzten, an ihre fünf Kinder gerichteten Eintrag im schwarzen Ringheft mit Szenen und Bleistiftzeichnungen ihrer eigenen Kindheit? Was hatte das Blatt aufgesogen? Nicht Beschriebenes, nicht Gesagtes, das das Blatt, wenn die familiären Gespräche verstummt sein würden, an Erinnertem weiterreichen könnte innerhalb der Generationen, aber auch an Dritte?

Das Löschblatt, indem es absorbiert und das Aufgesogene bewahrt, ein Gedächtnisspeicher wie ein Gletscher, der beim Vorstoß in eine offene Talsohle nicht zungenförmig endet, sondern als Lobus, zuweilen eben fächerförmig, wie das ins Meer hineinwachsende Delta mittels Ablagerung des Materials glazialer, an das Herkunftsgebirge erinnernder Abtragung.

Sind nicht beide geophysikalischen Körper Spezialisten von Verdichtung, Verfestigung, Verflüssigung und dynamischer Umverteilung von Fracht? Ihre Landschaften temporär oder dauerhaft formend, sind sie nie fertig mit der eigenen Ausgestaltung und gleichzeitig moribund; nicht zuletzt wegen einer weiteren geteilten Eigenschaft – der Reaktion auf die Veränderungen des Klimas.

Spielte ich als Kind bei Großmutter, hatte sie mir, ich spüre die Berührung der spröden, rissigen Haut der Fingerkuppen, immer wieder das Gehäuse der Drachenkauri ans Ohr gelegt. Nun ist sie es, die die sedimentbraunen Wellen hört in Bạc Liêu, wo sie 1901 zur Welt gekommen war.

Man hatte die Urne aus der Kammer des zum Abriss bestimmten Kolumbariums gehoben, von der Leiter herabgereicht und in den Schubkarren gestellt. Auch ich hatte das Rascheln gehört und die fast pflichtschuldige Erklärung, der neue Ofen äschere restlos, mit stummem Nicken quittiert. Man hatte verstanden, dass die vor meiner Unterschrift auf der Empfangsbestätigung angebotene Umfüllung in ein fürs Handgepäck geeigneteres modernes Gefäß nicht zur Frage stand. Es wäre unmöglich gewesen, darin alles von Großmutter heimzubringen.

Die Urne steht auf einem der Plastikstühle, die man an jeder Weltecke findet. Die Luftpolsterfolie habe ich über die stilisierte Flamme des plombierten Deckels zurückgestreift. Den Weißwein habe ich vom Hotel in Hồ-Chí-Minh-Stadt mitgebracht. Die frittierten Garnelen mit Tunke aus Zitronensaft, schwarzem Pfeffer, Chili und Salz kenne ich vom Besuch vor zwei Jahrzehnten, als ich mich erstmals am Geburtsort von Mutter und Großmutter umgesehen hatte.

Schon damals waren die Pfeiler von Steg und Plattform, auf die ich Großmutter vor der Überbringung ihrer Asche in den Tempel gebracht habe, zerfressen und das Eisen der Armierung rostig gewesen. Die Straßenkinder waren forsch gewesen beim Loswerden authentischer und nachgeahmter amerikanischer Zippos. Ein Flaschenöffner hatte mir gefallen. Riesig, ordentlich funktioniert hatte er aber nicht; zu weich die Legierung aus den Metallen rezyklierter Hueys und Sprühflugzeuge.

Zwischen 1917 und 1925, ein knappes halbes Jahrhundert vor dem Ökozid durch die von den Amerikanern im Krieg durchgeführten taktischen Entlaubungen, unter französischer Kolonialherrschaft hatte mein Großvater mütterlicherseits durch die feindliche Umwelt des *marais* von Cà Mau, der in den Golf von Siam vorspringende Sporn des Mekong-Deltas, Kanäle gezogen, Sumpf- und Wasserflächen trockengelegt und so am Weiterbau des gewinn- und exportorientierten, nicht mehr naturräumlichen *réseau hydraulique* mitgewirkt, welches noch ein weiteres halbes Jahrhundert davor vom *Gouvernement général de l'Indochine* mit dampfbetriebenen Schwimmbaggern angerissen worden war. Abhängig von vorgängiger Erschließung und nachfolgender Instandhaltung durch die im Rahmen der ausbeuterischen *corvée coloniale* organisierten *travail forcé indigène,* waren diese schornsteinbesetzten *dragues* durch den Morast gerodeten Terrains und Weiten von Sumpfgras gekrochen, bis das Eimerkettenband *couloir*s vorgeschriebener Länge, Breite und Tiefe ausgehoben hatte. Geschraubte und genietete Erfindung des Industriezeitalters, setzten sie ein starres Netz von Kanälen durch, das, im Verbund mit Eisenbahn, Autostraße und Telegraph, die Kolonialbehörde in eine Position imaginierter Kontrolle erhob – wie später die von Washingtons Strategen ausgeschickten Hubschrauberflottillen. Unter der aufgepflanzten fremden Infrastruktur aber funktionierte das liquide, in die aquatische Natur eingebettete filigrane Netz mit Sampans befahrbarer Transport- und Kommunikationsrouten, einschließlich jener des antikolonialen (und später antiimperialen) Widerstands, unbehelligt weiter.

Die im Gewand der *mission civilisatrice* daherkommende Erdumgestaltung in der extremen Flachheit des Deltas, die dessen biochemische Stoffkreisläufe nachhaltig veränderte, trieb derselbe Ehrgeiz, extremste geologische Herausforderungen zu meistern, wie die gleichzeitige Durchtunnelung des Alpenmassivs am Mont Cenis, am Gotthard und am Arlberg und auch das *Projekt der Jungfraubahn,* das *»ein neues Glied in der Kette der grossartigen Werke sein [wird], welche unser Zeitalter hervorzaubert«*[1], – die Pionierepoche des Geoengineering, da nicht nur Kapital global zu zirkulieren begann, sondern auch die als Same oder Pflanzenrest an Schiffsrümpfen festgesetzte Wasserhyazinthe *(Eichhornia crassipes)* aus dem angestauten Gatún-See am Panama-Kanal nach Asien kam, wo sie als invasive Spezies bis heute die Wasserwege im Delta des Mekong verstopft.

Als Kind hatte ich die in Pralinenschachteln aufbewahrten Fotografien der Großbaustellen in Cochinchine und Siam lange betrachtet und irgendwann auch verstanden, dass sie mit dem Wort ›Mischling‹ zu tun hatten, das meine Mutter und ihre Geschwister meinte. Das ernste Gesicht des alten Mannes mit den gesenkten, stark herabgezogenen Augenlidern und feinem, spitz zulaufendem Kinnhaar, der vom Plakat in der Stube herabschaute, hatte ich erst später dem Krieg zuordnen können, welchen der Fernseher in Großmutters Stube getragen hatte und in ihnen das heimatliche Reisland in Schwarz-Weiß. Wegen diesen Bildern wiederum hatte ich aber gewusst, dass dann an der Beerdigung, die sie eigentlich nicht gewollt hatte, Weiß getragen würde.

Anonym. *La Drague »Nantes«*. Canal Rạch Giá-Hà Tiên, Delta du Mékong, Cochinchine, Union Indochinoise. Um 1930.

Etwas weniger als ein Jahrzehnt nachdem ich im Rahmen einer kleinen Zeremonie die Urne im Phước-An-Tự-Tempel zur Aufbewahrung übergeben hatte, begleitet mich M. beim Besuch.

Man beeilt sich, den neuen Schrein zu zeigen. Ich hatte damals eine Spende daran geleistet und auch zur Versorgung der Waisenkinder. Das Zementgehäuse ist offen zum Hof mit dem alten Banyan-Baum. An der Rückwand ein glasierter Buddha. Ums Eck geführte grobe Simse. Auf dem obersten Großmutters Urne. In der Nachbarschaft der lotusförmigen vietnamesischen Behältnisse ein Fremdling wie Trường Thêm Thi den Großteil ihres Lebens in der Eisenbahnerstadt an der Aare.

Ein paar Jahre später, als ich mit R. ins Delta komme, ist die Luftpolsterfolie fleckig und grau. Ich schlage die Enthüllung der Urne vor. Die Laienfrau fingert an der Schnur, erstarrt aber unvermittelt im Schreck und stellt Großmutters Asche hastig zurück auf den Sims. Plötzliche Störung der Ruhe sei ungut für die Geister. Es brauche dafür den günstigen Tag, vielleicht kurz vor Tết.

Auf beiden Reisen ins Delta herrscht Trockenzeit und ich bin überrascht von den überschwemmten Straßen. Bei früheren Besuchen in dieser Jahreszeit hatte man auf den Fahrbahnen Reis getrocknet und gedroschen.

Die Verwerfungslinien zerbrochener Kacheln, welche die Erdgeschosse der Geschäfte in Cà Mau durchqueren und niemanden zu stören scheinen, erklärte ich mir mit Bodenverdichtung, Grundwasserentnahme und Landabsenkung unter dem einstigen Malarianest. Jetzt eine Rasterstadt mit sechsspurigen Straßen, hat sie alles Erinnerte ausgelöscht bis auf ein vor dreißig Jahren, beim Einbiegen in den Wasserweg nach Năm Căn und zu den Holzfällern in den Mangroven am Kap durch den morgendlichen Flussnebel fotografiertes Geschäft am Kanal, das Sampans herstellt und Särge.

Was ich 2023 in Tỉnh Cà Mau sehe, muss damit zu tun haben, dass das extrem niedrig liegende Delta tatsächlich noch tiefer liegt als zu dem Zeitpunkt angenommen, da ich, lang vor den Gletschern, die Auswirkungen des Meeresspiegelanstiegs in den Estuarien Süd- und Südostasiens zu dokumentieren begonnen hatte. Korrigierte punktbasierte Höhenmodelle, die nun Laubdach und Boden unterscheiden, prognostizieren ab 2050 bei Monsunflut, Taifun und

Tidenhub die Überflutung von zwei Dritteln des Deltas, in dem zwanzig Millionen leben.

Als nach Großmutters Tod ihre Aufzeichnungen in meine Hände gekommen waren, hatte ich mir als Farben ihrer Erinnerungen das satte Dunkelgrün, Goldgelb und milchige Schlammige vorgestellt, je nach Reifegrad des Reises im Delta, nebst dem Sedimentbraun der Küstenwässer.

Ein einziges Mal, in den 1960er-Jahren, hatte Großmutter das transparente Weißblau eines Gletschers erblickt, vielleicht sogar dessen gläsernes Seegrün. Im Hintergrund der Fotografie das Matterhorn. Von der Terrasse auf dem Gornergrat hatte sie auf den gleichnamigen Gletscher hinabgeschaut.

2024–2060 soll dieser Gletscher ganz verschwunden sein, lautet die Prognose. Zwischen 2030–2035 soll ein Damm in Betrieb genommen werden an seiner Stelle.[2]

---

1 Guyer-Zeller, *Das Projekt der Jungfraubahn. Wissenschaftlich, technisch und finanziell beleuchtet.* Druck von Friedrich Schulthess, Zürich 1896.

2 Der projektierte Gornerli-Mehrzweck-Stausee oberhalb von Zermatt soll bei vollständiger Füllung 150 Millionen Kubikmeter fassen und zur Energieversorgungssicherheit beitragen. 2024 durchgeführte technische und ökologische Studien zu Geologie, Hydrologie, Seebildung, Landschaftsschutz und Umweltverträglichkeit stehen wachsendem Widerstand seitens der Bevölkerung und glaziologisch begründete Sicherheitsbedenken gegenüber. In das Spiel gebracht wird die Idee eines natürlichen Erddamms anstelle einer klassischen Staumauer.

Anhang

Dank

Euch beiden – Miriam und Rebekka, für so vieles.

Was gibt es zu einer fotografischen Aufnahme zu sagen, nachdem sie gemacht ist und zirkuliert? Was hinterlässt der Gletscher beim Gehen und nach seinem Verschwinden? Was fügt Erinnertes der Aufnahme und dem glazial Gespeicherten hinzu? Wie wird aus dem in Gedächtnis und Archiv Angereicherten eine Erzählung anderer Ordnung als die lineare Sequenz der Belichtungen auf dem fotografischen Film? Schließlich – wie wird aus allem ein Buch?

Dieses Buch ist das Ergebnis der Beantwortung dieser und anderer Fragen und Anlass, Vielen zu danken für Begleitung, Rat und Unterstützung seit 2009. Ohne sie hätte darin der Gedanke, Gletscher zu sammeln, weder Ausdruck noch Form gefunden und vorausgehend auch nicht im Buch *While the Fires Burn. A Glacier Odyssey* (2017) sowie den daraus abgeleiteten Ausstellungen.

Mein Dank geht an Philip Watson, Thames and Hudson; Raffael Dörig, Kunsthaus Langenthal, Langenthal (2012); Brigitte Plüss-Medici und Roberto Medici, Kunstraum Medici, Solothurn (2012, 2015 und 2018); Stephan Kunz, Bündner Kunstmuseum, Chur (2018) und Katrin Steffen, Kunstmuseum Solothurn, Solothurn (2024); zusammenhängend mit diesen sowie weiteren Präsentationen an die Fondation USM, Gümligen, das Kunstmuseum Olten, den

Kunstverein Solothurn, Solothurn, die Sammlung Ricola, Laufen, an Patricia Fehlmann und René Brinkmann und alle weiteren Sammler:innen meiner ›Glaziologie in Bildern‹.

Fachauskünfte während der Arbeit am Manuskript gaben Christian Schlüchter, Institut für Geologie, Universität Bern; Lorenz Hurni, Institut für Kartografie und Geoinformation, ETH Zürich; Andreas Bauder und Daniel Farinotti, Versuchsanstalt für Wasserbau, Hydrologie und Glaziologie, ETH Zürich; Rita Kalbermatten-Ebener und Thomas Antonietti, Lötschentaler Museum, Kippel; rodo pfister, Research Institute for the History of Afroeurasian Life Sciences (RIHAELS), Basel; Tobias Roth, München; Markus Schürpf, fotoCH, Büro für Fotogeschichte, Bern – allen mein Dank.

Für frühe Gespräche im Dienst der Anschaulichkeit von Wort und Bild danke ich Georg Brunold und Roman Bucheli (*Neue Zürcher Zeitung*, 1999–2025) für die stetige Ermutigung zu schreiben, Lara Studer für das filmische Porträt mit dem Vater zum Einstieg in die Gletscher-Odyssee (2009), Vadim Jendreyko und Jonas Jäggy für die Einrichtung des Fotografen im Film *Beyond the Obvious* (2018), Carolin Emcke für die Betrachtung seines Werks durch die vom Gletscher zurückgelassene Lücke (in: *Tracings. Photography and Thought*, Thames & Hudson, 2023) und Thomas Neurath (1940–2025) für seine vier Jahrzehnte dauernde Freundschaft und eine Heimat im feinsten Haus des illustrierten Buches – ohne ihn gäbe es den Fotografen nicht; dessen Dank an Philip Blenkinsop, Thomas Kern, Gary Knight und Christopher

Morris für den Austausch zum journalistischen Auftrag der Abbildung der Welt.

Dieter Bachmann (Chefredaktor *du,* 1988–1998), Marcus Bensmann, Frank Berberich (*Lettre International,* Berlin), Tobia Bezzola, William Ewing, Alain Gantenbein, Navid Kermani, Markus Schiltknecht, Reto Sorg (Robert Walser-Zentrum, Bern), Mark Welzel, Beat Wismer und Bettina Zuppinger danke ich für manche Zurufe im Lauf der Zeit, für den Einblick ins Archiv der Geotope dem Amt für Umwelt, Kanton Solothurn, für sichere Beförderung der ›Air Zermatt‹ und der Redaktion *Das Magazin,* Tamedia Publikationen, Zürich, für Veröffentlichungen 2019, 2023 und 2025. Die lokalen Begleiter treten auf in den Texten – ohne sie gar nichts am Gletscher.

Wolfgang Hörner gilt mein Dank für die Anregung zu diesem Buch, das lange Warten darauf und für sein Lektorat, Dorothea Roll für die umsichtige Gestaltung.

Bildnachweis

Fotografien:

www.danielschwartz.org

Illustrationen:

Vorsatz: Caspar Wolf (1735–1783), *Der Lauteraargletscher,* 1776 (Detail). Öl auf Leinwand, 54,8 x 82,6 cm. Kunstmuseum Basel; Basel. Ankauf. Foto: Martin P. Bühler.

Seite 15: J. Birfelder (Lebensdaten unbekannt), *Anlegen der ›Gelben Steinreihe‹ / ›Chaine Jaune‹,* Rhonegletscher, Schweiz, 14.–18. September 1874. swisstopo, Kartensammlung, Wabern. Albuminabzug, 30 x 37 cm.

Seite 33: *Nebelmeer über dem Mittelland mit Blick auf die Berner Alpen.* Postkarte, *gelaufen am 14. September 1909.* Sammlung des Autors.

Seite 41: *Eintrag und Unterschrift von J. M. W. Turner, 30. August 1844.* Fremdenbuch, Hotel ›Krone‹ Solothurn (1844), Seiten 22/23. Zentralbibliothek Solothurn, Solothurn. ZBS S II 88/19, aus der Serie *Fremdenbücher Hotel ›Krone‹ Solothurn 1807–1857.*

Seite 151: Anonym, *Angkor Wat,* ca. 1965. Aufgenommen nach den Restaurierungen der École française d'Extrême-Orient, Paris, 1947–1950 und 1960–1972. Gelatinsilber-Kontaktabzug, 12 x 9 cm. Sammlung des Autors.

Seite 165: Henrik Hondius (1597-1651), *India quae Orientalis dicitur, et insulae adiacentes,* 1639 (Detail). State Library of New South Wales, Dixson Map Collection, Sydney. Z/Ca63/1.

Seite 175: NASA Astronaut Photograph, *Ausschnitt des Sudirman-Gebirges mit der Grasberg Gold- und Kupfermine,* West-Papua, Indonesien. 25. Juni 2005, 23:10:05 GMT. NASA Photo ID: ISSO11-E-9620. https://eol.jsc.nasa.gov/SearchPhotos/photo.pl?mission=ISSO11&roll=E&frame=9620. Zugriff am 26. November 2025. Image Courtesy: Earth Science and Remote Sensing Unit, NASA Johnson Space Center.

Seite 193: Johann Caspar Ulinger (1704–1768) / Adrian Zingg (1734-1816), *Der Rheinwald Gletscher im Paradies bey dem Ursprung des Hinter Rheins* (aus: *Die Eisgebirge des Schweizerlandes,* 2. Teil), 1760. Schweizerische Nationalbibliothek, Graphische Sammlung, Bern. GS-GRAF-ANSI-GR-196.

Seite 240: Rebekka Steiger (*1993), *mistaken for alien land,* 2019. Tempera auf Leinwand, 240 x 180 cm. Courtesy Sammlung der Künstlerin.

Seite 317: Anonym, *La Drague »Nantes«.* Canal Rạch Giá-Hà Tiên, Delta du Mékong, Cochinchine, Union Indochinoise. Um 1930. In: *Dragues de Cochinchine.* Gouvernement général de l'Indochine. Inspection générale des travaux publics [Hg.]. Saigon 1930. Gegenüber Seite 6. Sammlung des Autors.

Seite 329: Anonym, *Chasseurs alpins,* Glacier d'Arsine, Massif des Écrins, Alpes du Dauphiné. Frankreich, 1895. Albuminabzug, 11,5 x 16,2 cm. Sammlung des Autors.

Nachsatz: Rebekka Steiger (*1993), *kirinyaga,* 2022. Tempera, Tusche und Ölkreide auf Leinwand, 150 x 110 cm. Courtesy Private Collection.

Anonym, *Chasseurs alpins. Glacier d'Arsine.* Massif des Écrins, Alpes du Dauphiné. Frankreich, 1895.

Verdankung

Der Autor dankt für die Unterstützung der Manuskripterstellung

der **UBS Kulturstiftung**

und kultur SWISSLOS Fonds des Kantons Solothurn

Der Verlag dankt der **Däster-Schild Stiftung** für ihren Beitrag an die Herstellung des Buches.

MIX
Papier | Fördert gute Waldnutzung
FSC® C083411

1. Auflage 2026

Verlag Galiani Berlin

Zitat Seite 1 Charles Ferdinand Ramuz, *Sturz in die Sonne.* Aus dem
Französischen von Steven Weiss. Limmat Verlag, Zürich 2023. Titel der
Originalausgabe: *Présence de la mort.* Éditions Mermod, Lausanne 1922.
Zitat Seite 335 Stanislaw Lem, *Der Planet des Todes* (Utopischer Roman).
Deutsch von Rudolf Pabel. Verlag Volk und Welt, Berlin 1954. Titel der
polnischen Originalausgabe: *ASTRONAUCI.*
Covergestaltung Lisa Neuhalfen
Covermotiv Pastoruri-Gletscher, Cordillera Blanca. Peru. 13. Januar 2016.
© 2026 Daniel Schwartz/VII, VG Bild-Kunst
Gesetzt aus der Adobe Caslon und Comma Base
Satz Wilhelm Vornehm, München
Druck und Bindung CPI books GmbH, Leck
ISBN 978-3-86971-154-6
Weitere Informationen zu unserem Programm finden Sie unter
www.galiani.de

Kontaktadresse nach EU-Produktsicherheitsverordnung:
produktsicherheit@kiwi-verlag.de

»Das Internationale Büro für Klimaregulierungen ging von den bescheidenen lokalen Versuchen der Witterungsbeeinflussung, der Lenkung von Regenwolken und Bewegung von Luftmassen zum Frontalangriff gegen den Hauptfeind der Menschheit über, gegen die Kälte, die sich seit ungezählten Millionen Jahren an den Polkappen des Planeten festgesetzt hatte. Als Hunderte Meter starker Panzer bedeckte das ewige Eis die Arktis – den sechsten Teil der Erde –, umschloß Grönland und den gesamten Archipel des Eismeeres und bildete auch die Quelle der kalten Meeresströmungen, die die nördlichen Ufer Asiens und Amerikas abkühlten. Dieser Eispanzer sollte für immer verschwinden.«

Stanislaw Lem, *Der Planet des Todes*.